职业教育机电专业
微课版创新教材

机械制造基础

第3版

谭雪松 胡文凯 / 主编
张霞 刘冬梅 南瑞亭 / 副主编

U0262164

人民邮电出版社

北京

图书在版编目（CIP）数据

机械制造基础 / 谭雪松，胡文凯主编. -- 3版. --
北京：人民邮电出版社，2017.7（2022.10重印）
职业教育机电专业微课版创新教材
ISBN 978-7-115-44580-3

Ⅰ. ①机… Ⅱ. ①谭… ②胡… Ⅲ. ①机械制造—高
等职业教育—教材 Ⅳ. ①TH16

中国版本图书馆CIP数据核字(2017)第003593号

内 容 提 要

本书系统地介绍了机械制造基础的基本知识。全书共 12 章，主要内容包括认识机械制造、工程
材料基础、铸造、压力加工、焊接生产、金属切削加工基础、普通切削机床及其应用、典型零件表
面的加工、螺纹与圆柱齿轮加工、数控机床与数控加工、机械零件的生产过程、特种加工和先进加
工技术等。

本书既可作为职业院校机械类相关专业的教材，也可作为从事机械制造业相关人员的参考书。

◆ 主　　编　谭雪松　胡文凯

　　副主编　张　霞　刘冬梅　南瑞亭

　　责任编辑　刘盛平

　　责任印制　焦志炜

◆ 人民邮电出版社出版发行　　北京市丰台区成寿寺路 11 号

　　邮编　100164　　电子邮件　315@ptpress.com.cn

　　网址　http://www.ptpress.com.cn

　　北京七彩京通数码快印有限公司印刷

◆ 开本：787×1092　1/16

　　印张：18　　　　　　　　　　　　2017 年 7 月第 3 版

　　字数：459 千字　　　　　　　　　2022 年 10 月北京第 10 次印刷

定价：49.80 元

读者服务热线：(010)81055256　印装质量热线：(010)81055316
反盗版热线：(010)81055315
广告经营许可证：京东市监广登字20170147号

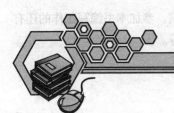

第 3 版前言

　　机械制造业担负着向国民经济各个部门提供各种性能先进、安全可靠的技术装备的任务，在国家现代化建设中占有举足轻重的地位。随着现代科技的发展和完善，传统的制造业逐渐向现代制造业过渡，产品的生产方式、生产工艺以及生产组织模式都在日益革新。

　　为了帮助机械类专业的学生构建完整的机械制造基本知识体系，我们规划并编写了这本精品教材。在内容安排上，本书力求做到深浅适度、详略得当，重在介绍机械制造技术中的一些核心知识。在文字叙述上，本书力求简明扼要、通俗易懂，对于重要的知识点主要通过图、表形式直观给出，清晰易懂。本书将针对重要知识点开发的动画、视频资源以二维码的形式嵌入到相关知识点位置。通过手机等移动终端的"扫一扫"功能，读者可以直接打开这些动画、视频资源，从而加深其对知识的认识和理解。

　　本书共 12 章，主要内容如下。

- 第 1 章：介绍机械制造的一般知识以及现代制造的概念。
- 第 2 章：介绍金属材料的基本知识、热处理方法以及毛坯选材的原则。
- 第 3 章：介绍使用铸造方法制作毛坯的相关知识和技巧。
- 第 4 章：介绍使用塑性变形制作毛坯的相关知识和技巧。
- 第 5 章：介绍焊接成型在毛坯生产中的应用。
- 第 6 章：介绍机械切削加工中的通用知识。
- 第 7 章：介绍常用普通金属切削机床的特点及用途。
- 第 8 章：介绍加工各种零件表面的一般方法和技巧。
- 第 9 章：介绍螺纹与圆柱齿轮的常用加工方法。
- 第 10 章：介绍数控机床的特点和分类以及数控加工的基本原理。
- 第 11 章：介绍机械制造工艺过程的一般知识以及典型零件的加工方法。
- 第 12 章：介绍特种加工和先进加工技术在现代生产中的应用。

每章包含以下经过特殊设计的结构要素。

- 学习目标：介绍学习本章要达到的主要目标。
- 观察与思考：在介绍知识之前，通过"观察与思考"引入新知识点。
- 问题思考：引导学生思考，并对提出的问题进行课堂练习。
- 要点提示：重点标示出学生需要掌握和领会的重要知识点与技能。
- 本章小结：在各章末对本章中的重要知识点进行简要概括。
- 思考与练习：在各章末准备了一组练习题，用以检验学生的学习效果。

　　使用本书时，教师一般可用 96 课时来讲解教材内容，再配以 48 课时的实训时间，即可较好地完成教学任务。教师可根据实际教学情况进行课时的增减。

本书由谭雪松和胡文凯任主编，张霞、刘冬梅和南瑞亭任副主编。参加本书编写工作的还有沈精虎、黄业清、宋一兵、冯辉、计晓明、董彩霞、滕玲、管振起等。

编 者
2016 年 10 月

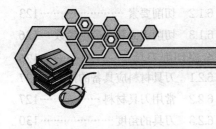

目 录

第1章

认识机械制造

在日常生活和工业生产中，人们广泛使用着各种工业产品，大到出门旅行乘坐的飞机和汽车，小到早上催我们起床的闹钟以及广泛使用的手机。尽管这些产品的结构、性能和用途各不相同，但是其中都包含各种机械和电子元件，其诞生过程都离不开机械制造这一环节。本章将介绍机械制造的一般知识。

※【学习目标】※

- 了解机械制造的含义及用途。
- 初步认识机械制造中的基本环节和基本方法。
- 了解现代机械制造的新技术和新方法。

※【观察与思考】※

（1）图 1-1 所示为使用机床加工机械零件的场景，图 1-2 所示为零件加工车间的工作场景。想一想机械制造过程有什么特点？

图 1-1　使用机床加工机械零件的场景　　　　图 1-2　零件加工车间

（2）图 1-3 所示为热处理车间，该车间用以消除零件中的缺陷，改善材料性能，图 1-4 所示为零件装配车间，在这里将单个分散的零部件组装为整机。想一想这些典型生产环节的用途是什么？

（3）图 1-5～图 1-10 所示为一组生活中常见的零件或产品，它们具有不同的结构特点、材料和使用性能。在它们的制造过程中应该注意哪些问题？

图1-3　热处理车间

图1-4　零件装配车间

图1-5　　发动机外壳（铝合金）

图1-6　传动轴（碳素钢）

图1-7　铣刀（合金工具钢）

图1-8　计算机芯片（微细加工）

图1-9　起重臂（重载荷）

图1-10　三维雕刻（复杂曲面）

1.1　机械制造的一般过程

问题思考

（1）你所熟知的用于制造产品的材料有哪些？尽可能多地举出不同的类型，并说出它们各有什么典型特点。

（2）观察一台机器设备的工作过程，看看其中各个零部件是如何正常工作的，分析哪些因素将会影响其工作的协调性。

1.1.1　机械制造系统

认识机械制造

系统是由多个具有相互关联和影响的环节组成的一个有机整体，在一定的输入条件下，各环节之间能维持稳定协调的工作状态。

1. 机械制造系统的构成

从宏观上看，机械制造就是一个输入/输出系统，其工作原理如图 1-11 所示。

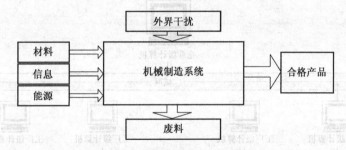

图 1-11 机械制造系统工作原理

（1）机械加工的主要任务是将选定的材料变为合格产品，其中，材料是整个系统的核心。

（2）能源为系统提供动力，是制造过程中不可或缺的环节。

（3）信息用于协调系统各个部分之间的正常工作。随着生产自动化技术的发展，系统的结构日益复杂，信息的控制作用越来越重要。

（4）外界干扰是指来自系统外部的力、热、噪声及电磁等影响，这些因素会对系统的工作产生严重的干扰，必须加以控制。

（5）合格产品在达到其使用时必需的质量要求（一定的尺寸精度、结构精度及表面质量）的同时，还应尽量降低产品的生产成本。

（6）系统的输出除了合格产品外，还有切屑、废渣、废气和废液等附属物，控制好这些因素才能维持系统的平衡、稳定。

2．机械制造系统的应用

采用系统的观点来分析机械制造过程，有助于我们更好地理解现代生产的特点。

（1）一条生产线就构成一个相对独立的制造系统，图 1-12 所示为产品在各个设备之间进行流水作业。这类系统结构清晰，但是不够紧凑。

（2）当功能强大的数控机床出现以后，一台数控加工中心（见图 1-13）可以取代一条生产线的工作，而且生产效率更高、质量更优，这样的制造系统更加优越。

图 1-12 生产线　　　　　　　　　　　图 1-13 数控加工中心

（3）如果将多台数控加工中心及其他资源通过通信网络连接起来，就可以构成更完善、功能更加强大的机械制造系统（见图 1-14），其生产质量和效率会更高。

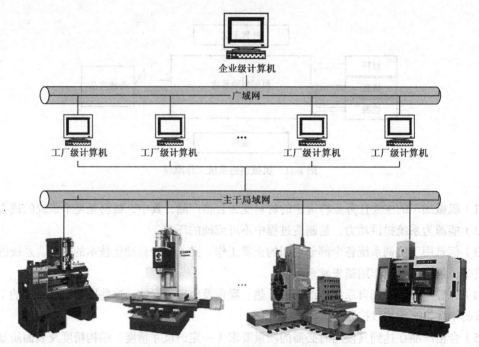

图 1-14　由数控机床组成的机械制造系统

1.1.2　零件的生产过程

机械零件的制造包括一组严整有序的工艺过程，一方面要保证制作的零件能够满足使用要求，另一方面要尽量降低成本及尽可能提高生产效率。

通常来说，制作一个机械零件要经历图 1-15 所示的基本环节。

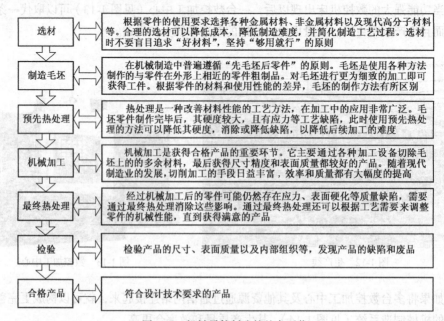

选材	根据零件的使用要求选择各种金属材料、非金属材料以及现代高分子材料等。合理的选材可以降低成本，降低制造难度，并简化制造工艺过程。选材时不要盲目追求"好材料"，坚持"够用就行"的原则
制造毛坯	在机械制造中普遍遵循"先毛坯后零件"的原则。毛坯是使用各种方法制作的与零件在外形上相近的零件粗制品。对毛坯进行更为细致的加工即可获得工件。根据零件的材料和使用性能的差异，毛坯的制作方法有所区别
预先热处理	热处理是一种改善材料性能的工艺方法，在加工中的应用非常广泛。毛坯零件制作完毕后，其硬度较大，且有应力等工艺缺陷，此时使用预先热处理的方法可以降低其硬度，消除或降低缺陷，以降低后续加工的难度
机械加工	机械加工是获得合格产品的重要环节。它主要通过各种加工设备切除毛坯上的多余材料，最后获得尺寸精度和表面质量都较好的产品。随着现代制造业的发展，切削加工的手段日益丰富，效率和质量都有大幅度的提高
最终热处理	经过机械加工后的零件可能仍然存在应力、表面硬化等质量缺陷，需要通过最终热处理消除这些影响。通过最终热处理还可以根据工艺需要来调整零件的机械性能，直到获得满意的产品
检验	检验产品的尺寸、表面质量以及内部组织等，发现产品的缺陷和废品
合格产品	符合设计技术要求的产品

图 1-15　机械零件制造的基本环节

1.1.3 零件的装配过程

使用各种方法制造的机械零件，最后是怎样构成一个机械产品的呢？观察你身边的机械产品，如自行车（见图 1-16），思考将这辆自行车由各零件装配为整车的原理和过程。

图 1-16 自行车的构成

我们见到的汽车，其内部包含的零件数量相当庞大，这些零件首先根据功能的不同装配为部件，如发动机部件（见图 1-17）和车桥部件，然后再将这些部件和其他分散的零件装配到一起便成为一辆汽车，如图 1-18 所示。

机械装配过程是整个机械制造过程中的最后阶段，是决定机械产品质量的关键环节。

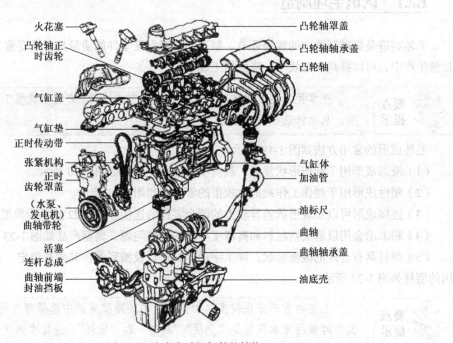

图 1-17 汽车发动机部件的结构

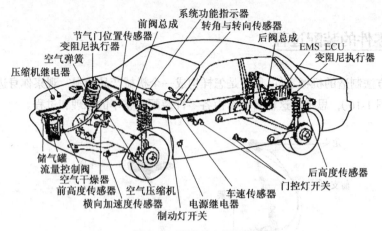

图 1-18　汽车整车的构成

1.2 认识机械制造基本环节

　问题思考

（1）你听说过"零件毛坯"这个概念吗？你是怎样理解这个术语的？

（2）使用水果刀削苹果和使用机床加工钢铁零件有哪些相同之处和差异之处？

（3）你听说过"机床"和"刀具"的概念吗？在机床上加工钢铁材料将面临哪些问题？

（4）毛坯生产出来后又需要通过哪些方法加工成为合格的产品？

1.2.1 认识毛坯制造

毛坯制造是机械制造中的重要环节。制造毛坯对保证零件的质量具有重要意义，特别是在大批量生产中，可以提高加工效率，降低加工成本。

　要点提示

把零件毛坯制作作为一个单独的环节来进行，有利于典型工艺和技术的采用，从而保证产品的质量。

毛坯成形的常用方法如图 1-19 所示。

（1）液态成形用于制作形状复杂、载荷不太重的零件，如图 1-20 所示。

（2）塑性成形用于制作工作载荷比较重的零件，如图 1-21 所示。

（3）连接成形可以实现形状差异较大的两个零件的连接。图 1-22 所示为典型的焊接轴。

（4）粉末冶金用以解决新材料和高精度零件的制造问题，典型产品如图 1-23 所示。

（5）型材具有合理的截面形状，如工字形、T 形以及槽形等，其质量稳定，承载能力高，常用的型材如图 1-24 所示。

　要点提示

毛坯的生产方法较多，如何从众多的造型方法中选择理想的方法很重要。其中遵循的基本原则是"优质""高效"和"低耗"，应该在满足使用要求的前提下，尽量降低生产成本。

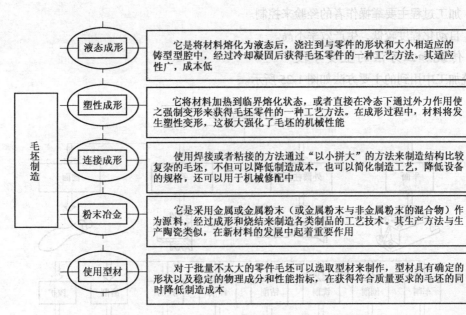

毛坯制造	液态成形	它是将材料熔化为液态后，浇注到与零件的形状和大小相适应的铸型型腔中，经过冷却凝固后获得毛坯零件的一种工艺方法。其适应性广，成本低
	塑性成形	它将材料加热到临界熔化状态，或者直接在冷态下通过外力作用使之强制变形来获得毛坯零件的一种工艺方法。在成形过程中，材料将发生塑性变形，这极大强化了毛坯的机械性能
	连接成形	使用焊接或者粘接的方法通过"以小拼大"的方法来制造结构比较复杂的毛坯，不但可以降低制造成本，也可以简化制造工艺，降低设备的规格，还可以用于机械修配中
	粉末冶金	它是采用金属或金属粉末（或金属粉末与非金属粉末的混合物）作为源料，经过成形和烧结来制造各类制品的工艺技术。其生产方法与生产陶瓷类似，在新材料的发展中起着重要作用
	使用型材	对于批量不太大的零件毛坯可以选取型材来制作，型材具有确定的形状以及稳定的物理成分和性能指标，在获得符合质量要求的毛坯的同时降低制造成本

图 1-19　毛坯成形的常用方法

图 1-20　典型铸件

图 1-21　典型锻件

图 1-22　焊接轴

图 1-23　粉末冶金产品

图 1-24　常用型材

1.2.2　认识传统加工方法

毛坯成形后还特别粗糙，接下来的加工环节将对其进行精雕细琢，去除多余材料，最后获得理想的产品。

1．传统加工方法的特点

传统加工的特点如下。

（1）刀具材料比被加工材料硬。

（2）靠机械能（力的作用）去除多余的材料。

（3）加工过程主要靠操作者的经验来控制。

（4）自动化程度较低，生产效率不高。

2．传统加工方法的主要手段

传统加工中用到的主要方法如图1-25所示。

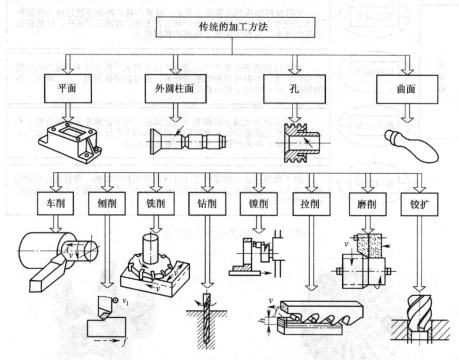

图1-25 传统的加工方法

（1）机械加工的主要目的是获得符合加工要求的零件表面，这些表面主要有平面、圆柱面、孔以及各种成形曲面。

（2）同一种加工表面能够使用的加工方法并不是唯一的，例如，加工平面的方法有车削、铣削、刨削、磨削和拉削等。各种加工方法适合加工的平面类型以及能够达到的加工精度并不相同。

（3）通常将机械加工过程分为粗加工和精加工两个阶段，前者用于高效去除毛坯上多余的材料，后者用于获得理想的零件表面。对于质量要求较高的零件，还可以插入半精加工和精细加工两个阶段。

1.2.3 认识现代加工方法

观察你身边使用的家用电器，如电视机和洗衣机，看看这些产品与早期的产品在选材、设计和制作工艺上有何区别。再仔细观察成为我们生活必需品的手机，其近几年的发展趋势是什么？由此总结现代制造业的发展方向和技术特点。

1．现代加工方法的特点

随着现代科学技术的发展，传统的加工方法逐渐过渡到现代加工方法，两者的区别如表1-1所示。

表 1-1　　　　　　　　　　　传统加工方法和现代加工方法的对比

对 比 项 目	传统加工方法	现代加工方法
能源形式	以电能为主	电化学能、光能（激光）、声能（超声波）
加工精度	主要靠经验，精度低	采用机电一体化技术，精度高
生产效率	加工环节多，效率较低	工序集中，效率高
主要加工方法	车削、铣削、刨削、磨削、钻削及镗削等	车削、铣削、刨削、磨削、钻削及镗削等，还有激光加工、电火花加工以及特种加工
主要设备	普通机床、半自动机床和自动机床	数控机床、加工中心

要点提示　　　现代加工方法具有"高自动化""高精度"和"高效率"的"三高"特点，同时面向超精密和微细技术发展，误差等级从早期的毫米级到微米级再到纳米级，甚至能够实现镜面加工。

2. 现代加工中的新事物

与传统制造业相比，现代制造业中的"新事物"层出不穷，新材料、新能源、新设备和新工艺在当前的企业中大显身手，下面对其做简要介绍。

（1）新材料的采用。现代加工中不再处处倚重金属材料，陶瓷材料、高分子材料和复合材料的应用日益广泛，由这些材料制成的制品，其优良性能逐渐被人们所接受。

（2）新能源的采用。除了传统的电能外，电化学能、激光以及超声波在现代制造中逐步得到广泛应用。电化学能用于电火花加工，图 1-26 所示为电火花线切割加工机床，其加工的零件如图 1-27 所示。激光用于检测，同时也可以用于零件切割加工。超声波可以用于工件的探伤和检测。

图 1-26　电火花线切割加工机床

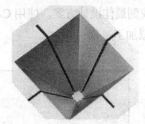

图 1-27　典型产品

（3）新技术的采用。在现代加工中普遍采用计算机控制技术。其中，计算机辅助设计（CAD）技术主要用于产品设计，计算机辅助制造（CAM）技术主要用于数控加工。目前，将 CAD/CAM 技术用于模具设计和制造，是现代机械制造发展的新方向。

图 1-28 所示为汽车车灯模型，为其开发的模具如图 1-29 所示。

图 1-28　汽车车灯模型

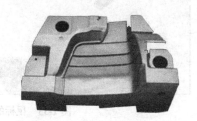

图 1-29　模具

（4）新设备的采用。现代制造中突出的特点就是高性能的数控机床取代了普通机床，极大地提高了生产效率。图 1-30 所示为普通机床，图 1-31 所示为数控机床，图 1-32 所示为数控加工中心。

图 1-30　普通机床　　　　　　图 1-31　数控机床　　　　　　图 1-32　数控加工中心

1.2.4　了解 CAD/CAM 技术

在现代生产中，设计是制造的基础。随着人们对产品种类和质量的追求，一项好的设计尤为关键。使用 CAD 技术可以充分发挥设计者的创新思维，创作出优秀的设计作品。

图 1-33 和图 1-34 所示为各种鼠标的设计方案的对比。其形式上从严肃到趣味，结构上从复杂到简洁，造价上从高到低。

图 1-35 所示为使用 CAD 方法创建的汽车模型，通过 CAD 软件提供的设计和分析工具可以非常方便地找到最佳设计方案。使用 CAD 设计的零件可以采用 CAM 技术完成加工。图 1-36 所示为零件的模拟加工过程。

图 1-33　鼠标的设计方案 1

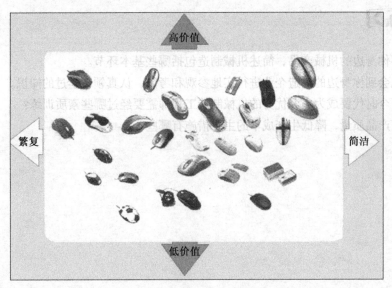

图 1-34　鼠标的设计方案 2

图 1-35　汽车模型

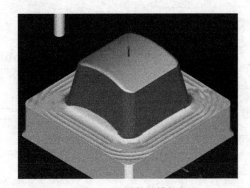

图 1-36　零件的模拟加工

本章小结

　　机械制造是一项复杂的系统工程，效率和质量是其核心因素。在传统的机械生产中，通常使用铸造、锻造和焊接等热加工方法制造出零件毛坯，然后使用车削、铣削、刨削以及磨削等金属切削方法获得尺寸精度和表面质量都比较优良的零件。为了改善零件质量，可以在零件加工前、加工中和加工后适当穿插热处理工艺。

　　对于大型机械，通常首先制造单个零件，然后将一组零件组装为具有特定功能的部件，最后将零部件装配为整机。在一个机器设备中，不同零件的形状、功能、工作性质以及工作条件有所差异，因为在选材、选取制造方法以及确定制造精度等方面并不相同。

　　随着现代科学技术的发展，机械制造的自动化程度越来越高，使得生产效率大幅度提高，同时加工精度也迅速提高，现在已经深入到超精加工领域。除此之外，新材料的不断发展以及 CAD 技术的日益完善极大地丰富了产品的种类，为机械制造业注入了更多的活力。

思考与练习

（1）观察你身边的机械产品，简述机械制造包括哪些基本环节。

（2）找机会到你身边的制造企业进行实地参观和考察，认真领会学过的知识。

（3）在当今时代要成为一名优秀的机械制造工程师需要经过哪些素质训练？

（4）提高产品质量，降低生产成本的主要措施有哪些？

第2章

工程材料基础

生活中的各种产品都是使用不同的材料制成的。在机械制造中，最重要的材料是金属材料，其种类繁多、性能各异。钢是工业生产中最常用的金属材料，其性能具有可变性。改变钢性能主要有两条途径：一条是合金化，即加入合金元素来调整钢的化学成分；另一条是对钢进行热处理。

※【学习目标】※

- 理解金属材料的常用机械性能指标。
- 了解常用金属材料的种类和用途。
- 熟悉材料选用的基本原则。
- 熟悉热处理的目的和意义。
- 熟悉热处理的分类和用途。
- 熟悉常用热处理方法的工艺特点。

※【观察与思考】※

（1）观察图 2-1 所示的汽车，想想汽车上为什么使用不同的材料来实现不同的功能和用途，从而熟悉材料的多样性。

（2）观察图 2-2，想一想钢产品有什么特点，通常用于什么场合？

图 2-1　汽车的主要材料

图 2-2　钢制件

（3）观察图 2-3，想一想铸铁产品与钢产品有什么典型区别，通常用于什么场合？

（4）图 2-4 所示为热处理生产线现场的全貌，图 2-5 所示为经过热处理后的钢件，虽然它的金属光泽度有所下降，但是其机械性能得到明显的改善和调整。请思考热处理的用途。

图 2-3　铸铁制作的曲轴

图 2-4　热处理生产线

图 2-5　热处理后的钢件

2.1 金属材料的机械性能

2.1.1　材料载荷的形式

零件失效都是外界损害作用超过材料抵抗能力的结果。因此，在设计产品时不仅要熟悉零件的工作条件和使用条件，还要把零件的受力状态同材料的性能结合起来。

材料在工作过程中都会受到各种不同类型力的作用，这些外力的大小、方向、分布以及持续时间不同，对材料的影响效果也不相同。

1. 拉伸

拉伸是最常见的一种受力形式。其特点为受力方向沿着物体轴线，且受力方向相背离。桥式起重机上的钢丝绳在吊起重物时主要承受拉伸作用，如图 2-6 所示。

2. 压缩

压缩与拉伸一样，其受力方向沿着物体轴线，但是受力方向相对。万吨水压机就是通过压力来使工件成型的，如图 2-7 所示。

3. 弯曲

当物体受到垂直于其轴线的横向外力作用时，轴线将由直线变为曲线，这就是弯曲。起重机的起重臂、车床上加工的轴都是承受弯曲变形的实例，如图 2-8 和图 2-9 所示。

图 2-6　桥式起重机

图 2-7　万吨水压机

图 2-8　塔式起重机

图 2-9　车削加工

4. 剪切

剪切的物体受到大小相等、方向相反、不在同一直线上并且作用距离很近的一对力的作用。剪切力将使物体沿着剪切面发生错动而导致物体破坏。例如，螺栓连接或铆钉连接的两个零件在工作时都要承受剪切力，如图 2-10 所示。

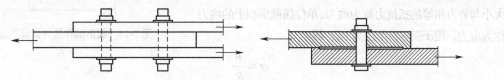

图 2-10　螺栓连接

5. 扭转

扭转是指物体受到一对大小相等、方向相反、作用面垂直于轴心线的外力偶的作用。转动汽车转向盘、攻丝都是扭转的实例，如图 2-11 所示。

要点提示

　　在实际应用中，零件的受力情况都比较复杂，通常要同时承受多种力的作用。图 2-12 所示的汽车传动轴，在工作时要同时承受拉伸、弯曲和扭转等作用。这就要求该轴具有良好的结构设计、较高的强度，同时合理地进行选材。

图 2-11　转向盘

图 2-12　汽车传动轴

2.1.2　材料的机械性能

金属材料的机械性能

材料的机械性能是指其在外力（载荷）作用时表现出来的性能。描述机械性能的指标很多，有些指标还相互矛盾。使用过程中，通常要根据工件的受力特点来选择材料。

1. 材料的强度

一块钢铁、一块玻璃和一段橡胶，分别使用何种方法可以使之产生断裂性破坏？

（1）强度的概念。强度是指金属材料在外力作用下抵抗塑性变形（不可恢复变形）和断裂的能力。

 要点提示　抵抗塑性变形和断裂的能力越大，强度就越高。根据受力状况的不同，强度可分为抗拉、抗压、抗弯、抗扭及抗剪强度等。

（2）强度的测定。一般以抗拉强度作为最基本的强度指标。低碳钢材料的强度大小通过拉伸试验来测定。试验时，按国家标准规定，将试样两端夹在试验机的两个夹头上，随着载荷 F 的缓慢增加，试样逐步变形并伸长，直至被拉断为止，如图 2-13 所示。

（3）应力的概念。在载荷 F 作用下，试样内部产生的大小与外力相等的抵抗力称为内力。单位横截面积上的内力称为应力，用 σ 表示，单位为 Pa，即

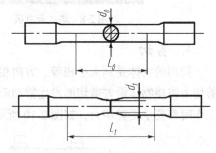

图 2-13　圆形试样拉伸试验测定

$$\sigma = \frac{F}{S_0}$$

式中：F——载荷大小，N；

S_0——试样原横截面积，m^2。

（4）抗拉强度。钢材拉伸到一定程度后，由于内部晶粒重新排列，抵抗变形能力重新提高，直至应力达最大值。此后，钢材抵抗变形的能力明显降低，并在最薄弱处发生较大的塑性变形，此处试件截面迅速缩小，出现颈缩现象，直至断裂破坏。钢材受拉断裂前的最大应力值称为强度极限或抗拉强度，用 σ_b 表示。

（5）屈服强度。材料拉伸时，当应力超过弹性极限后，变形增加较快，此时除了产生弹性变形外，还产生部分塑性变形。当应力达到某一数值后，塑性应变急剧增加，这种现象称为屈服。这一阶段的最大、最小应力分别称为上屈服点和下屈服点。由于下屈服点的数值较为稳定，因此以它作为材料抗力的指标，称为屈服点或屈服强度，用 σ_s 表示。

 要点提示　有的金属材料的屈服点极不明显，测量困难，因此为了衡量材料的屈服特性，人为规定产生永久残余塑性变形等于一定值（一般为原长度的 0.2%）时的应力，称为条件屈服强度或简称屈服强度，用 $\sigma_{0.2}$ 表示。

2. 材料的硬度

课堂思考　机械制造中所用的量具、刀具和模具等是否都应该具备足够的硬度？没有足够硬度的零件能保证其使用性能和使用寿命吗？

（1）硬度的概念。硬度是指金属材料抵抗硬物体压入的能力，或者说金属表面对局部塑性变形的抵抗能力。

要点提示　硬度是衡量材料软硬程度的指标。硬度越高，材料的耐磨性越好。

（2）布氏硬度（HB）。将一定直径的淬火钢球以规定的载荷 F 压入被测材料表面，保持一定时间后，卸除载荷，测出压痕直径 d，求出压痕面积 S，计算出平均应力值，以此作为布氏硬度值的计量指标（布氏硬度试验原理如图 2-14 所示），并用符号 HB 表示，单位为 N/mm^2，即

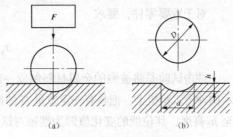

图 2-14　布氏硬度试验原理

$$HB = F/S$$

式中：F——所加压力，N；

　　　　S——压痕表面积，mm^2，可通过钢球直径和压痕直径计算。

例如，120HBS10/1000/30 表示用直径 10mm 的钢球在 1 000kgf（9.807kN）的试验力作用下保持 30s（秒），测得的布氏硬度值为 $120N/mm^2$（MPa）。

（3）洛氏硬度（HR）。测量洛氏硬度时，将压头（金刚石圆锥体或钢球）压入试样表面，经规定时间后，卸除主试验力，由测量的原残余压痕深度增量（h_2-h_1）来计算硬度值，以符号 HR 表示。

洛氏硬度的优点是操作简便，压痕小，可用于成品和薄形件；缺点是测量数值分散，不如布氏硬度测量准确。

洛氏硬度试验采用 3 种试验力和 3 种压头，共有 9 种组合，对应于洛氏硬度的 9 个标尺。其中最常用的是 HRC、HRB 和 HRF。

要点提示　HRC 用于测试淬火钢、回火钢、调质钢和部分不锈钢，这是金属加工行业中应用最多的硬度试验方法。HRB 用于测试各种退火钢、正火钢、软钢、部分不锈钢及较硬的铜合金。HRF 用于测试纯铜、较软的铜合金和硬铝合金。

3. 材料的冲击韧性

问题思考　（1）20 世纪 50 年代美国北极星式导弹固体燃料发动机壳体采用了屈服强度为 1 400MPa 的高强度钢，并且经过一系列强度检验，但却在点火时发生断裂。你估计是什么原因？

（2）把一块石头放在一块玻璃上，玻璃受到的压力很小，不会被压碎。如果石头从高处落到玻璃上，玻璃会被击碎，想想这是为什么。

（1）认识冲击载荷。金属材料的强度、硬度、塑性都是在静载荷情况下测定金属材料承受变形和破坏的能力。静载荷是指被测金属所受的载荷从零逐渐增加到最大值。

实际上，不少零件如火车挂钩（见图2-15）、锻锤头（见图2-16）、冲床连杆及曲轴等在工作时都要承受冲击载荷，而冲击载荷所引起的变形和应力比静载荷时大得多。

 承受冲击载荷的零件除要求高的强度和一定的硬度外，还必须具有足够的韧性。

（2）冲击韧性的概念。冲击韧性是指金属材料在冲击载荷作用下抵抗破坏的能力，其值以冲击韧度 α_k 表示。α_k 越大，材料的韧性越好，在受到冲击时越不易断裂。

对于重要零件，要求

$$\alpha_k > 50 \text{J/cm}^2$$

冲击试验是将被测的金属材料制成一定形状和尺寸的试样，然后将冲击试样安放在图2-17所示的冲击试验机上，把具有一定重量 G 的摆锤提到 h_1 高度后，使摆锤自由下落，冲断试样后，摆至 h_2 高度，其位能的变化值即为摆锤对试样所做的冲击功。

图2-15 运行中的火车　　　　　图2-16 工作中的空气锤　　　图2-17 冲击试验

 对于脆性断裂为主要破坏形式的零件，只能凭经验提出对冲击功的要求，若过分追求高的冲击强度，则会造成零件笨重和材料浪费。尤其对于中低强度材料制造的大型零件和高强度材料制造的焊接构件，由于存在冶金缺陷和焊接裂纹，不能以冲击功评定零件脆断倾向大小。

4. 材料的疲劳强度

 取一根细铁丝，对其反复弯折，思考以下问题。
（1）弯折多次以后，弯折处温度是否会升高？
（2）增加弯折次数，最后铁丝是否会断裂？
（3）这种方式让铁丝断裂与将其拉断有什么不同？

（1）认识交变载荷。有许多机械零件（如轴、齿轮、连杆及弹簧等）在工作过程中受到大小、方向随时间呈周期性变化的载荷作用，这种载荷称为交变载荷。

要点提示　在交变载荷长期作用下的零件,发生断裂时的应力远低于该材料的强度极限,甚至低于其屈服极限,这种现象称为金属的疲劳。实践表明,在损坏的机械零件中,80%的断裂是由金属疲劳造成的。

（2）认识疲劳强度。疲劳强度是指金属材料在无数次重复交变载荷作用下,能承受不被破坏的最大应力。

各种金属材料不可能进行无穷次重复试验,通常给出一定的应力循环基数。对钢铁来说,如果应力循环次数 N 达到 10^7 次,零件仍不断裂,就可认为能经受无限次应力循环而不再断裂,所以钢材以 10^7 为基数。有色金属和某些超高强度钢则取 10^8 为基数。

（3）疲劳破坏的原因。疲劳断裂一般认为是由于材料表面与内部的缺陷（夹杂、划痕、尖角等）造成局部应力集中,形成微裂纹。这种微裂纹随应力循环次数的增加而逐渐扩展,使零件的有效承载面积逐渐减小,以至于最后承受不起所加载荷而突然断裂。

 要点提示　为了提高零件的疲劳强度,除了改善其结构形状,避免应力集中外,还可以通过提高零件表面加工光洁度和采用表面强化的方法达到,如对零件表面进行喷丸处理、表面淬火等。

5. 材料的塑性

塑性是指金属材料受力后发生变形而不被破坏的能力。塑性好的材料就像一团橡皮泥,在受力后可以自由变形,但是整体不会破坏分离。

（1）塑性的表示。材料的塑性优劣通常用伸长率 δ 来表示,即

$$\delta = \frac{l_1 - l_0}{l_0} \times 100\%$$

式中：l_0——试样的原始长度,mm;

l_1——试样拉断后的长度,mm。

材料的塑性还可以用断面收缩率 ψ 来表示,即

$$\psi = \frac{A_1 - A_0}{A_0} \times 100\%$$

式中：A_0——试样的原始截面积,mm^2;

A_1——试样拉断后的断口截面积,mm^2。

（2）塑性的应用。材料的 δ 和 ψ 值越大,其塑性越好。具有良好塑性的金属材料在加工时受到的抗力小,变形充分。这种材料适合进行轧制、锻造、冲压及焊接等操作,可以获得优良的加工性能。

同时,塑性好的材料在超负荷工作时,可以产生塑性变形,避免突然断裂破坏。

6. 材料的刚度

刚度是指受外力作用的材料、构件或结构抵抗变形的能力。

（1）刚度的影响因素。材料的刚度由使其产生单位变形所需的外力值来量度。

结构的刚度除取决于组成材料的刚度外,还同其几何形状、边界条件以及外力的作用形式等因素有关,采用图 2-18 所示杆件连接形式的起重机可以获得很好的刚度。

图 2-18　起重机的桁架结构

（2）刚度的应用。分析材料和结构的刚度是工程设计中的一项重要工作。对于一些必须严格限制变形的结构（如机翼、高精度的装配件等）应通过刚度分析来控制变形。许多结构（如建筑物、机械等）也要通过控制刚度以防止振动、颤振或失稳现象。

刚度要求对于某些弹性变形量超过一定数值后会影响机器工作质量的零件尤为重要，如机床的主轴、导轨、丝杠等，如图2-19所示。

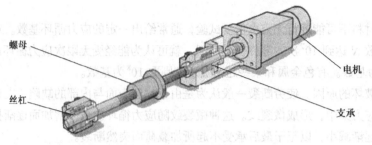

螺母

电机

丝杠

支承

图 2-19　机床的传动机构

 课堂讨论

　　每一个应用科学家或设计工程师都必不可少地要用到材料，不论产品是桥梁、计算机、宇宙飞船、心脏起搏器、核反应堆还是汽车的排气装置，科学家都必须完全了解所用材料的性能和特征。下面围绕以下问题展开课堂讨论。

　　（1）以汽车为例，它在制造中要使用各种各样的材料，如钢铁、玻璃、工程塑料、橡胶及皮革等。目前可供使用的钢铁材料就有2 000多种，面对如此之多的材料，要制造一个特定的零件，应根据什么原则来选择呢？

　　（2）生产变速齿轮用的钢要易于切削，但又要有足够的韧性以承受猛烈的冲击。生产车身连接件的金属必须是易成型的，但又要有抗冲击形变的能力。请思考怎么评判一种材料的综合性能。

　　（3）材料的性能总是一成不变的吗？为什么橡胶长时间暴露在阳光和空气中后会逐渐硬化？为什么金属在周期性载荷的作用下会产生疲劳？

　　（4）材料的强度、塑性和硬度之间有什么关系？

2.2　工程材料及其应用

 问题思考

　　（1）生活中我们广泛使用各种钢铁制品和铝制品，想一想为什么铁制品的强度和硬度比铝制品高，而导电性和导热性却不如铝制品。是什么导致两者在性能上的差异？

　　（2）为什么含碳量为0.3%的铁碳合金具有良好的塑性，可以通过锻造或轧制来制成不同形状的零件；而含碳量为3%的铁碳合金的塑性很差，不能通过加工来改变形状，而只能采用铸造的方法浇注成零件？

工程材料涉及面很广，按属性可分为金属材料和非金属材料两大类。

金属材料包括黑色金属和有色金属。有色金属用量约占金属材料的5%，因具有良好的导热性、导电性以及优异的化学稳定性和高的比强度等，在机械工程中占有重要的地位。

非金属材料又可分为无机非金属材料和有机高分子材料。前者除传统的陶瓷、玻璃、水泥和耐火材料外，还包括氮化硅、碳化硅等新型材料以及碳素材料等；后者除了天然有机材料（如木材、橡胶等）外，较重要的还有合成树脂。

2.2.1　金属材料的分类

现代机械加工中所用的金属材料主要以合金为主，合金材料具有比纯金属更好的物理和化学性能、优良的力学性能和工艺性能，并且价格低廉。最常用的合金是以铁为基础的铁碳合金，俗称钢铁。除此之外，还有以铜或铝等为基础的有色合金。

认识金属材料

金属材料的具体分类如表 2-1 所示。

表 2-1　　　　　　　　　　　　金属材料的分类

分 类 方 法	分 类 名 称	说　明
按组成成分分	纯金属（简单金属）	它指仅由一种金属元素组成的物质。目前已知的纯金属有 80 多种，但是在工业上采用的较少
	合金（复杂金属）	它指由一种主要金属元素与另外一种（或几种）金属元素（或非金属元素）组成的物质。其种类甚多，使用性能好，在工业生产中应用广泛，例如，钢是铁碳合金，黄铜是铜锌合金，青铜是铜锡合金
按化学组成分	黑色金属	它指铁和铁的合金，如生铁、铁合金、铸铁和钢等
	有色金属	它指除黑色金属外的金属和合金，如铜、锡、铅、锌、铝以及黄铜、青铜、铝合金和轴承合金等。另外工业上还采用镍、锰、钼、钨、钛作合金附加物，以改善金属的性能，用于制造某些有特殊性能要求的零件
所有上述金属称为工业用金属，以区别于贵重金属（铂、金、银）与稀有金属（包括放射性铀等）		

1. 铸铁

铸铁是含碳大于 2.11% 的铁碳合金，将铸造生铁（部分炼钢生铁）在炉中重新熔化，并加入铁合金和废钢等调整成分得到。铸铁大都需要通过二次加工制成各种铸铁件。

铸铁具有优良的铸造性能，可制成复杂零件，一般有良好的切削加工性。另外，铸铁件还具有耐磨性和消振性良好、价格低等特点。

（1）铸铁的种类

铸铁的具体分类如表 2-2 所示。

表 2-2　　　　　　　　　　　　铸铁的分类

分 类 方 法	分 类 名 称	说　明
按断口颜色分	灰口铸铁	① 这种铸铁中的碳大部分或全部以石墨形式存在，断口呈暗灰色 ② 它有一定的机械性能和良好的切削加工性，是工业上应用最普遍的一种铸铁
	白口铸铁	① 白口铸铁是组织中完全没有或几乎完全没有石墨的一种铁碳合金，其中碳全部以渗碳体形式存在，断口呈白亮色 ② 它硬而且脆，不能进行切削加工，工业上很少直接应用它来制造机械零件。在机械制造中，有时仅利用它来制造需要承受冲击载荷的机件
	麻口铸铁	这是介于白口铸铁和灰铸铁之间的一种铸铁，断口呈灰白相间的麻点状，故称麻口铸铁，这种铸铁性能不好，极少应用

续表

分类方法	分类名称	说　明
按生产方法和组织性能分	普通灰铸铁	普通灰铸铁具有一定的强度、硬度，良好的减振性和耐磨性，具有高的导热性，好的抗热疲劳能力，同时还具有良好的铸造工艺性能以及切削加工性能，生产简便，成本低，在工业和民用生活中得到了广泛的应用
	可锻铸铁	① 由一定成分的白口铸铁经石墨化退火后而成，其中碳大部分或全部以团絮状石墨的形式存在，比灰铸铁具有较高的韧性，故又称为韧性铸铁 ② 可锻铸铁实际并不可以锻造，只不过具有一定的塑性而已，通常多用来制造承受冲击载荷的铸件
	球墨铸铁	① 球墨铸铁简称球铁，是通过在浇铸前，往铁水中加入一定量的球化剂（如纯镁或其合金）和墨化剂（硅铁或硅钙合金），以促进碳呈球状石墨结晶而获得的 ② 由于石墨呈球形，应力大为减轻，它主要减小金属基体的有效截面积，因而这种铸铁的机械性能比普通灰铸铁高得多，也比可锻铸铁好 ③ 具有比灰铸铁好的焊接性和承受热处理的性能 ④ 和钢相比，除塑性、韧性稍低外，其他性能均接近，是一种同时兼有钢和铸铁优点的优良材料，因此在机械工程上获得了广泛的应用
	特殊性能铸铁	一种具有某些特性的铸铁，根据用途的不同，可分为耐磨铸铁、耐热铸铁、耐蚀铸铁等。这类铸铁大部分都属于合金铸铁，在机械制造上应用也较为广泛

（2）铸铁的牌号

牌号就是表示材料种类的代号，不同牌号的铸铁其性能不同，用途不同。表 2-3 所示为不同种类的铸铁的牌号表示方法及其示例。

表2-3　　　　　　　　　　　铸铁的牌号表示方法

铸铁名称	代　号	牌号表示方法	铸铁名称	代　号	牌号表示方法
灰铸铁	HT	HT100	黑心可锻铸铁	KTH	KTH300-06
球墨铸铁	QT	QT400-18	白心可锻铸铁	KTB	KTB350-04
耐磨铸铁	MT	MTCu1PTi-150	耐热铸铁	RT	RTCr2

HT 100
├─ 抗拉强度（MPa）
└─ 灰铸铁代号

QT 400－18
├─ 伸长率（%）
├─ 抗拉强度（MPa）
└─ 球墨铸铁代号

KTH 300－06
├─ 伸长率（%）
├─ 抗拉强度（MPa）
└─ 黑心可锻铁代号

KTB 350－04
├─ 伸长率（%）
├─ 抗拉强度（MPa）
└─ 白心可锻铁代号

 要点提示　　牌号中代号后面的一组数字，表示抗拉强度值；有两组数字时，第1组表示抗拉强度值，第2组表示伸长率。

2．钢

钢材在经济建设的各个领域中都是非常重要的金属材料，它种类丰富，应用范围广，是工业建设必不可少的物质资源。

（1）钢的种类

钢材的种类很多，其详细分类如表2-4所示。

表2-4　　钢的分类

分类方法	分类名称	说　明
按化学成分分类	碳素钢	碳素钢是指钢中除铁、碳外，还含有少量锰、硅、硫、磷等元素的铁碳合金，按其含碳量的不同，可分为 ① 低碳钢——$\omega(c)\leq0.25\%$ ② 中碳钢——$\omega(c)$为$0.25\%\sim0.60\%$ ③ 高碳钢——$\omega(c)>0.60\%$
	合金钢	为了改善钢的性能，在冶炼碳素钢的基础上，加入一些合金元素而炼成的钢，如铬钢、锰钢、铬锰钢等。按其合金元素的总含量，可分为 ① 低合金钢——合金元素的总含量$\leq5\%$ ② 中合金钢——合金元素的总含量为$5\%\sim10\%$ ③ 高合金钢——合金元素的总含量$>10\%$
按浇注前脱氧程度分类	沸腾钢	它是属于脱氧不完全的钢，浇注时在钢锭模里产生沸腾现象。其优点是冶炼损耗少、成本低、表面质量及深冲性好；缺点是成分和质量不均匀、抗腐蚀性和力学强度较差。它一般用于轧制结构钢的型钢和钢板
	镇静钢	它是属于脱氧完全钢，浇注时在钢锭模里钢液镇静，没有沸腾现象。其优点是成分和质量均匀；缺点是金属的成本较高。一般合金钢和优质碳素结构钢都为镇静钢
	半镇静钢	脱氧程度介于镇静钢和沸腾钢之间的钢，因生产较难控制，目前产量较少
按钢的品质分类	普通钢	钢中含杂质元素较多，一般$\omega(s)\leq0.05\%$，$\omega(p)\leq0.045\%$，如碳素结构钢、低合金结构钢等
	优质钢	钢中含杂质元素较少，$\omega(s)$、$\omega(p)$一般均$\leq0.04\%$，如优质碳素结构钢、合金结构钢、碳素工具钢和合金工具钢、弹簧钢、轴承钢等
	高级优质钢	钢中含杂质元素极少，一般$\omega(s)\leq0.03\%$，$\omega(p)\leq0.035\%$，如合金结构钢和工具钢等。高级优质钢在钢号后面，通常加符号"A"或汉字"高"，以便识别
按钢的用途分类	结构钢	建筑及工程用结构钢简称建造用钢，是指用于建筑、桥梁、船舶、锅炉或其他工程上制作金属结构件的钢，如碳素结构钢、低合金钢、钢筋钢等 机械制造用结构钢是指用于制造机械设备上结构零件的钢。这类钢基本上都是优质钢或高级优质钢，主要有优质碳素结构钢、合金结构钢、易切结构钢、弹簧钢、滚动轴承钢等
	工具钢	它一般用于制造各种工具，如碳素工具钢、合金工具钢、高速工具钢等；若按用途不同，它又可分为刃具钢、模具钢、量具钢
	特殊钢	它是指具有特殊性能的钢，如不锈耐酸钢、耐热不起皮钢、高电阻合金钢、耐磨钢及磁钢等
	专业用钢	它是指专门用于各个工业部门的钢，如汽车用钢、农机用钢、航空用钢、化工机械用钢、锅炉用钢、电工用钢及焊条用钢等
按制造加工形式分类	铸钢	铸钢是指采用铸造方法生产出来的一种钢铸件。铸钢主要用于制造一些形状复杂、难于进行锻造或切削加工成形而又要求较高的强度和塑性的零件
	锻钢	锻钢是指采用锻造方法生产出来的各种钢材和锻件。锻钢件的质量比铸钢件高，能承受大的冲击力作用，塑性、韧性和其他方面的力学性能也都比铸钢件高，所以凡是一些重要的机器零件都应当采用锻钢件
	热轧钢	热轧钢是指用热轧方法生产出来的各种热轧钢材。大部分钢材都是采用热轧轧成的，热轧常用来生产型钢、钢管、钢板等大型钢材，也用于轧制线材

（2）钢的牌号

常用钢材的牌号及其表示方法如表 2-5 所示。

表 2-5　　　　　　　　　　　　　　　　钢牌号表示方法的举例

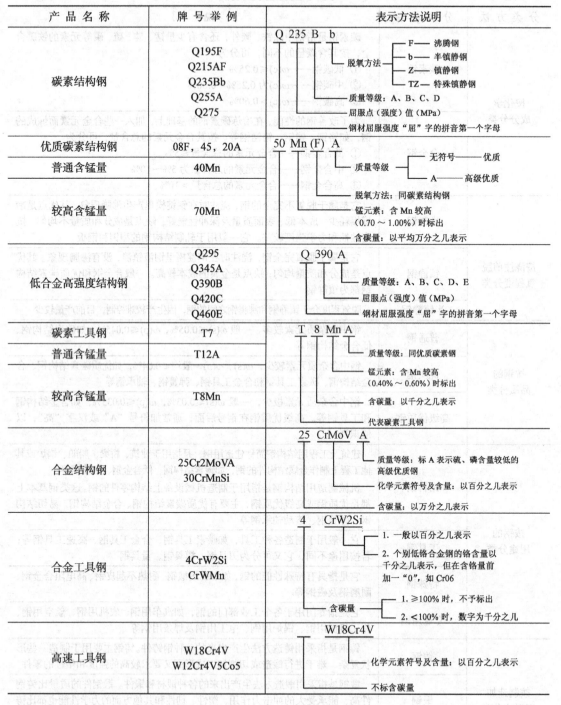

产品名称	牌号举例	表示方法说明
碳素结构钢	Q195F Q215AF Q235Bb Q255A Q275	Q 235 B b 脱氧方法：F—沸腾钢　b—半镇静钢　Z—镇静钢　TZ—特殊镇静钢 质量等级：A、B、C、D 屈服点（强度）值（MPa） 钢材屈服强度"屈"字的拼音第一个字母
优质碳素结构钢	08F，45，20A	50 Mn (F) A
普通含锰量	40Mn	质量等级：无符号——优质　A——高级优质
较高含锰量	70Mn	脱氧方法：同碳素结构钢 锰元素：含 Mn 较高（0.70～1.00%）时标出 含碳量：以平均万分之几表示
低合金高强度结构钢	Q295 Q345A Q390B Q420C Q460E	Q 390 A 质量等级：A、B、C、D、E 屈服点（强度）值（MPa） 钢材屈服强度"屈"字的拼音第一个字母
碳素工具钢	T7	T 8 Mn A
普通含锰量	T12A	质量等级：同优质碳素钢
较高含锰量	T8Mn	锰元素：含 Mn 较高（0.40%～0.60%）时标出 含碳量：以千分之几表示 代表碳素工具钢
合金结构钢	25Cr2MoVA 30CrMnSi	25 CrMoV A 质量等级：标 A 表示硫、磷含量较低的高级优质钢 化学元素符号及含量：以百分之几表示 含碳量：以万分之几表示
合金工具钢	4CrW2Si CrWMn	4 CrW2Si 1. 一般以百分之几表示 2. 个别低铬合金钢的铬含量以千分之几表示，但在含铬量前加一"0"，如 Cr06 含碳量：1. ≥100% 时，不予标出　2. <100% 时，数字为千分之几
高速工具钢	W18Cr4V W12Cr4V5Co5	W18Cr4V 化学元素符号及含量：以百分之几表示 不标含碳量

（3）钢的应用

钢按照化学成分不同可以分为碳素钢和合金钢两大类，钢按用途不同又可分为结构钢、工具钢和特殊钢 3 大类。

① 碳素钢。碳素钢（简称碳钢）是含碳量大于 0.021 8%而小于 2.11%的铁碳合金。碳钢具有较好的机械性能和工艺性能，它产量大、价格较低，因此是机械工程上应用十分广泛的金属材料。

要点提示　碳钢也有某些不足之处，如淬透性较低、回火抗力较差、屈强比低。碳钢的强度潜力虽经热处理但仍不能充分发挥。

② 合金钢。合金钢是在碳钢的基础上添加某些合金元素，用以保证一定加工工艺以及组织与性能的铁基合金。合金钢有较好的机械性能，但是由于含有合金元素，故加工工艺比碳钢差，价格也较昂贵，因此在应用碳钢能够满足使用要求时，一般不使用合金钢。

③ 结构钢。结构钢又分为工程构件用钢和机器零件用钢两大类。工程构件用钢包括建筑工程用钢、桥梁工程用钢、船舶工程用钢以及车辆工程用钢等。机器零件用钢包括调质钢、弹簧钢、滚动轴承钢、渗碳和渗氮钢、耐磨钢等，这类钢一般属于低、中碳钢和低、中合金钢。

④ 工具钢。工具钢分为刃具钢、量具钢和模具钢，主要用于制造各种刃具、量具和模具，这类钢一般属于高碳、高合金钢。

⑤ 特殊钢。特殊钢分为不锈钢、耐热钢等，这类钢主要用于各种特殊要求的场合，如化学工业用的不锈耐酸钢、核电站用的耐热钢等。

表 2-6 所示为部分碳素结构钢的特性和应用，表 2-7 所示为部分碳素工具钢的特性和应用，表 2-8 所示为部分合金结构钢的特性和应用。

表 2-6　　　　　　　　　　　　部分碳素结构钢的特性和应用

牌　号	主　要　特　性	应　用　举　例
Q215	具有高的塑性、韧性和焊接性能，良好的压力加工性能，但强度低	用于制造地脚螺栓、犁铧、烟筒、屋面板、铆钉、低碳钢丝、薄板、焊管、拉杆、吊钩、支架及焊接结构等
Q235	具有良好的塑性、韧性、焊接性能和冷冲压性能以及一定的强度、好的冷弯性能	广泛用于一般要求不高的零件和焊接结构，如受力不大的拉杆、连杆、销、轴、螺钉、螺母、套圈、支架、机座、建筑结构及桥梁等
Q255	具有较高的强度，较好的塑性、韧性、焊接性能和冷、热压力加工性能	用于制造要求强度不太高的零件，如螺栓、键、摇杆、轴、拉杆和钢结构用各种型钢、钢板等
Q275	具有较高的强度，较好的塑性和切削加工性能，一定的焊接性能。小型零件可以淬火强化	用于制造要求较高的零件，如齿轮、轴、链轮、键、螺栓、螺母、农机用型钢、输送链和链节等

表 2-7　　　　　　　　　　　　部分碳素工具钢的特性和应用

牌　号	主　要　特　性	应　用　举　例
T7 T7A	其强度随含碳量的增加而增加，有较好的强度和塑性配合，但切削能力较差	用于制造要求有较大塑性和一定硬度但切削能力要求不太高的工具，如凿子、冲子、小尺寸风动工具、木工用的锯、凿、大锤、车床顶尖、铁皮剪及钻头等
T8 T8A	淬火易过热，变形也大，强度塑性较低，不宜做受大冲击的工具。但经热处理后有较高的硬度及耐磨性	用于制造工作时不易变热的工具，如加工木材用的铣刀、埋头钻、斧、凿、简单的模子冲头及手用锯、圆片锯、滚子、压缩空气工具等
T10 T10A	淬火后钢中有未溶的过剩碳化物，增加钢的耐磨性。适于制造工作时不变热的工具	制造手工锯、机用细木锯、麻花钻、拉丝细膜、小型冲模、丝锥、车刨刀、扩孔刀具、螺纹板牙、铣刀、钻紧密岩石用的刀具、刻锉刀用的凿子等

表 2-8 部分合金结构钢的特性和应用

牌 号	主 要 特 性	应 用 举 例
20Mn2	低温冲击韧度、焊接性能较20Cr好，冷变形时塑性高，切削性能良好，淬透性比相应的碳钢要高	用于制造截面尺寸小于50mm的渗碳零件，如渗碳的小齿轮、小轴、力学性能要求不高的十字头销、气门顶杆、变速齿轮操纵杆、钢套，螺钉、螺母及铆焊件等
20MnTiB	具有良好的力学性能和工艺性能，正火后切削加工性良好，热处理后的疲劳强度较高	较多地用于制造汽车、拖拉机中尺寸较小、中等载荷的各种齿轮及渗碳零件
30Cr	退火或高温回火后的切削加工性良好，焊接性中等，一般在调质后使用，也可在正火后使用	用于制造耐磨或受冲击的各种零件，如齿轮、滚子、轴、杠杆、摇杆、连杆、螺栓及螺母等
50CrV	合金弹簧钢，具有良好的综合力学性能和工艺性，淬透性较好，回火稳定性良好，疲劳强度高	用于制造工作温度低于210℃的各种弹簧以及其他机械零件，如内燃机气门弹簧、喷油嘴弹簧、锅炉安全阀弹簧及轿车缓冲弹簧
25CrMnSi	韧性较差，经热处理后，强度、塑性、韧性都较好	制造拉杆、重要的焊接和冲压零件、高强度的焊接构件
40CrMnMo	调质处理后具有良好的综合力学性能，淬透性较好，回火稳定性较高，大多在调质状态下使用	用于制造重载、截面较大的齿轮轴、齿轮、大卡车的后桥半轴、轴、偏心轴、连杆、汽轮机的类似零件，还可代替40CrNiMo使用

2.2.2 有色合金

有色合金是以一种有色金属为基体加入一种或几种其他元素而构成的合金，其强度和硬度一般比纯金属高，电阻比纯金属大、电阻温度系数小，具有良好的综合机械性能。工业上最常用的有色合金材料主要有铝合金、铜合金、钛合金等。

1. 铝合金

认识铝合金

铝合金密度低，但强度较高，接近或超过优质钢；塑性好，可加工成各种型材，且具有优良的导电性、导热性和抗蚀性，工业上的使用量仅次于钢。

铝合金分为两大类：铸造铝合金，在铸态下使用；变形铝合金，能承受压力加工，力学性能高于铸态。可加工成各种形态、规格的铝合金材。它主要用于制造航空器材、日常生活用品、建筑用门窗等。

2. 铜合金

常用的铜合金分为黄铜、白铜和青铜3大类。

黄铜是以锌作主要添加元素的铜合金。生产中常添加如铝、镍、锰、锡、硅及铅等元素来改善普通黄铜的性能。黄铜铸件常用来制作阀门和管道配件等。

白铜是以镍为主要添加元素的铜合金。结构白铜的机械性能和耐蚀性好，色泽美观，广泛用于制造精密机械、化工机械和船舶构件。电工白铜一般有良好的热电性能，用于制造精密电工仪器、变阻器以及热电偶等。

青铜是铜和锡、铅的合金，具有熔点低、硬度大、可塑性强、耐磨、耐腐蚀、色泽光亮等特点，适用于铸造各种器具、机械零件、轴承和齿轮等。

2.2.3 工程塑料

工程塑料是一类可以作为结构材料，在较宽的温度范围内承受机械应力，并在较为苛刻的化学物理环境中使用的高性能高分子材料。它一般指能承受一定的外力作用，并有良好的机械性能和尺寸稳定性，在高、低温下仍能保持其优良性能，可以作为工程结构件的塑料。

常用通用工程塑料的特点及用途如表 2-9 所示。

表 2-9　　　　　　　　　　　　　常用通用工程塑料的特点及用途

名　称	特　点	优、缺点	用　途
PS	透明的仿玻璃状材料，刚硬而脆，无毒，无味 流动性好，分解温度高，是注塑机测定塑化效率的指标性参数	优点：电绝缘性优良，有较高的表面光泽，能自由着色，不嗅无味无毒，不致菌类生长 缺点：机械性能差，质硬而脆，易开裂；表面硬度低，易刮伤；耐热性差	用于生产透明镜片、注塑灯罩等低档日用品及玩具外壳 用于挤出吹塑容器、中空制品
ABS	具有良好的耐化学腐蚀和表面硬度、耐冲击性、良好的刚性和流动性	优点：具有良好的光泽，且质硬、坚韧，是良好的壳体材料。它易于印刷以及电镀等表面处理 缺点：ABS 耐气候性差，易受阳光的作用，变色，变脆	具有良好的综合机械性能，特别适用于作家用电器外壳及各种制品的外壳，还可做一些非承重载荷结构件
AAS	不透明微黄色的颗粒，略重于水。具有坚韧、硬质和刚性的特征	优点：AAS 主要为了解决 ABS 的不耐气候性而研究。其耐候性比 ABS 高 10 倍以上，同时，加工性能也好于 ABS	由于它有良好的耐气候和耐老化性能，可以代替 ABS 用于生产在室外和光照的场合下使用的外壳和结构件
ACS	不透明的微黄色颗粒。具有坚韧、硬质和刚性的特征	优点：ACS 的机械性能略高于 ABS，ACS 的耐室外环境、耐气候性高于 ABS 的 10 倍，也优于 AAS。ACS 的热稳定性优于 ABS，加工不易变色 缺点：不耐有机溶剂	常用于代替 ABS 生产在室外和光照的场合使用的外壳和结构件
AS	一种透明的颗粒，略重于水。表面有较高的光泽，制品有坚韧、硬质和刚性的特征	优点：AS 具有较高的透明性和良好的机械性能，耐化学腐蚀，耐油脂，印刷性能良好，是优秀的透明制品的原料 缺点：对缺口非常敏感，有缺口就会有裂纹，不耐疲劳，不耐冲击	适于生产镜片、家用电器、餐具、日用品、仪表表盘及透明盖等

2.2.4 材料的选用

（1）有的机械工程师把选材看成一项简单的任务，一般主要参考相同零件或类似零件的选材方案并按照传统选用材料；当无先例可循，同时对材料的性能又无特殊要求时，往往根据简单的计算和手册提供的数据，信手选定一种较万能的材料，如 45 钢。想想这种选材方法有什么问题？

（2）如果你准备开发一个产品，在选取制作该产品的材料时，应该根据什么原则来选取？

1. 选材的原则

机械零件的选材是一项十分重要的工作。选材是否恰当，特别是一台机器中关键零件的选材是否恰当，直接影响到产品的机械性能、使用寿命及制造成本。选材不当，严重的可能导致零件的完全失效。

根据生产经验，判断零件选材是否合理的基本标志有以下3点。

（1）能否满足必需的机械性能。材料的机械性能是选材时考虑的最主要依据。不同零件所要求的机械性能是不一样的，有的零件主要要求高强度，有的则要求高的耐磨性。零件的工作条件往往比较复杂，需要从受力状态、载荷性质、工作温度及环境介质等几个方面全面分析。

① 受力状态有拉、压、弯和扭等。

② 载荷性质有静载、冲击载荷、交变载荷等。

③ 工作温度可分为低温、室温、高温和交变温度。

④ 环境介质为与零件接触的介质，如润滑剂、海水、酸、碱及盐等。

为了更准确地了解零件的机械性能，还必须分析零件的失效方式，从而找出对零件失效起主要作用的性能指标。

（2）能否具有良好的工艺性能。在满足了必要的机械性能后，接下来选定的材料要具有良好的工艺性能，即容易加工出需要的形状，而且质量优良。

（3）低成本。除此之外，还要考虑使用该材料制作的产品具有较低的成本。

2. 选材的一般步骤

根据生产经验，机械零件选材的一般步骤归纳如图 2-20 所示。

总结零件选材的基本原则如下。

（1）对零件的工作特性和使用条件进行周密的分析，找出主要的失效方式，从而恰当地提出主要性能指标。

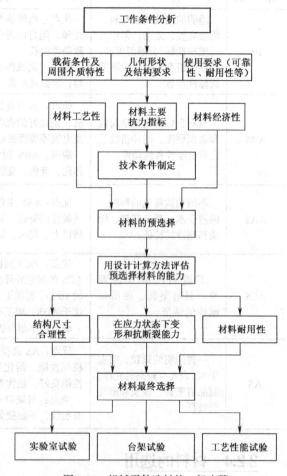

图 2-20　机械零件选材的一般步骤

（2）根据工作条件的特点，对该零件的设计制造提出必要的技术条件。

（3）根据所提出的技术条件要求和对工艺性、经济性方面的考虑，对材料进行预选择。预选择通常凭经验，与类似的机器零件的比较和已有实践经验的判断，还可以借助各种材料手册来选择。

（4）对预选方案材料进行计算，以确定是否能满足上述工作条件要求。

（5）通过实验手段最终确定合理的选材方案。

（6）在中、小型生产的基础上，接受生产考验，以检验选材方案的合理性。

2.3 钢的热处理

（1）把一块铁加热到高温状态,然后放入水中,其机械性能会有什么变化?对玻璃或者橡胶实施同样的操作,是否会得到同样的结果?

（2）把一块铁加热到高温状态,然后缓慢冷却,其机械性能又有什么变化?

2.3.1 热处理概述

据初步统计,在机床制造中,60%～70%的零件要经过热处理;在汽车、拖拉机制造中,需要热处理的零件多达 70%～80%;而工具、模具及滚动轴承,则要 100%进行热处理。总之,凡是重要的零件都必须进行适当的热处理才能使用。

1. 热处理的概念

热处理就是把固态金属加热到一定温度,并在这个温度保持一定时间（保温）,然后以一定的冷却速度、方式冷却下来,从而改变金属的内部组织,获得预期性能的工艺过程。

热处理均在固态下进行,它只改变工件的组织,不改变形状和尺寸。

机床、汽车、摩托车、火车、矿山、石油、化工、航空及航天等用的大量零部件都需要通过热处理工艺改善其性能。

2. 热处理的目的

热处理不仅可以改善钢的加工工艺性能,更重要的是可以改善其使用性能,特别显著地提高钢的机械性能,并延长其使用寿命,达到充分发挥材料潜力,提高产品质量,延长使用寿命的目的。

不同化学成分的材料可以具有不同的机械性能,而同一化学成分的材料,由于有不同的内部组织,也可以具有不同的性能,通过不同的热处理方法可以改变内部组织。

我们把 45 钢加热到 840℃,保温一段时间后,有些在水中冷却,有些在空气中冷却,有些随炉冷却,这样得到的硬度就不同,水冷的硬度最高,空气其次,缓冷的硬度最低。这是由于不同的冷却方式所得到的内部组织不一样的缘故。

3. 热处理的基本原理

钢在固态范围内,随着加热温度和冷却速度的变化,其内部组织结构将发生相应的变化,利用不同的加热速度、加热温度、保温时间和冷却方式,可以控制或改变钢的组织结构,以便得到不同性能的材料。

因此,各种热处理工艺都要经过加热、保温和冷却 3 个阶段,如图 2-21 所示。

（1）加热。加热是热处理的第一道工序。不同的材料,其加热工艺和加热温度都不同。加热温度较低时,材料不发生组织变化;加热温度较高时,材料将发生组织转变。

机械制造基础（第3版）

（2）保温。保温的目的是要保证工件烧透，防止脱碳、氧化等。保温时间和介质的选择与工件的尺寸和材质有直接的关系。一般工件越大，导热性越差，保温时间就越长。

（3）冷却。冷却是热处理的最终工序，也是最重要的工序。钢在不同冷却速度下可以转变为不同的组织，从而确保材料获得不同的机械性能。

钢在热处理时，在加热、保温和冷却3个阶段中，其内部组织的转变情况不同，最后获得的热处理效果也不相同。

4. 热处理的分类和应用

根据加热、冷却方式的不同及组织、性能变化特点的不同，热处理可以按照图2-22所示分类。

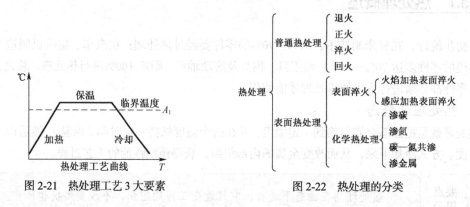

图 2-21 热处理工艺 3 大要素　　　　　　图 2-22 热处理的分类

按照热处理在零件生产过程中的作用不同，热处理工艺还可分为预备热处理和最终热处理。预备热处理是零件加工过程中的一道中间工序（也称为中间热处理），其目的是改善锻、铸毛坯件组织，消除应力，为后续的机加工或进一步的热处理做准备。

最终热处理是零件加工的最终工序，其目的是使经过成型工艺达到要求的形状和尺寸后的零件的性能达到所需的使用性能。

5. 热处理安全操作规程

热处理过程中，既要高温加热，又要涉及各种冷却介质，同时还要严格控制加热时间和冷却速度等参数。操作时，应注意以下事项。

（1）操作之前，必须穿好工作服，做好防护措施。

（2）操作者应熟悉各类仪器设备的结构和特点，严格按操作规程进行操作。未得到指导人员许可，不得擅自开关电源和使用各类仪器设备。

（3）使用电阻炉前，必须仔细检查电源开关、插座及导线，保证绝缘良好，以防发生漏电、触电事故。

（4）必须在断电状态下往炉内装、取工件，并注意轻拿轻放，工件或工具不得接触或碰撞电热元件，更不允许将工件随意扔入炉内。

（5）严禁直接用手抓拿热处理工件，应按规定使用专用工具或夹具，并戴好防护手套，以防烫伤。

（6）操作结束后，应关掉总电源，并按规定做好整理工作和场所的清洁卫生工作。

 视野拓展　取两小块 T8 钢，放入箱式电炉内加热到 800℃，经过一定时间的保温后，取出一块放在水中冷却，另一块随炉冷却至室温。测量它们的硬度，前者的硬度为 HRC65，后者的硬度为 HRC15。用前者制成的刀具可以切削后者。

上述实验表明：同一成分的碳钢采用不同的热处理工艺，可以得到明显不同的机械性能。

在金相显微镜下观察材料的内部组织，发现水冷的一块组织是马氏体（钢材中的一种组织形式之一，硬度较高），而炉冷的一块组织是珠光体（钢材中的一种组织形式之一，有良好的塑性和韧性）。

本实验表明：钢的成分一定时，其性能决定于组织。

2.3.2 钢的普通热处理

钢的普通热处理包括退火、正火、淬火和回火 4 种基本工艺。

1. 退火

退火是将钢加热到适当温度，保持一定时间，然后缓慢冷却（一般随炉冷却）的一种热处理工艺。

（1）退火的用途。通过退火处理可以达到以下目的。

- 降低钢的硬度，提高塑性，以利于切削加工及冷变形加工。
- 消除工件中的残余应力，防止变形和开裂。
- 消除缺陷，改善组织，细化晶粒，提高钢的机械性能。
- 消除冷作硬化，提高塑性，以利于继续冷加工。
- 改善或消除毛坯在铸、锻、焊时所造成的成分或组织不均匀，以提高其工艺性能和使用性能。
- 消除前一道工序（铸造、锻造、冷加工等）所产生的内应力，为下道工序的最终热处理（淬火回火）做好组织准备。

（2）常用退火方法。生产中常用的退火方法主要有完全退火、扩散退火、去应力退火以及再结晶退火等，其工艺、目的和应用对比如表 2-10 所示。

表 2-10   常用的退火方法

名 称	工 艺	目 的	应 用
完全退火	将钢加热至 900℃～1 000℃，保温一定时间，炉冷至室温，或炉冷至 600℃以下，出炉空冷	细化晶粒，消除过热组织，降低硬度，改善切削加工性能	主要用于低碳钢铸、锻件，有时也用于焊接结构
扩散退火	将钢加热到 1 050℃～1 200℃，长时间保温（10～15h），随炉冷却	使钢的化学成分和组织均匀化	主要用于质量要求高的合金铸锭、铸件或锻胚
去应力退火	将钢加热 500℃～600℃，保温一段时间，然后炉冷至室温	为了消除残余应力	主要用于消除铸、锻、焊接件、冷冲压件以及机加工件中的残余应力
再结晶退火	将钢加热至再结晶温度以上 100℃～200℃，保温一定时间，然后随炉冷却	为了消除冷变形强化，改善塑性	主要用于经冷变形的钢

2. 正火

正火是将钢加热到适当温度后，再保温适当时间，待内部组织均匀后，在空气中冷却的热处理工艺。

要点提示　正火既可作为预备热处理工艺，为后续热处理工艺提供适宜的组织状态，也可作为最终热处理工艺，提供合适的机械性能。

- 对力学性能要求不高的结构、零件可用正火作为最终热处理，以提高其强度、硬度和韧性。
- 对低、中碳素钢，可用正火作为预备热处理，以调整硬度，改善切削加工性能。

正火与退火的主要区别在于冷却速度不同，正火冷却速度较快，得到的组织细小，因而强度和硬度也较高。

- 从使用性能方面考虑。一些受力不大的工件，力学性能要求不高，可用正火作为最后热处理；对于某些大型或形状复杂的零件，当淬火有开裂的危险时，可用正火代替淬火、回火处理。
- 从经济性方面考虑。由于正火比退火生产周期短，操作简便，工艺成本低，因此，在满足钢的使用性能和工艺性能的前提下，应尽可能用正火代替退火。

3. 淬火

钢的淬火就是将钢加热到适当温度后，保温一定时间使其组织均匀，然后以较快的速度冷却，从而获得强度和硬度都较高的组织的一种热处理工艺过程。

（1）淬火的目的。淬火是使钢材强化和获得某些特殊使用性能的主要方法，其主要目的如下。

- 提高钢的硬度及耐磨性。例如，量具、模具、刀具等零件，通过淬火可以大幅提高其硬度及耐磨性。这类零件淬火后一般要配合低温回火。
- 提高钢的强韧性，即提高钢的硬度、强度的同时获得较高的塑韧性。如机器中的大部分承载零件（变速箱花键轴、机床主轴、齿轮等）。这类零件淬火后一般要配合高温回火。
- 提高硬磁性，如用高碳钢和磁钢制的永久磁铁。
- 提高零件的弹性，如各种弹簧。这类零件淬火后一般要配合中温回火。
- 提高钢的耐蚀性和耐热性，如不锈钢和耐热钢。

（2）淬火冷却介质。工件进行淬火冷却所用的介质称为冷却介质。为保证工件淬火后得到马氏体，又要减小变形和防止开裂，必须正确选用冷却介质。

常用冷却介质的使用特点如表2-11所示。

表2-11　　　　　　　　　　　　　常用的冷却介质的使用对比

名　称	水	油	食盐水溶液	碱水溶液
优点	价廉易得，且具有较强的冷却能力。使用安全，无燃烧、腐蚀等危险	在300℃～200℃温度范围内，冷却速度远小于水，这对减少淬火工件的变形与开裂是很有利的	冷却能力提高到约为水的10倍，而且最大冷却速度所在温度正好处于650℃～400℃温度范围内	在650℃～400℃温度范围内冷却速度比食盐水溶液还大，而在300℃～200℃温度范围内，冷却速度比食盐水溶液稍低
缺点	在650℃～400℃范围内需要快冷时，水的冷却速度相对比较小　300℃～200℃范围内需要慢冷时，其冷却速度又相对较大	在650℃～400℃温度范围内，冷却速度比水小得多	在300℃～200℃温度范围内的冷却速度过大，使淬火工件中的相变应力增大，而且食盐水溶液对工件有一定的锈蚀作用，淬火后工件必须清洗干净	腐蚀性大
应用	主要用于碳素钢	主要用于合金钢	主要用于形状简单而尺寸较大的低、中碳素钢零件	主要用于易产生淬火裂纹的零件

4. 回火

回火一般是紧接淬火以后的热处理工艺。淬火后再将工件加热到适当温度，保温后再冷却到室温的热处理工艺称为回火。

（1）回火的目的。淬火后的钢铁工件处于高内应力状态，不能直接使用，必须及时回火，否则会有工件断裂的危险。回火的目的如下。

- 减小和消除淬火时产生的应力与脆性，防止和减小工件变形与开裂。
- 获得稳定组织，保证工件在使用中的形状和尺寸不发生改变。
- 调整工件的内部组织和性能，获得工件所要求的使用性能。

（2）回火温度种类。工件回火后的硬度主要取决于回火温度，而回火温度的选择和确定主要取决于工件的使用性能、技术要求、钢种及淬火状态。

① 低温回火（回火温度低于 250℃）。一般工具、量具要求硬度高、耐磨，并具备足够的强度和韧性。又如滚动轴承，除了上述要求外，还要求有高的接触疲劳强度，从而有高的使用寿命。

工具、量具和机器零件一般均用碳素工具钢或低合金工具钢制造，淬火后具有较高的强度和硬度，并伴有较大的淬火内应力和较多的微裂纹，故应及时回火，通常采用180℃～200℃的温度回火。

> 对于精密量具和高精度配合的结构零件，在淬火后进行 120℃～150℃（12h，甚至几十小时）回火，目的是稳定组织及最大限度地减少内应力，从而使尺寸稳定。为了消除加工应力，多次研磨，还要多次回火，这种低温回火，常被称作时效处理。

② 中温回火（回火温度为350℃～500℃）。中温回火主要用于处理弹簧钢。回火后，应力基本消失，工件既有较高的弹性极限，又有较高的塑性和韧性。回火时，根据所采用的钢种选择回火温度以获得最高弹性极限，例如，65碳钢，在380℃回火，可得最高弹性极限。

③ 高温回火（回火温度高于500℃）。淬火加高温回火通常称为调质处理，主要用于中碳碳素结构钢或低合金结构钢，以获得良好的综合机械性能。一般调质处理的回火温度选择600℃以上。与正火处理相比，钢经调质处理后，在硬度相同的条件下，钢的屈服强度、韧性和塑性明显地提高。

调质处理一般用于发动机曲轴、连杆、连杆螺栓、汽车拖拉机半轴、机床主轴及齿轮等要求具有综合机械性能的零件。

（3）回火后的冷却。回火后工件一般在空气中冷却。对于一些工模具，回火后不允许水冷，以防止开裂。对于性能要求较高的工件，在防止开裂的条件下，可进行油冷或水冷，然后进行一次低温补充回火，以消除快冷产生的内应力。

> 在实际生产中，热处理总是穿插在金属切削加工的各个阶段中，如图 2-23 所示。其中预备热处理以退火和正火为主，用于改变材料的切削性能，最终热处理以淬火和回火为主，主要用于提高产品的机械性能。

图 2-23　零件生产的工艺路线

2.3.3 钢的表面热处理

认识钢的表面热处理

对于齿轮、传动轴等重要零件，通过表面热处理可以提高零件的表面性能，使其具有高硬度、高耐磨性和高的疲劳强度。同时，又可以使零件心部具有足够高的塑性和韧性，防止脆性断裂，从而使整个零件"表硬心韧"。

1. 表面淬火

表面淬火是将工件表面快速加热到较高温度，在热量尚未达到心部时立即迅速冷却，使表面得到一定深度的淬硬层，而心部仍保持原始组织的一种局部淬火方法。

（1）工艺特点。表面淬火的工艺特点如下。

- 不改变工件表面的化学成分，只改变表面组织和性能。
- 表面与心部的成分一致，组织不同。

钢的表面淬火原理

（2）适用材料。表面淬火一般多适用于中碳钢、中碳合金钢，也少量用于工具钢、球墨铸铁等。例如，用40、45钢制作的机床齿轮齿面的强化、主轴轴颈处的硬化等。

（3）感应加热表面淬火。给感应线圈通一定频率的交变电流，产生的交变磁场在工件内产生一定频率的感应电流，利用工件的电阻将工件加热；当工件表层被快速加热到适当温度后，立即快速冷却，在工件表面获得一定深度的淬硬层。其原理如图2-24所示。

感应加热表面淬火质量好，表层组织细密、硬度高、脆性小、疲劳强度高；生产频率高、便于自动化，但设备较贵，不适于单件和小批量生产。主要适用的零件类型如下。

- 齿轮零件：如机床和精密机械上的中、小模数传动齿轮，蒸汽机车、内燃机车、冶金、矿山机械等上的大模数齿轮。
- 轴类零件：如花键轴、汽车半轴和机床主轴轴颈、凸轮轴、镗杆、钻杆以及轧辊等。
- 工模具：如滚丝模、游标卡尺量爪面、剪刀刃、锉刀等。

（4）火焰加热表面淬火。火焰加热表面淬火是利用气体燃烧的火焰加热工件表面（乙炔—氧、煤气—氧、天然气），使工件表层快速加热至奥氏体化，然后立即喷水冷却，使工件表面淬硬的一种淬火工艺。其原理如图2-25所示。

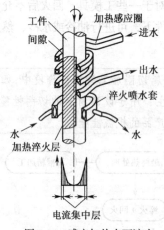

图2-24 感应加热表面淬火

图2-25 火焰加热表面淬火

使用这种方法获得的淬硬层深度可达 2～8mm，并且操作简便，设备简单，成本低，但质量不稳定，仅适于单件、小批量生产。

火焰加热表面淬火适用的典型零件有轧钢机齿轮、轧辊，矿山机械齿轮、轴，普通机床导轨和齿轮等。

（5）激光加热表面淬火。激光是一种具有高亮度、方向性和单色性强、能量密度高的强光源。激光加热表面淬火是利用激光对工件表面的照射和扫描，依靠工件的自激冷却而淬火。

使用这种方法获得的淬硬层深度为 1～2mm，并且加热和冷却极快，淬火后组织细小、硬度高、淬硬层薄、工件变形小、不需回火，生产效率高，属绿色制造，已成功应用于汽车和拖拉机的气缸与缸套、活塞环、凸轮轴、机床导轨等零件的表面处理，前景广阔。但设备昂贵，大规模应用受到限制。

2．表面淬火零件工艺路线

零件表面淬火时的工艺路线如下。

下料→锻造→退火或正火→机加工→调质处理→表面淬火→低温回火→精磨

要点提示　　表面淬火前，先对零件进行正火或调质等预处理，目的是细化和均匀组织，使工件心部具有良好的强韧性。表面淬火后，再进行200℃左右的低温回火，以消除淬火应力，使工件表面保持高的硬度和耐磨性。

3．钢的化学热处理

化学热处理是将工件置于某种化学介质中，通过加热、保温和冷却，使介质中的某些元素渗入工件表层，以改变工件表层的化学成分和组织，从而使其具有"表硬心韧"的性能特点。

钢的化学热处理原理

（1）工艺特点。化学热处理的工艺特点如下。

- 既改变工件表面的化学成分，又改变表面的组织和性能。
- 表面与心部的成分不同、组织不同。

与表面热处理的不同之处是，化学热处理改变了工件表层的化学成分。

（2）目的。提高表面的硬度、耐磨性、耐磨蚀性、耐热性、抗氧化性和疲劳强度等性能，而使心部仍保持一定的强度和良好的塑性、韧性。

（3）分类。根据渗入元素的不同来分，化学热处理主要有渗碳、渗氮、多元渗、渗铝及渗铬等渗非金属和渗金属两大类。

- 渗碳、渗氮、碳氮共渗可提高零件的硬度、耐磨性和疲劳强度。
- 渗硼、渗铬可提高零件的耐磨性和耐腐蚀性。
- 渗铝、渗硅可提高零件的耐热性和抗氧化性。
- 渗硫是为了零件的减摩，减小零件的摩擦系数。

其中，渗碳是工业中最常用的，是齿轮、活塞销类零件加工中的一道重要工序。

① 渗碳。渗碳是将工件放入渗碳介质中加热、保温，使活性碳原子渗入，以提高工件表层碳含量的热处理工艺。通过提高工件表层的含碳量，可提高工件的表面硬度和耐磨性，同时使心部保持一定的强度和良好的塑韧性。

要点提示　　低碳钢和低碳合金钢都适合于渗碳处理，如 20Cr、20CrMnTi、20CrMnMo、18Cr2Ni4W 等。

根据渗碳剂的状态不同，渗碳方法可以分为气体渗碳、固体渗碳和液体渗碳 3 种，常用的是气体渗碳法和固体渗碳法。

a. 气体渗碳

常用煤油、苯、甲醇、丙酮、醋酸乙酯、天然气及煤气等作为渗碳剂，在高温裂解后产生活性碳原子，被工件表面吸收、扩散，在工件内得到一定深度的渗碳层。

气体渗碳的优点是生产率高，易控制，渗碳质量好。

b. 固体渗碳

固体渗碳剂通常是一定粒度的木炭与 15%～20% 的碳酸盐（$BaCO_3$ 或 Na_2CO_3）的混合物。木炭提供渗碳所需要的活性炭原子，碳酸盐起催化作用。

将工件和固体渗碳剂装入渗碳箱中，用盖子和耐火泥封好，然后放在炉中加热至 900℃～950℃，保温足够长时间，得到一定厚度的渗碳层。

 要点提示 　钢件渗碳后缓慢冷却得到的组织接近平衡态，必须经过"淬火+低温回火"处理，才能达到性能要求。

② 渗氮。渗氮工艺又叫氮化，是将工件放入含氮活性气氛中，使工件表层渗入氮元素，形成含氮的硬化层的热处理工艺。渗氮可以提高工件表层的含氮量，以提高工件表面的硬度、耐磨性、疲劳强度和抗腐蚀性。

含有铬、钼、钨、钒及铝等元素的中碳合金钢和工模具钢都适合于渗氮处理，这些元素可与氮形成氮化物，起到强化作用，如 38CrMoAlA、38CrWVA、25CrNi3MoAl 等。

渗氮件的表面硬度比渗碳件的还高，耐磨性好；同时渗层处于压应力，疲劳强度极大提高；具有一定的抗蚀性，但脆性较大；渗氮件变形很小，通常无需再加工。

渗氮操作适合于要求精度高、冲击载荷小、表面耐磨性好的零件，如一些精密机床的主轴和丝杠、精密齿轮、精密模具等都可用氮化工艺处理。

钢件在渗氮前，一般需经调质处理，以得到均匀的回火索氏体组织，保证渗氮后的组织均匀。渗氮件的应力变形都很小，渗氮后不再进行热处理。

 要点提示 　齿轮的表面处理既可以采用感应加热表面淬火，也可以采用化学热处理，如渗碳、渗氮等。经化学热处理的齿轮具有较高的整体强度和一定的韧性，齿面具有良好的耐磨性和接触疲劳强度，因此对于汽车、拖拉机、飞机及其他动力机械的高负荷、高速度的重载齿轮，常采用渗碳或碳氮共渗处理。

本章小结

从材料学的角度看，材料的性能取决于其内部结构，而材料的内部结构又取决于成分和加工工艺。所以，正确地选择材料，确定合理的加工工艺，以得到理想的组织，获得优良的使用性能，是决定机械制造中产品性能的重要环节。

金属材料是目前用量最大、使用最广的材料，它具有许多优良的使用性能（如机械性能、物理性能、化学性能等）和加工工艺性能（如铸造性能、锻造性能、焊接性能、热处理性能及机械加工性能等）。

常用的金属材料有铸铁、钢及有色合金 3 大类。这些材料不但相互之间在性能上具有较大差异，而且同一种材料又细分为不同的类型，分别使用不同的牌号表示，为用户选材提供方便。

为使金属工件具有所需要的力学性能、物理性能和化学性能，除合理选用材料和各种成形工艺外，热处理工艺往往必不可少。钢铁是机械工业中应用最广的材料，其显微组织复杂，是热处理的首选材料。另外，铝、铜、镁、钛等及其合金也都可以通过热处理改变其力学、物理和化学性能，以获得不同的使用性能。

热处理是将材料放在一定的介质内加热、保温、冷却，通过改变材料表面或内部的组织结构，来控制其性能的一种综合工艺过程，是机械制造中的重要工艺之一。与其他加工工艺相比，热处理一般不改变工件的形状和整体的化学成分，而是通过改变工件内部的显微组织，或改变工件表面的化学成分，赋予或改善工件的使用性能。其特点是改善工件的内在质量，而这一般不是肉眼所能看到的。

思考与练习

（1）什么是金属的机械性能？金属有哪些基本的机械性能？

（2）金属的强度和塑性有什么关系？

（3）硬度较高的材料有什么突出的使用性能，硬度是怎样表示的？

（4）铸铁材料有何用途，主要有哪些类型？

（5）钢有何用途，主要有哪些类型？

（6）有色金属材料有何用途，主要有哪些类型？

（7）在选择材料时，应注重哪些基本原则？

（8）简要说明热处理的概念和目的。

（9）热处理都有哪些类型，各有何用途？

（10）退火和正火有何区别？

（11）淬火有何用途，影响淬火结果的因素有哪些？

（12）回火有哪些类型，各有何用途？

（13）是不是所有材料都可以进行热处理？

（14）在金属加工中，应该怎么安排热处理在加工中的位置？

第3章

铸造

铸造是一种传统的毛坯生产方式，其生产过程复杂，影响产品质量的因素也很多，废品率较高。但是铸造作为一种重要的毛坯制作手段，为模型锻造提供了理论基础。随着现代材料技术的发展，铸造理论也为新兴的模具设计技术提供了理论基础。

※【学习目标】※
- 理解铸造的特点、分类和用途。
- 了解常见铸造材料的种类和用途。
- 了解砂型铸造的基本工艺过程。
- 熟悉特种铸造的常用方法及其用途。

※【观察与思考】※
（1）观察图 3-1～图 3-3 所示零件的特点，思考这些零件主要通过什么手段制成的？它们有什么共同之处？

图 3-1　灰口铸铁零件

图 3-2　精密铸钢件

图 3-3　铝合金铸件

（2）继续观察图 3-4 和图 3-5 所示零件的特点，思考这些零件都使用了什么材料，主要采用什么方法制造？

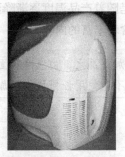

图 3-4　家电塑料外壳

图 3-5　手机配件

3.1　认识铸造生产

铸造是将金属熔炼成符合一定要求的液体并浇进铸型里，经冷却凝固、清理后得到的有预定形状、尺寸和性能的铸件的工艺过程，是传统的毛坯生产方法之一。

3.1.1　铸造生产的特点

使用铸造方法成型的毛坯通常称为铸件，铸件的外形与最终成形的工件接近，可以免除机械加工或少量加工，从而降低了生产成本，减少了生产时间。

1. 铸件的特点

铸件是使用铸造方法成形的毛坯零件，它主要使用钢铁和铜铝等金属材料铸造而成。铸件毛坯具有以下特点。

（1）形状和结构复杂。

（2）表面形状不规则，大多具有复杂的曲面结构。

（3）重要加工面的数量较少。

（4）多为非承受重载的零件。

2. 铸造的工艺特点

铸造过程实际上是一个典型的固态—液态—固态的转换过程。固态的铸造材料熔解后转变为液态，将其浇注到与模型形状一致的铸型中，冷却凝固后，最终获得固态的产品。

（1）液态成型。液态成型是指材料在液体状态下形成具有确定形状的零件，是铸造的典型特点之一。液态成型的优缺点对比如表 3-1 所示。

液态成型的一般过程

表 3-1　　　　　　　　　　　　　　液态成型的特点

液态成型的优点	液态成型的缺点
① 适合于制造具有复杂外形，特别是具有复杂内腔的零件 ② 铸件的形状和尺寸与零件接近，节省了金属材料和加工工时 ③ 大多数金属均适合于铸造，并且适用于各种生产类型 ④ 原材料来源广泛，价格低廉，可以回收使用废旧金属和废机件 ⑤ 塑性较差材料（如铸铁等）的唯一成形方法	① 工艺过程复杂，产品质量难以精确控制 ② 零件内部组织的均匀性和致密性差，产品气密性不好 ③ 容易出现缩孔、缩松、气孔、砂眼、夹渣以及裂纹等缺陷，产品质量不稳定 ④ 铸件内部晶粒粗大，组织不均，产品的机械性能差，不能用于制造强度要求高的零件

（2）固态凝固。铸件在液态下充满型腔，获得产品，但是随着产品温度逐渐降至室温，液态的产品最终将凝固为固态。这一过程看似简单，实际上却包含着丰富的内容。

 要点提示　材料由固态熔化为液态后，其体积将增加；反之，由液态凝固为固态后，其体积将减少。这是材料的固有物理属性，不能使用任何措施来加以消除。

3.1.2　铸造的分类

砂型铸造

铸造种类很多，按造型方法的不同通常分为砂型铸造和特种铸造两种。

1. 砂型铸造

砂型铸造是以型砂和芯砂为造型材料制成铸型，液态金属在重力作用下填充铸型来生产铸件的铸造方法，造型材料价格低廉，铸型制造简便，对单件生产、成批生产和大量生产均能适应，是铸造生产中的基本工艺。

 要点提示　钢、铁和大多数有色合金铸件都可用砂型铸造方法获得。

砂型铸造的生产过程如图3-6所示，其特点如下。

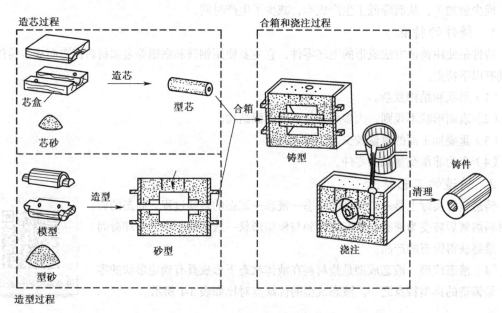

图3-6　砂型铸造的生产过程

（1）型砂和黏土资源丰富、价格低，可回收再用，生产成本低。

（2）制造铸型的周期短、工效高，混好的型砂可使用的时间长。

（3）砂型舂实后仍可容受少量变形而不致破坏，对拔模和下芯都非常有利。

（4）手工造型时既费力又需一定的技巧，用机器造型则设备复杂而庞大。

（5）铸型的刚度不高，铸件的尺寸精度较差。

（6）铸件易于产生冲砂、夹砂、气孔等缺陷。

2. 特种铸造

随着科学技术的发展，要求生产出更加精确、性能更好、成本更低的铸件。通过改变铸型的制造工艺或材料和改善液体金属充填铸型及随后的冷凝条件发明了许多新的铸造方法，这些方法统称为特种铸造。特种铸造具有以下特点。

（1）铸件尺寸精确，表面光洁，易于实现少切削或无切削加工。

（2）铸件内部质量好，力学性能高，铸件壁厚可以减薄。

（3）减低金属消耗和铸件废品率。

（4）简化铸造工序（除熔模铸造外），便于实现生产过程的机械化、自动化。

（5）改善劳动条件，提高劳动生产率。

3.2 合金的铸造性能

问题思考

在参观机械工厂时，我们会发现许多废弃的零件，仔细观察这些零件，其中大多数是铸件，这是因为铸造的工艺过程比较复杂，不易控制，废品率高。请同学们思考以下问题。

（1）铸造过程有什么特点？哪些特点是导致其质量不易控制的根本原因？

（2）铸造材料种类丰富，使用不同材料来生产铸件有什么不同，也就是说如何判断一种材料是否适合铸造？

（3）当一种材料不适合铸造时，是否就不能获得高质量的产品？如果不是，应该怎么办？

3.2.1 合金的流动性

熔化的合金是一种黏稠的液体，其黏稠程度与材料被加热的温度有关，温度越高，黏稠度越低。液态合金的黏稠度越低，其流动能力越强，可以在较短时间内充满型腔。

1. 流动性的概念

流动性反映了液态合金填满铸型的能力，流动性越好，液态合金越容易充满铸型型腔，并获得形状完整、轮廓清晰和尺寸准确的铸件。

2. 影响流动性的因素

浇注温度越高，合金的黏稠度越低，合金在铸型中保持流动状态的时间越长，因此充型能力越强，反之，充型能力越差。影响流动性的主要因素如图 3-7 所示。

要点提示

在所有材料中，灰口铸铁的流动性最好，可以用于成形复杂的零件，工艺过程简单。铸钢的流动性最差，只能成形简单的零件。

3. 提高流动性的措施

对于流动性不好的材料，是不是就不能成形高质量的铸件呢？答案是否定的。对于流动性不好的材料，首先必须合理设计铸件的型腔，避免浇注通道过于狭窄，同时还可以适当提高浇注温度，并辅之以必要的工艺措施，其中加压浇注是一种重要措施。

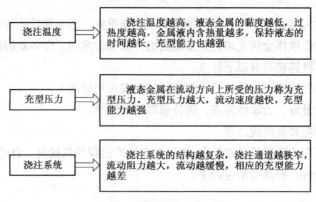

浇注温度	浇注温度越高，液态金属的黏度越低，过热度越高，金属液内含热量越多，保持液态的时间越长，充型能力也越强
充型压力	液态金属在流动方向上所受的压力称为充型压力。充型压力越大，流动速度越快，充型能力越强
浇注系统	浇注系统的结构越复杂，浇注通道越狭窄，流动阻力越大，流动越缓慢，相应的充型能力越差

图 3-7　影响流动性的因素

4. 因流动性不足而造成的产品缺陷

若材料的流动性不好，最后获得的产品会产生浇不足和冷隔缺陷。

- 浇不足是指液体没有填满型腔的所有角落，如图 3-8 所示。
- 冷隔是指因浇注时冷却过快，液体在未充满型腔前就凝固而停止流动，如图 3-9 所示。

图 3-8　浇不足缺陷

图 3-9　冷隔缺陷

　要点提示

若液态合金中溶入了大量气体，流动不好，则会在铸件中产生气孔，流动性不好的材料在浇注后还容易产生夹渣缺陷。

　课堂讨论

对于同一铸件的铸型，将其由砂型改为金属型，其余条件均保持不变，这时会发现使用金属型生产出来的铸件质量明显下降。

（1）金属型生产的铸件质量下降，主要体现在哪一方面？

（2）通过所学的知识，分析铸件质量下降的原因。

（3）如果将车间里的砂型改为金属型，你有什么简单可行的方法确保铸件的质量？

3.2.2　铸件的收缩

收缩是指液态合金充型后，随着温度的下降，产品逐渐凝固为固态的过程中发生的体积缩小的现象。收缩是铸件的固有物理属性，是各种铸造缺陷产生的直接原因。

1. 缩孔的形成

液态合金浇注后，整个液态体积并非同时冷却和凝固，由于表层散热面积大，因此温度下降快，冷却速度快。越靠近里层，温度下降越慢，冷却速度越慢。

缩孔的形成过程

随着时间的推移，整个零件形成一个逐层冷却的过程，在凝固过程中，由于体积收缩导致里层液面下降。零件完全冷却后，在最后凝固的厚大截面处将形成一个倒三角形状的孔洞，这就是缩孔。其典型特点是隐藏在零件内部，成为材料的强度陷阱。

缩孔形成的一般过程如图 3-10 所示。

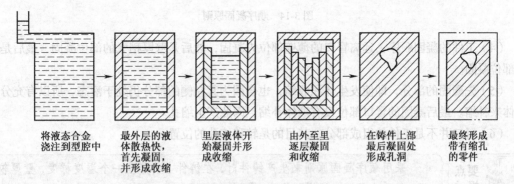

将液态合金浇注到型腔中　　最外层的液体散热快，首先凝固，并形成收缩　　里层液体开始凝固并形成收缩　　由外至里逐层凝固和收缩　　在铸件上部最后凝固处形成孔洞　　最终形成带有缩孔的零件

图 3-10　缩孔的形成过程

课堂练习　　　分析图 3-11 至图 3-13 所示缩孔产生的部位，总结缩孔产生的规律。分析图中标出的部位为什么会形成缩孔？

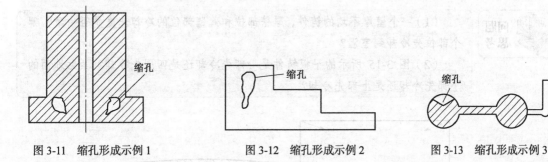

图 3-11　缩孔形成示例 1　　　　图 3-12　缩孔形成示例 2　　　　图 3-13　缩孔形成示例 3

2. 顺序凝固原则

缩孔是铸件中的潜在隐患，为了保证产品的质量，应该设法消除其不利影响。铸件收缩是其物理属性，不能彻底消除。消除缩孔对铸件影响的基本原则是将其转移到铸件的外部，保证在铸件内部形成致密的结构。其基本思想是采用顺序凝固原则，如图 3-14 所示。

顺序凝固原则

顺序凝固原则的主要设计要点如下。

（1）零件的特点：尺寸从一端到另一端单向减小。

（2）浇口安放在厚壁处。

（3）在零件厚壁处安放冒口。

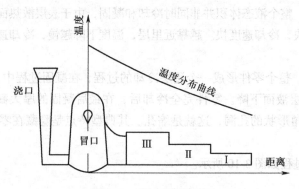

图 3-14　顺序凝固原则

（4）工件的凝固顺序：远离冒口的薄壁部位先凝固，然后是壁厚稍大的部位凝固，最后是冒口部位凝固。

（5）先凝固的部分，即使发生体积收缩，也会因为其左侧的部分仍处于液态，所以有充分的液体来补缩。最后凝固的冒口部位没有液体补缩，因此产生缩孔。

（6）冒口并不是工件的组成部分，其目的是转移缩孔的位置。

要点提示　　采用顺序凝固原则来生产铸件时，在铸件上将产生一个温度梯度，壁厚较小的部分先凝固，其体积收缩可以由壁厚较大的部分来补充，最后冷却的部分是冒口，其中将产生缩孔。

3.2.3　铸造热应力、变形与裂纹

问题思考　　（1）一个壁厚不均的铸件，厚壁部位和薄壁部位的冷却速度是否一致？哪个部位先冷却到室温？

（2）图 3-15 所示的平板铸件是心部先冷却还是四周先冷却？紧贴地面的下部先冷却还是上部先冷却？

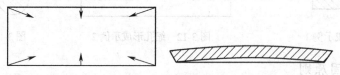

图 3-15　平板铸件

1. **热应力的概念**

铸件在凝固和冷却的过程中，由于其壁厚不均匀及其各个位置散热条件不同，导致不同部位不均衡的收缩而引起的应力，称为热应力。

2. **金属材料的塑性状态和弹性状态**

固态金属材料在再结晶温度以上（钢材为 620℃～650℃）时，处于塑性状态。此时，材料塑性好，在较小的应力下即可发生塑性变形，而且变形后应力自动消除，不会残留在工件内部。

固态金属材料在再结晶温度以下时，金属处于弹性状态。此时，在应力作用下材料发生弹性变形，变形后应力不会自动消除，将残留在工件内部。

3. 热应力形成过程

铸件形状如图 3-16 所示，左右两侧的杆件 Ⅱ 直径较小，冷却速度较快；中部的杆件 Ⅰ 直径较大，冷却速度较慢。3 个杆件通过上下两个横杆联结为一个整体。

画出杆件 Ⅰ 和杆件 Ⅱ 的冷却曲线如图 3-17 所示。曲线上 4 个重要时间点 t_0、t_1、t_2 和 t_3 将零件的整个冷却过程划分为 3 个阶段。

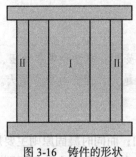

图 3-16 铸件的形状

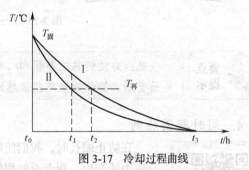

图 3-17 冷却过程曲线

（1）$t_0 \sim t_1$ 阶段。两杆均处于塑性状态，尽管两杆冷却速度不同，收缩量不一致，但是瞬时产生的应力可以通过塑性变形自动消失。冷却过程如图 3-18 所示。

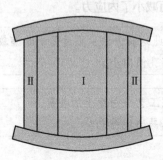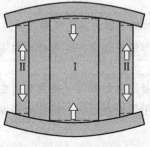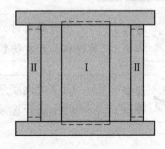

图 3-18 $t_0 \sim t_1$ 阶段的冷却

（2）$t_1 \sim t_2$ 阶段。冷却速度较快的杆 Ⅱ 进入弹性状态，杆 Ⅰ 仍处于塑性状态，杆 Ⅱ 冷却速度快，收缩大于杆 Ⅰ，所以杆 Ⅰ 受压缩，杆 Ⅱ 受拉伸，形成暂时应力，这个应力随后因为杆 Ⅰ 的微量压缩而消失。冷却过程如图 3-19 所示。

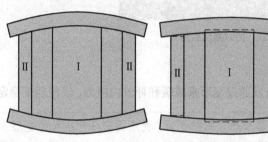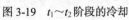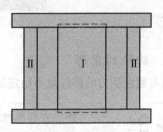

图 3-19 $t_1 \sim t_2$ 阶段的冷却

（3）$t_2 \sim t_3$ 阶段。两杆均处于弹性状态，杆Ⅰ温度较高，还将进行较大的收缩，杆Ⅱ温度较低，收缩量很小。此时杆Ⅰ的收缩要受到杆Ⅱ的强烈阻碍，最后杆Ⅰ受拉伸，杆Ⅱ受压缩，直至冷却到室温，最后在工件内部形成残余应力。冷却过程如图 3-20 所示。

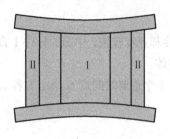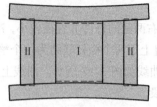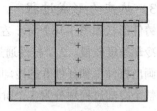

图 3-20 $t_2 \sim t_3$ 阶段的冷却

 要点提示　　热应力使铸件的厚壁和心部受拉，出现内凹变形；薄壁和表层受压，出现外凸变形。铸件的壁厚差别越大，冷却速度差异越大，因而热应力越大。

4. 同时凝固原则

同时凝固原则

　　在防止缩孔时，我们使用了顺序凝固原则；而同时凝固原则主要用于防止应力的产生，两者看似相似，实际上在用途和工艺上都有较大区别。

　　对于壁厚单向递增的工件，将浇口设置在薄壁处，并在厚壁处安放冷铁，如图 3-21 所示。这样薄壁部位维持高温的时间延长，厚壁部位冷却速度加快，减小了它们之间的温度梯度，从而减小了内应力。

 要点提示　　同时凝固时，铸件心部容易出现缩孔，因此这种方法主要适用于收缩较小的材料，如灰铸铁和锡青铜等，这些材料的缩孔倾向小。

 课堂练习　　（1）对比顺序凝固原则和同时凝固原则在工艺与用途上的差别。
　　　　　　　　（2）为什么采用同时凝固时，铸件心部容易出现缩孔？

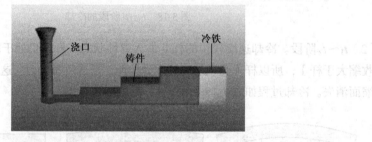

图 3-21　同时凝固原则

5. 铸件的变形

具有残余应力的铸件是不稳定的，将自发通过变形来减缓和释放内应力，以便趋于稳定状态。

 要点提示　　铸件内部原来受拉的部分产生压缩变形，受压的部分产生拉伸变形，最终减小或消除残余应力。

课堂练习

（1）图 3-15 所示的平板铸件应力消除后，为什么心部会向上翘曲？

（2）图 3-16 所示的铸件应力消除后，将发生怎样的变形？

（3）分析图 3-22 所示机床床身的变形情况。

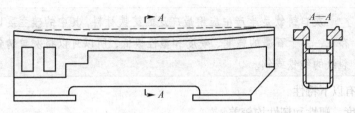

图 3-22　机床床身的变形

6. 铸件的时效处理

我们到机械厂参观时，常常会看到大量铸件被放在室外露天场地中，任其日晒雨淋，其实这就是对铸件的自然时效处理。

通过自然时效处理可以缓慢消除或减少铸件内部的残余应力，稳定组织和尺寸，让铸件充分变形后再进行切削加工，防止零件切削加工后再发生变形而不能达到要求的形状精度。

对于一些小型铸件，可以通过振动方式释放内应力，也可以将其加热到 550℃～650℃进行去应力退火，这种时效方式叫人工时效。

要点提示

由于零件在粗加工时也会产生应力，因此时效处理宜安排在粗加工之后进行，以便将零件上的所有应力一并消除。

3.3　砂型铸造

砂型铸造是一种使用砂型生产铸件的铸造方法。钢、铁和大多数有色合金铸件都可使用砂型铸造生产铸件。由于砂型铸造所用的造型材料价廉易得，铸型制造简便，对铸件的单件生产、成批生产和大量生产均能适应，所以长期以来砂型铸造一直是铸造生产中的基本工艺。

3.3.1　常用铸造材料

在铸造生产中使用的材料来源广泛，种类较多，使用不同材料制作的铸件如图 3-23 至图 3-26 所示。各种不同的铸造材料具有不同的用途，其铸造工艺也有所区别。

图 3-23　灰口铸铁件

图 3-24　球墨铸铁件

图 3-25　可锻铸铁件

图 3-26　铸钢件

认识灰口铸铁

1. 灰口铸铁

铸铁是一种典型的铁碳合金，其含碳量为 2.5%～4.0%。碳在铸铁中主要以渗碳体和石墨形式存在。铸铁材料具有优良的铸造性能，且资源丰富、冶炼方便、价格低廉。

要点提示　　灰口铸铁是生产中应用最广泛的铸铁材料，其中的碳主要以片状石墨形式存在，由于石墨的强度、硬度和塑性极低，所以可以将灰口铸铁视为布满细小裂纹的纯铁或钢。

灰口铸铁具有以下特性。

（1）抗拉强度、塑性和韧性均较差。

（2）抗压强度较好，与钢相近。

（3）具有减振性。石墨能缓冲振动，因此灰口铸铁是制造机床床身和底座的好材料。

（4）耐磨性好。石墨具有润滑作用，因此灰口铸铁适合于制造导轨、衬套和活塞环等零件。

（5）缺口敏感性小。灰口铸铁对缺口不敏感，不会形成应力集中，增加了零件的可靠性。

常用灰口铸铁的特性及其用途如表 3-2 所示。

课堂练习　　（1）灰口铸铁牌号为什么不用含碳量的多少表示，而用力学性能表示？
　　　　　　　　（2）有一铸件当其强度不够时，可否通过增大截面来解决？

表 3-2　　　　　　　　　　　常用灰口铸铁的特性和用途

牌　号	壁厚/mm	抗拉强度（≥）/MPa	硬度 HBS	特　点	应用举例
HT100	2.5～10	130	110～167	铸造性能好，工艺简单，应力小，有一定的强度和良好的减振性	对强度要求不高的零件，如手轮、支架和底板等
HT100	10～20	100	93～140		
HT150	2.5～10	175	136～205		底座、床身、压力不大的管件
HT150	10～20	145	119～179		
HT200	2.5～10	220	157～236	铸造性能好，强度、耐热性、耐磨性和减振性均较好	强度较高并耐蚀的泵壳、油缸、齿轮、泵体和阀门等
HT200	10～20	195	148～222		
HT250	4～10	270	174～262		
HT250	10～20	240	164～247		
HT300	10～20	290	182～272	强度高，耐磨性好，但是铸造性能较差	受力较大的床身、导轨、凸轮及发动机曲轴等
HT300	20～30	250	168～251		
HT350	10～20	340	199～298		
HT350	20～30	290	182～272		

认识球墨铸铁

2. 球墨铸铁

球墨铸铁是 20 世纪 40 年代发展起来的一种铸铁材料，由于其石墨呈球状，对金属基体的割裂作用进一步减轻，所以强度和韧性显著提高，远远高于灰口铸铁。

球墨铸铁的性能可以与钢媲美，由于球墨铸铁的出现，在生产中"以铁代钢"和"以铸代锻"成为可能。

球墨铸铁的主要特点如下。

（1）球墨铸铁中的石墨呈球状，对基体的割裂作用已降到最低，力学性能比灰口铸铁有显著提高。

（2）球墨铸铁可通过热处理改善金属基体，进一步提高性能。

（3）球墨铸铁较灰铸铁易产生缩孔、缩松、气孔以及夹渣等缺陷，因此铸造性能比灰口铸铁差。

球墨铸铁件在一些场合下可以取代铸钢件，也能代替一些负荷较重但是冲击并不大的锻钢件，常用球墨铸铁的特性及其用途如表 3-3 所示。

表 3-3 　　　　　　　　　　　常用球墨铸铁的特性和用途

牌　号	抗拉强度（>）/MPa	断后伸长率/%	硬度 HBS	应 用 举 例
QT400-18	400	18	130～180	汽车和拖拉机轮毂、离合器壳体、差速器壳体、拨叉以及阀体和管道等
QT400-10	450	10	160～210	
QT500-7	500	7	170～230	齿轮、水轮机阀体、机车轴瓦等
QT600-3	600	3	190～270	大型内燃机曲轴、农机齿轮，机床主轴、矿车车轮以及缸体等
QT800-2	800	2	245～335	
QT900-2	900	2	280～360	

阅读表 3-3，说明球墨铸铁牌号中两个数字的含义。

3. 可锻铸铁

可锻铸铁在生产过程中通过高温石墨化退火，获得团絮状石墨组织。可锻铸铁强度高，抗拉强度、塑性和韧性均较好。

可锻铸铁主要用于制造承受振动和冲击、形状复杂的薄壁小件。这些零件如果用一般铸钢铸造难度较大，若用球墨铸铁，质量上难以保证。

常用可锻铸铁的特性及其用途如表 3-4 所示。

认识可锻铸铁

表 3-4 　　　　　　　　　　　常用可锻铸铁的特性及其用途

牌　号	抗拉强度（>）/MPa	断后伸长率/%	硬度 HBS	应 用 举 例
KTH300-6	300	6		弯头、三通、管件及中等压力阀门
KTH330-8	330	8	不大于 150	农机具
KTH350-10	350	10		汽车差速器壳体、农机具
KTH370-12	370	12		
KTZ450-06	450	6	150～200	曲轴、连杆、棘轮、扳手及链条
KTZ700-02	700	2	240～290	

牌号中 KTH 代表黑心可锻铸铁，它应用广泛，塑性韧性好，耐蚀性高；KTZ 代表珠光体可锻铸铁，它的强度和硬度比黑心可锻铸铁更高。

想一想，可锻铸铁可锻吗？

4．铸钢

铸钢也是一种重要的铸造合金，其产量仅次于灰口铸铁。

铸造碳钢的牌号由 ZG（代表"铸钢"的汉语拼音）加上两组数字组成，前一组代表屈服强度值，后一组代表抗拉强度值。例如 ZG200-400、ZG340-640。

铸钢适合于铸造强度和韧性要求都较高的零件。

要点提示

铸钢的焊接性能好，便于采用铸-焊联合结构制造大型铸件。因此，铸钢在重型机械的制造中应用广泛。

铸钢的熔点高，钢液易氧化和吸气，流动性差，收缩大。因此，铸造困难，易产生浇不足、气孔、缩松缩孔、夹渣和粘砂等缺陷。在生产铸钢件时，应注意以下几点。

（1）要求型砂的耐火度高，有良好的透气性和退让性。

（2）应严格控制浇注温度，防止过高或过低。

（3）铸钢件必须热处理。

3.3.2　常用造型方法

砂型铸造的主要工作是造型，其目的是制作与零件形状相适应的型腔。生产实际中，根据零件结构特点、材料以及生产批量的不同，造型方法也不相同。

1．铸造过程

铸造生产过程包括造型、造芯、合箱与浇注等主要环节，如图3-27所示。

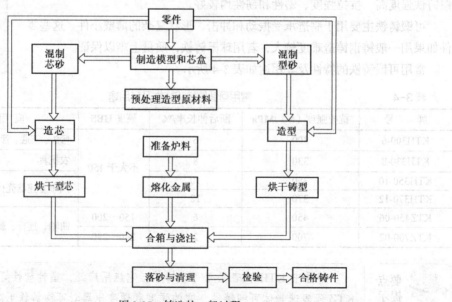

图3-27　铸造的一般过程

（1）造型。造型也就是制造砂型。砂型中包含型腔，其形状和大小与产品相适应。浇注时，液态合金通过浇注通道注入型腔，将其充满后形成铸件。

① 砂型。如图 3-28 所示，砂型通常由两个以上的砂箱组成，多箱造型中包括两个以上的砂箱。

② 模型。模型是仿照零件外形制作的模样。与零件并不完全相同，对零件上一些细节进行了简化，因此模型通常比零件要简单，如图 3-29 和图 3-30 所示。

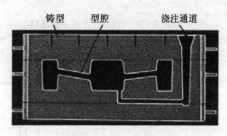

图 3-28　砂型示意图

③ 型砂。型砂用于制造零件外形，由砂和黏结剂组成，黏结剂包括黏土、油脂和树脂等。

（2）造芯过程。造芯的主要目的是制造型芯。在铸造带有孔或内腔结构的零件时，首先根据孔或内腔的形状和大小制造型芯，然后将其安放在铸型中，浇注后即可获得相应大小的孔或内腔结构。

为了便于安放，型砂往往带有型芯头和型芯撑等结构，如图 3-31 和图 3-32 所示。用于造芯的模型称为芯盒。

　　　　造芯时使用芯砂，由于型芯位于铸型中部，温度较高，在成形时工作条件复杂，因此芯砂的质量要求比型砂高。

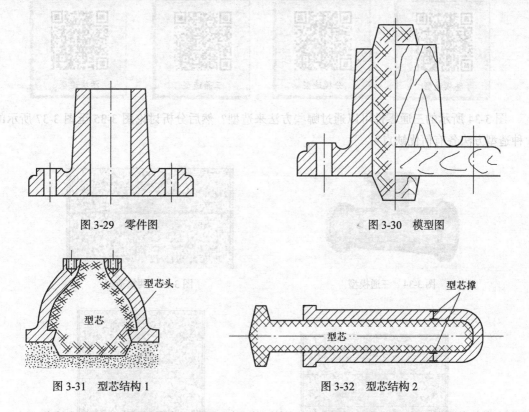

图 3-29　零件图　　　　　　　　　　　图 3-30　模型图

图 3-31　型芯结构 1　　　　　　　　　图 3-32　型芯结构 2

（3）合箱与浇注。合箱是将多个砂箱正确安装，其内形成型腔。将砂型、型芯等正确组合以后获得的结构称为砂型，其中还包括浇注通道、气孔等，如图 3-33 所示。

浇注是指将熔化后的合金液体浇入铸型形成铸件的过程。

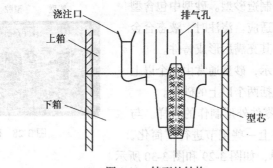

图 3-33　铸型的结构

2. 常用造型方法

砂型铸造适合于各种形状、大小和批量的合金零件生产。根据造型时自动化程度的不同又可分为以下两种。

- 手工造型：主要包括整模造型、分模造型、三箱造型和活块造型等方法，它操作灵活，适应性广，但是生产效率低，主要用于单件和小批量生产。
- 机器造型：使用机器来造型、造芯，并与机械化的型砂处理、浇注以及清理组成生产流水线。机器造型生产率高，但是不适合制造形状复杂的型腔。

整模造型

分模造型

三箱造型

活块造型

图 3-34 所示的三通零件可以通过哪些方法来造型？然后分析讨论图 3-35 至图 3-37 所示的 3 种造型方法各有何优缺点？

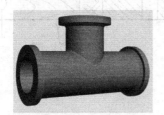

图 3-34　三通模型

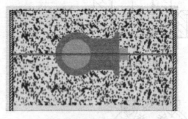

图 3-35　两箱造型

图 3-36　三箱造型

图 3-37　四箱造型

3.3.3　铸造工艺图

铸造工艺图是在零件图上使用各种工艺符号及参数表示出铸造方案的图形。其中包括的内容有浇注位置、分型面、型芯数量、形状和尺寸、加工余量、收缩率、浇注系统、起模斜度及铸造圆角等。

1. 铸造工艺图中的符号

在铸造工艺图中，通常使用表 3-5 所示的符号进行标注。

表 3-5　　　　　　　　　　　　　　铸造工艺图中的符号

名　称	符　号	说　明
浇注位置、分型面	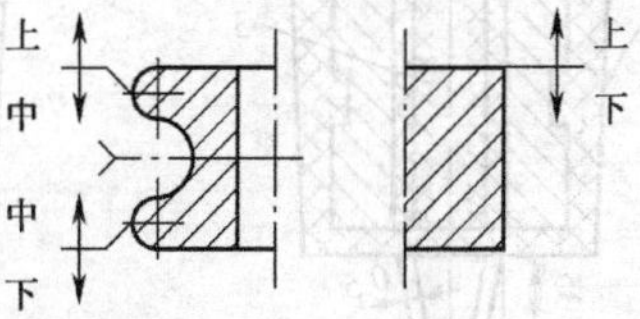	用汉字和箭头标注出浇注位置，用直线、曲线或者折线表示出分型面
加工余量和起模斜度	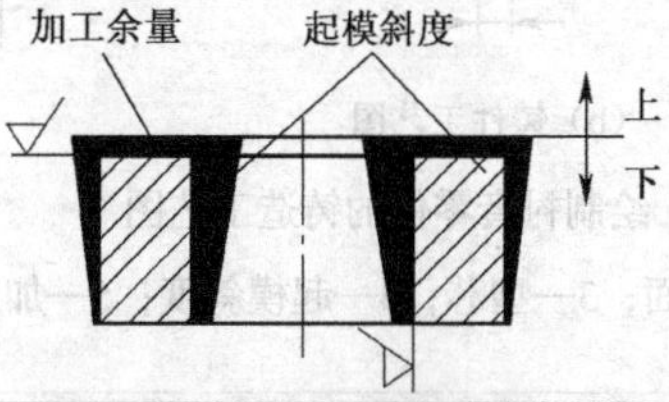	将加工余量区域涂成红色或用网格表示
不必铸出的孔或槽	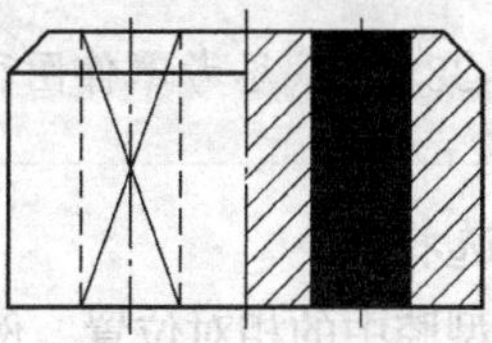	用红色"×"画出，剖面涂成红色或用网格表示
型芯	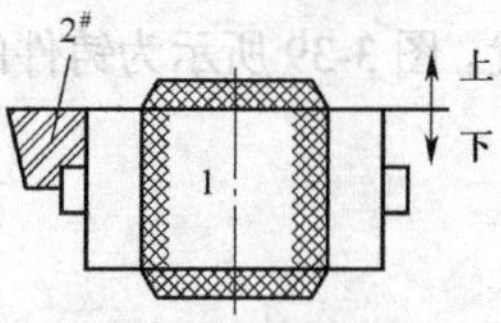	不同型芯用不同剖面线表示，并按照顺序编号
型芯撑	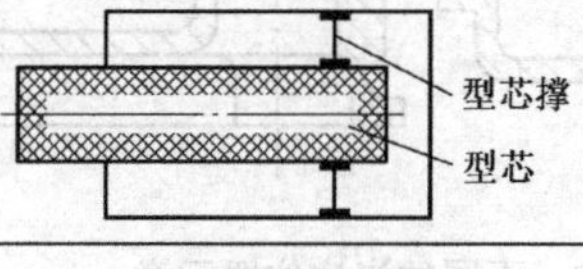	按照图示画出
浇注系统	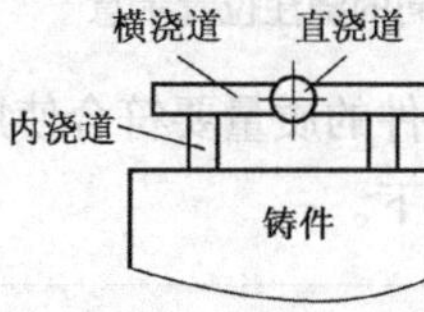	

2. 绘制铸造工艺图

图 3-38（a）所示为衬套零件，在绘制其铸造工艺图时，需要简化图上的结构。首先要考虑这个零件有几种可能的分型方案，然后对其进行分析比较。

要点
提示

对浇注位置有要求时，要优先考虑浇注位置；对浇注位置没有要求时，优先考虑分型面。

关于浇注位置和分型面的选择原则稍后将详细讨论，最后完成的铸造工艺图如图 3-38（b）所示，最后获得的铸件图如图 3-38（c）所示。

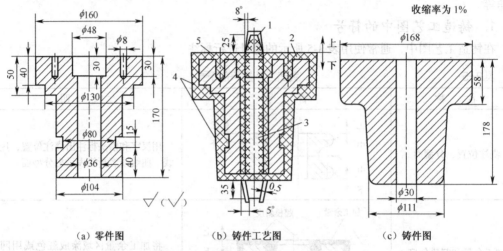

（a）零件图　　　　　（b）铸件工艺图　　　　　（c）铸件图

图 3-38　绘制衬套零件的铸造工艺图

1—型芯头；2—分型面；3—型芯；4—起模斜度；5—加工余量

课堂
练习

对比图 3-38（a）和图 3-38（c），思考零件图和铸件图上有哪些主要区别。

3. 浇注位置的选择

铸件浇注位置选择案例

　　浇注位置是铸件在型腔中的相对位置，例如，铸件上一些特定表面是水平放置还是竖直放置。图 3-39 所示为铸件的两种不同的浇注位置，其中重要表面的朝向不同。

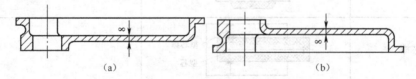

（a）　　　　　　　　　　　　　　（b）

图 3-39　不同的浇注位置示意

在选择浇注位置时，主要考虑最后成形铸件的质量要符合使用要求。

（1）铸件上的重要加工面和大平面应该朝下。

要点
提示

铸件的上表面容易产生砂眼、气孔等缺陷，组织也不如下表面致密。这些表面无法朝下时，可以使其位于侧面。

图 3-40 所示的机床床身的导轨面是关键表面，应将其朝下浇注。

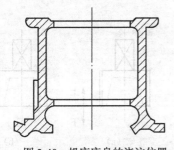

图 3-40 机床床身的浇注位置

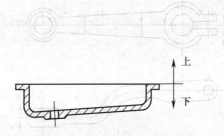

图 3-41 油盘铸件的正确浇注位置

（2）铸件上的薄壁部位应该朝下。为了防止铸件薄壁部位产生浇不足缺陷，应将面积较大的薄壁部位置于铸型下部或使其竖直或倾斜位置。图 3-41 所示为油盘铸件的正确浇注位置。

（3）便于设置冒口。对于容易产生缩孔的铸件，应将铸件上较厚的部位置于上部或侧面，以便在厚壁处安放冒口。图 3-42 所示为筒形铸件的正确浇注位置。

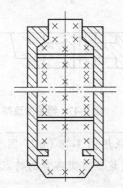

图 3-42 筒形铸件的正确浇注位置 1

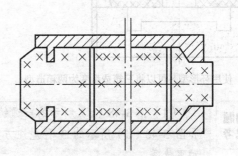

图 3-43 筒形铸件的正确浇注位置 2

 课堂练习　如果将图 3-42 所示零件的浇注位置旋转 90° 放置，如图 3-43 所示，这两种浇注位置生产的铸件在质量上有何差异？

4. 分型面的选择

分型面是指铸型中相互结合的表面。分型面选择不当，不仅会影响铸件质量，还会增加产品生产时的难度。

设计分型面时，在保证铸件质量的前提下，应该尽量简化工艺。

（1）应尽量使分型面是一个平直的面。图 3-44 所示为起重机臂零件，图 3-44（a）中的分型面为平面，造型方便；而图 3-44（b）所示的分型面为曲面，必须用挖砂造型，其造型过程很复杂。

（2）应使铸件的全部或者大部分位于同一砂箱。图 3-45 所示为堵头零件，按照图 3-45（a）所示选择分型面时，铸件的全部或者大部分位于同一砂箱，易于保证铸件的尺寸精度；而按照图 3-45（b）所示选择分型面时，容易错箱。

（3）应该尽量简化造型工艺，尽量使型芯和活块的数量减少。图 3-46 所示的铸件，使用环形型芯可以将三箱造型变为两箱造型。同理，图 3-47 所示的绳轮也可以通过使用环状砂型来将三箱造型转变为两箱造型。

认识分型面

分型面的选择原则

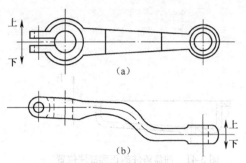

图 3-44 起重机臂零件分型面的确定

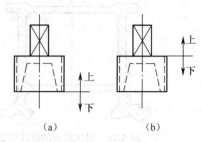

图 3-45 堵头零件分型面的确定

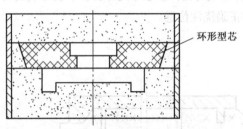

图 3-46 使用环形型芯可以将三箱造型变为两箱造型

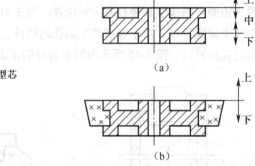

图 3-47 绳轮的造型

 问题思考

（1）图 3-48（a）所示的三通铸件，可以采用图 3-48（b）、图 3-48（c）和图 3-48（d）所示的 3 种浇注方案，试分析这些方案各自的特点，比较哪种更优秀。

（2）对比图 3-49 所示角架铸件的 4 种造型方案，比较哪一种更好。

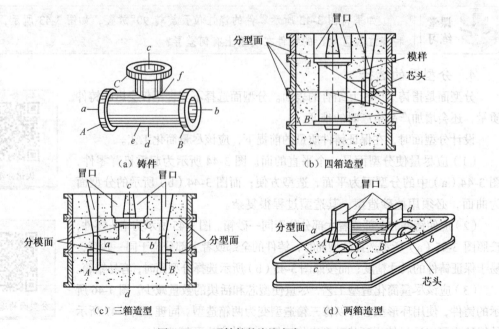

（a）铸件　　　（b）四箱造型

（c）三箱造型　　　（d）两箱造型

图 3-48 三通铸件的浇注方案

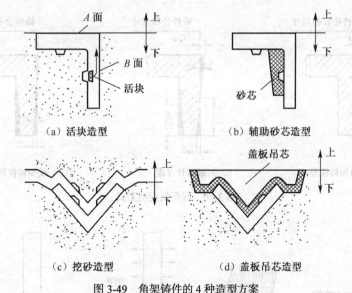

（a）活块造型　　　　　　　　（b）辅助砂芯造型

（c）挖砂造型　　　　　　　　（d）盖板吊芯造型

图 3-49　角架铸件的 4 种造型方案

5. 工艺参数的确定

在铸造工艺方案初步确定之后，还必须根据铸件的特点确定机械加工余量、起模斜度、收缩率、铸造圆角以及型芯和型芯头等工艺参数。

（1）加工余量。铸件上为后续切削加工的需要而加大的尺寸称为加工余量，其具体数值取决于铸件的生产批量、材料类型、尺寸等因素。大量生产时，铸件精度高，加工余量较小。

加工余量在铸造工艺图中用网格标出，如图 3-38（b）所示。

 要点提示　　加工余量的确定可以参考相关手册和有关国家标准。

（2）最小铸孔。一般来说，铸件上较大的孔和槽应当铸出，以减少切削加工时间，并节约材料。但是较小的孔和槽则不必铸出，通过切削加工方式获得反而更经济。

灰口铸铁的最小铸孔尺寸推荐如下：单件生产 30～50mm，成批生产 15～20mm，大量生产 12～15mm。

（3）铸造收缩率。铸件在凝固过程中会发生收缩而造成铸件尺寸缩小。为了使铸件的实际尺寸符合图样要求，通常模样和芯盒的尺寸应比铸件放大一个该合金的收缩率。

合金收缩率的大小取决于铸造合金的种类及铸件的结构、尺寸等因素。通常灰铸铁的铸造收缩率为 0.7%～1.0%，铸钢的铸造收缩率为 1.3%～2.0%，铝合金的铸造收缩率为 0.8%～1.2%，锡青铜的铸造收缩率为 1.2%～1.4%。

（4）起模斜度。为了在造型和制芯时便于起模，以免损坏砂型和型芯，在模样和芯盒的起模方向留有一定的斜度，如图 3-50 所示。

（5）铸造圆角。在铸件转角处应该设置圆角，直角过渡时，容易形成杂质成分的聚集，还能形成缩孔，如图 3-51 所示。

（6）型芯和型芯头。型芯是铸件的一个重要的组成部分，其功用是形成铸件的内腔、孔洞和形状复杂阻碍起模部分的外形；型芯头用于安放和固定型芯。图 3-52 所示为车轮铸件的型芯设计。

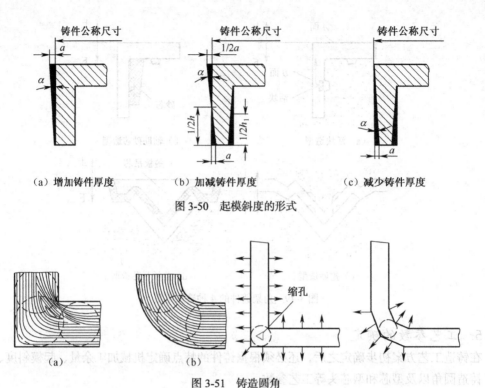

（a）增加铸件厚度　　（b）加减铸件厚度　　（c）减少铸件厚度

图 3-50　起模斜度的形式

图 3-51　铸造圆角

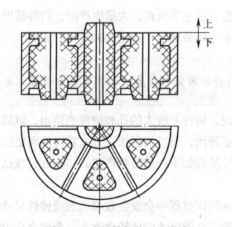

图 3-52　车轮铸件的型芯设计

3.3.4　铸件常见缺陷及检验

铸件的常见缺陷

在实际生产中，常需对铸件进行缺陷分析，其目的是找出缺陷产生的原因，以便采取措施加以防止。铸件常见缺陷如表 3-6 所示。

铸件生产完成后，可以对其进行质量检验，确保产品质量符合使用要求，常见的检验内容如表 3-7 所示。

表3-6　　　　　　　　　　铸件常见缺陷分析

缺陷名称	特　征	产生的主要原因
气孔	在铸件内外表面产生气孔	（1）型砂含水过多，透气性差 （2）砂芯烘干不良或砂芯通气孔堵塞；浇注温度过低或浇注速度太快等
补缩冒口　缩孔	缩孔多分布在铸件断面处，形状不规则，而且孔内粗糙	（1）壁厚相差过大，造成局部金属积累 （2）浇注系统和冒口的位置不当 （3）浇注温度过高以及金属化学成分不合格，收缩率过大
砂眼	在铸件内部或者表面有充塞砂粒的孔眼	（1）型砂和芯砂的强度不够 （2）砂型和砂芯的压实度不够 （3）合箱时铸型局部损坏 （4）浇注系统设计不合理
粘砂	铸件表面粗糙，粘有砂粒	（1）型砂和芯砂的耐火性不够 （2）浇注温度过高 （3）未刷涂料或者涂料层过薄
错箱	铸件在分型面处有错移	（1）模具的上半模和下半模未对好 （2）合箱时，上下砂箱未对准
冷隔	铸件上有未完全融合的缝隙，其交接处是圆滑的	（1）浇注温度过低 （2）浇注速度过慢或者浇注过程有中断 （3）浇注系统位置设计不当或浇道过小
浇不足	铸件不完整	（1）浇注时金属量不足 （2）浇注时液体金属从分型面流出 （3）铸件太薄 （4）浇注温度过低，或浇注速度过慢
裂缝	铸件开裂，开裂处金属表面氧化	（1）铸件结构设计不合理，壁厚相差太大 （2）砂型和砂芯的退让性差 （3）落砂过早

表3-7　　　　　　　　　　铸件成品的主要检验内容

类　型	检验对象	检验手段
外形损伤检验	浇不足、冷隔、错箱、裂纹、变形等	用肉眼或用尖头小锤敲击铸件
尺寸检验	尺寸、尺寸偏差	根据图纸规定用量具检验
铸件化学成分检验	铸件组织成分	在专门的实验室中进行
内部缺陷检验	未外露的孔眼、热裂等	X射线、γ射线、超声探伤、磁力探伤等无损探伤
铸件内部组织检验	缩松、缩孔、夹杂等	金相检验
机械性能检验	抗压、抗弯、抗扭等力学性能	金属材料性能试验机

3.4 铸件结构设计

铸件结构设计案例

设计铸件时，不仅要保证其力学性能和使用性能，还必须考虑铸造工艺和合金铸造性能对铸件结构的要求。铸件结构合理及结构工艺性良好，对其质量、生产率和成本都有较大影响。

3.4.1 铸件的外形设计

铸件外形是指铸件外部轮廓形状，合理的铸件外形不但能满足零件的使用要求，还能简化铸造工艺。在设计铸件外形时，要遵循以下原则。

1. 避免铸件起模方向存在外部侧凹

图 3-53（a）所示的零件上下都有法兰，故要使用环状型芯或三箱造型。去掉上部法兰后，简化了造型过程，如图 3-53（b）所示。

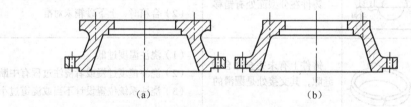

图 3-53　法兰的简化

2. 尽量使分型面为平面

图 3-54（a）所示分型面需要采用挖砂造型，去掉不必要的圆角后，造型简化，如图 3-54（b）所示。

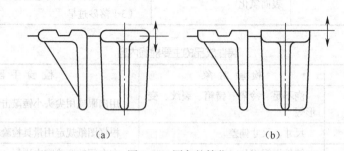

图 3-54　圆角的简化

3. 外形设计应便于起模，简化造型工艺

图 3-55（a）所示的零件在造型时必须使用型芯，简化为图 3-55（b）所示的结构后，可以自带型芯，造型简化。

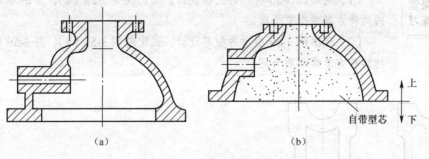

图 3-55 自带型芯的应用

3.4.2 铸件的内腔设计

因为大多数铸件内部具有复杂的内腔结构，故铸件在应用中时常被用作容器型器件。在设计铸件内腔时，要遵循以下原则。

1. 减少型芯的数量，避免不必要的型芯

图 3-56（a）所示的支架采用中空结构，铸造时需要使用悬臂型芯和型芯撑；图 3-56（b）所示的支架采用开式结构，可以省去型芯。

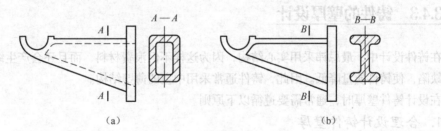

图 3-56 支架设计

2. 便于型芯的稳定、排气和铸件的清理

图 3-57（a）所示的铸件采用悬臂型芯，需要使用型芯撑加固，下芯、合箱和清理困难；图 3-57（b）所示的铸件增加了工艺孔，既避免使用型芯撑，也使型芯定位稳固。工艺孔最后用螺钉堵住。

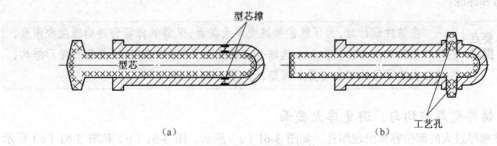

图 3-57 工艺孔的使用

（1）观察图 3-58 所示的支柱设计，试比较图 3-58（a）、图 3-58（b）所示的两种方案哪个更合理。

（2）观察图 3-59 所示的型芯设计，试比较图 3-59（a）、图 3-59（b）所示的两种方案哪个更合理。

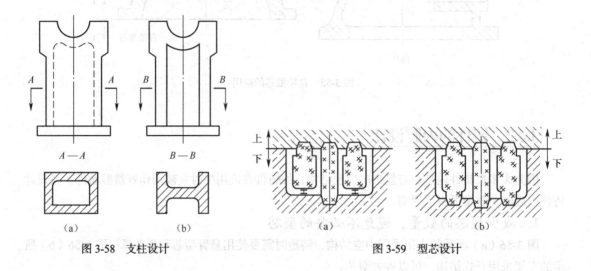

图 3-58 支柱设计　　　　　　　　　　　　　　图 3-59 型芯设计

3.4.3 铸件的壁厚设计

在铸件设计中，最忌讳采用实心结构，因为这样不但浪费材料，而且还会产生缩孔和应力等诸多缺陷，使铸件质量降低。因此，铸件通常采用中空的薄壁结构。

在设计铸件壁厚时，通常需要遵循以下原则。

1. 合理设计铸件壁厚

设计铸件壁厚时，要注意以下两个壁厚参数。

（1）最小壁厚。最小壁厚指铸造合金能充满型腔壁的最小厚度，它主要取决于合金的种类、铸件的大小及形状等因素。若铸件壁厚小于"最小壁厚"，铸件就易产生浇不足、冷隔等缺陷。

（2）临界壁厚。若铸件壁厚大于"临界壁厚"，容易产生缩孔、缩松以及组织粗大等缺陷，使铸件的力学性能下降。在砂型铸造条件下，各种铸造合金的临界壁厚约等于其最小壁厚的 3 倍。

实际设计时，铸件壁厚应介于临界壁厚和最小壁厚之间。壁厚设计的具体数值可以参考有关设计手册和标准。

要点
提示
在铸件设计时，为了既能够避免厚大截面，又能够保证铸件的强度和刚度，可以根据载荷的性质和大小选取合理的截面形状，如工字形、槽形和箱形结构，并在强度薄弱的部位安置加强筋，如图 3-60 所示。

2. 铸件壁厚应均匀，避免厚大截面

铸件壁厚过大的部位容易出现缩孔，如图 3-61（a）所示。图 3-61（b）和图 3-61（c）所示的设计更合理。

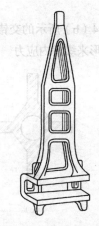
图 3-60　铸件的截面设计

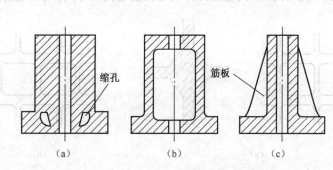
图 3-61　铸件壁厚应均匀

3. 避免铸件壁的锐角连接

铸件壁采用图 3-62（a）所示的锐角连接时，容易产生缩孔和热应力并会导致应力集中，从而产生裂纹、缩孔等缺陷。当两壁间的夹角小于 90° 时，可以采用图 3-62（b）所示的连接形式。

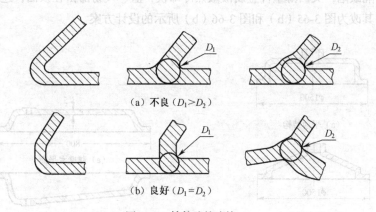
图 3-62　铸件壁的连接

4. 应减缓筋、辐收缩时的阻碍

图 3-63 所示为轮形铸件，图 3-63（a）中轮辐为直线形、偶数，虽然制造方便，但是各轮辐收缩不一致时会因内应力过大产生裂纹；图 3-63（b）所示采用弯曲轮辐，可以借助轮辐本身的变形来减缓应力；图 3-63（c）所示轮辐数量为奇数，可以通过轮辐边缘的微量变形来减缓应力。

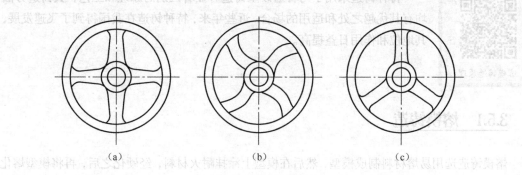
图 3-63　轮形铸件设计

5. 筋设计时应避免交叉接头

在图 3-64（a）中，交叉接头处容易产生缩孔和应力。将其改为图 3-64（b）所示的交错接头或图 3-64（c）所示的环状接头后，可以降低缩孔倾向，还可以通过微量变形来缓解内应力。

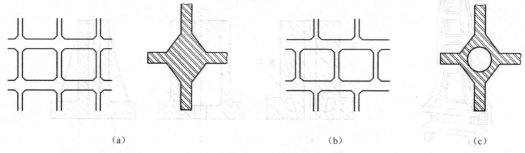

（a） （b） （c）

图 3-64 筋的接头设计

6. 避免出现过大的水平面

图 3-65（a）和图 3-66（a）所示为薄壁罩壳铸件，当其壳顶呈水平面时，充型压力小，易产生浇不足和冷隔缺陷，又因薄壁件金属液散热冷却快，渣、气易滞留在顶面，还会产生气孔和夹渣缺陷。应将其改为图 3-65（b）和图 3-66（b）所示的设计方案。

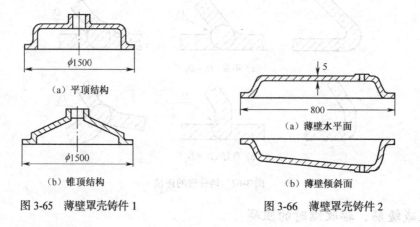

（a）平顶结构

（b）锥顶结构

图 3-65 薄壁罩壳铸件 1

（a）薄壁水平面

（b）薄壁倾斜面

图 3-66 薄壁罩壳铸件 2

3.5 特种铸造

熔模铸造原理

特种铸造采用了与普通砂型铸造有显著区别的原理和工艺，其铸造方法均有其优越之处和适用的场合。近些年来，特种铸造在我国得到了飞速发展，其地位和作用日益提高。

3.5.1 熔模铸造

熔模铸造选用易熔材料制成模型，然后在模型上涂挂耐火材料，经硬化之后，再将模型熔化、排出型外，从而获得无分型面的铸型。

1. 熔模铸造的工艺过程

熔模广泛采用蜡质材料来制造，故又常把它称为"失蜡铸造"，其工艺过程如图 3-67 所示。

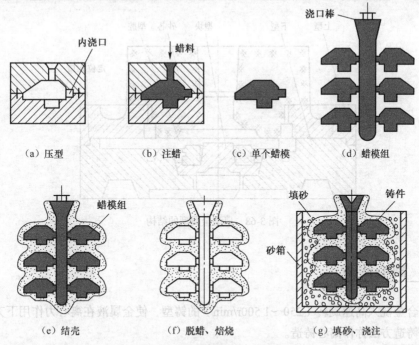

（a）压型　　　（b）注蜡　　　（c）单个蜡模　　　（d）蜡模组

（e）结壳　　　（f）脱蜡、焙烧　　　（g）填砂、浇注

图 3-67　熔模铸造的工艺过程

2. 熔模铸造的特点和应用

熔模铸件尺寸精度高，表面粗糙度值低，切削加工量小。熔模铸造常用于铸造薄壁件及重量很小的铸件，如发动机叶片，尤其适用于铸造高熔点、难切削合金的小型复杂铸件。

> **要点提示**　　熔模铸造还擅长制造用砂型铸造、锻压、切削加工等方法难以制造的形状复杂、不便分型的零件，如带有精细的图案、文字、细槽和弯曲细孔的铸件。

3.5.2　金属型铸造

金属型铸造是将液态合金浇入金属铸型，以获得铸件的一种铸造方法。由于金属铸型可反复使用成百上千次，故又称为永久型铸造。

1. 金属型铸造的工艺过程

典型金属型的结构如图 3-68 所示。金属型的型腔和金属型芯表面必须喷刷涂料，以产生隔热气膜。工作时，金属型应保持一定的工作温度，以减缓铸型对浇入金属的激冷作用，减少铸件缺陷，通常铸铁件为 250℃～350℃，非铁金属件 100℃～250℃。

金属型铸造原理

2. 金属型铸造的特点和应用

金属型铸造可实现"一型多铸"，便于实现机械化和自动化生产，从而可极大提高生产率。铸件的精度和表面质量比砂型铸造显著提高，结晶组织致密，铸件的力学性能得到显著提高，劳动条件得到显著改善。

针对金属型以下3个特点讨论金属型铸造的主要缺点。
（1）透气性差　　（2）导热性好　　（3）没有退让性

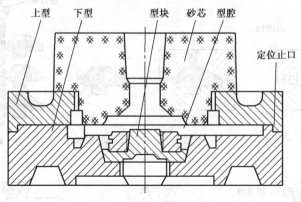

图 3-68　典型金属型的结构

3.5.3　离心铸造

将液态合金浇入高速旋转（250～1 500r/min）的铸型，使金属液在离心力作用下充填铸型并结晶，这种铸造方法称作离心铸造。

离心铸造原理

1. 离心铸造的工艺过程

立式离心铸造如图 3-69 所示，铸型绕垂直轴旋转，铸件内表面呈抛物线形，用来铸造高度小于直径的盘、环类或成型铸件。卧式离心铸造如图 3-70 所示，铸型绕水平轴旋转，铸件壁厚均匀，应用广泛，主要用来生产圆环类铸件，也用于浇注成型铸件。

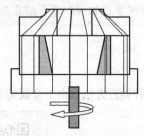

图 3-69　立式离心铸造

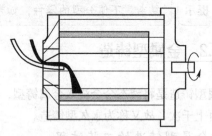

图 3-70　卧式离心铸造

2. 离心铸造的特点和应用

离心铸造利用自由表面生产圆筒形或环形铸件，特点如下。

（1）可省去型芯和浇注系统，因而省工、省料，降低了铸件成本。

（2）在离心力的作用下，铸件呈由外向内的定向凝固，缩孔、缩松和气孔等缺陷小。

（3）便于制造双金属铸件。如可在钢套上镶铸薄层铜材制作滑动轴承。

离心铸造是大口径铸铁管、气缸套、铜套及双金属轴承的主要生产方法，也可用于制造耐热钢辊道、特殊钢的无缝管坯和造纸烘缸等铸件。

3.5.4 压力铸造

压力铸造简称压铸，是在高压下将液态或半液态合金快速地压入金属铸型中，并在压力下凝固，以获得铸件的方法。

1. 压力铸造的工艺过程

压力铸造是在压铸机上进行的。压铸机主要由压射机构和合型机构组成，压射机构的作用是将金属液压入型腔；合型机构用于开合压型，并在压射金属时顶住动型，以防金属液自分型面喷出。压力铸造的基本原理和工艺过程如图 3-71 所示。

压力铸造原理

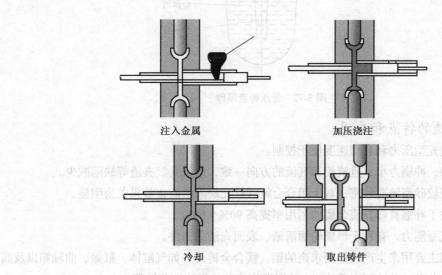

注入金属　　　　　　　加压浇注

冷却　　　　　　　取出铸件

图 3-71 压力铸造的工作过程

2. 压力铸造的特点和应用

压力铸造铸件的精度及表面质量较其他铸造方法均高，通常不经机械加工即可使用。其工艺特点如下。

（1）压铸的生产率较其他铸造方法均高。

（2）由于压铸的速度极高，型腔内气体很难排除，厚壁处的收缩也很难补缩，致使铸件内部常有气孔和缩松。因此，压铸件不宜进行较大余量的切削加工，以防孔洞的外露。

（3）压铸设备投资大，制造压型费用高、周期长，适合于大量生产。

目前，压力铸造已在汽车、拖拉机、航空、兵器、仪表、电器和计算机等制造业得到了广泛应用，如气缸体、箱体、化油器、喇叭外壳等铝、镁、锌合金铸件的生产。

3.5.5 低压铸造

低压铸造是介于重力铸造（如砂型铸造、金属型铸造）和压力铸造之间的一种铸造方法。它是使液态合金在压力下，自下而上地充填型腔，并在压力下结晶，以形成铸件的工艺过程。

低压铸造原理

1. 低压铸造的工艺过程

低压铸造的原理如图 3-72 所示。将熔炼好的金属液注入密封的电阻坩埚炉内保温。

铸型（通常为金属型）安置在密封盖上，垂直的升液管使金属液与朝下的浇口相通。铸型为水平分型，金属型在浇注前必须预热，并喷刷涂料。

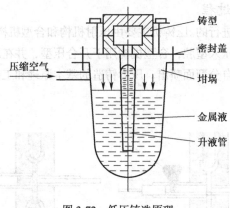

图 3-72　低压铸造原理

2. 低压铸造的特点和应用

（1）低压铸造充型压力和充型速度便于控制。

（2）充型平稳，冲刷力小，且液流和气流的方向一致，故气孔、夹渣等缺陷减少。

（3）铸件组织较砂型铸造致密，对于铝合金铸件针孔缺陷的防止效果尤为明显。

（4）由于省去了补缩冒口，使金属的利用率提高 90%～98%。

（5）提高了充型能力，有利于形成轮廓清晰、表面光洁的铸件。

低压铸造目前主要用来生产质量要求高的铝、镁合金铸件，如气缸体、缸盖、曲轴箱以及高速内燃机活塞等，并已成功地制出重达 30t 的铜螺旋桨及球墨铸铁曲轴等。

本章小结

铸造是将液态金属浇注到铸型中，待冷却后获得铸件的一种工艺方法，常用于制造零件毛坯。液态合金浇注到型腔后，要经过从液态到固态的凝固过程。合金的流动性不好容易造成浇不足、冷隔等缺陷。由于液态到固态具有收缩的物理属性，而收缩又是铸件产生缩孔和缩松等缺陷的直接原因，所以必须注意采用必要的工艺措施加以防止。注意区分同时凝固原则和顺序凝固原则的工艺特点和用途。

铸铁是最常用的铸造材料，其中以灰口铸铁的应用最为广泛。可锻铸铁具有较高的强度，常用于制作受振动和冲击、形状复杂的薄壁小件。球墨铸铁综合性能优良，在生产中可以部分取代钢，实现"以铸代锻"和"以铁代钢"。铸钢的铸造性能差，但是强度高，主要用于生产受力复杂的铸件，但是必须有严格的铸造工艺保证。

在生产铸件时，需要根据产品零件图绘制铸造工艺图，其中心工作是确定浇注位置并设计分型面，在保证产品质量的前提下，应该尽量简化生产工艺。此外，还要确定加工余量、最小铸孔、铸造圆角以及收缩率等参数。对于内腔结构还要设计型芯和型芯头。

铸件结构设计的主要任务是确保零件的质量合格、工艺简化。铸件结构设计包括外形设计、内腔设计、壁设计等几个方面。

　　特种铸造是适应现代化生产而发展起来的一种高质量、高效率的铸造方法，使用这些方法铸造的毛坯可以实现少切削或无切削的加工要求，并且生产劳动强度低。

思考与练习

　　（1）什么是铸造？在生产中有何主要用途？

　　（2）生产铸件主要有哪些工艺流程？

　　（3）常用的铸造材料主要有哪些类型？

　　（4）哪种材料是"以铁代钢"的最好选择？

　　（5）机床床身、火车轮和水管弯头分别适合用哪种材料铸造？

　　（6）简要分析铸件废品率较高的原因。

　　（7）简要说明缩孔产生的原因及其防止方法。

　　（8）简要说明热应力产生的原因及其防止方法。

　　（9）设计铸件外形时要注意哪些要领？

　　（10）铸件为什么不宜做成实心结构？

　　（11）比较整模造型和分模造型在工艺与用途上的差异。

　　（12）简要说明特种铸造的种类和用途。

第4章

压力加工

使用液态成形方法制作的零件毛坯在强度方面存在严重的缺陷,不能用于承受重载的零件。利用金属在外力作用下所产生的塑性变形来获得具有一定形状、尺寸和机械性能的原材料、毛坯或零件的生产方法,称为压力加工。压力加工生产的毛坯和零件具有较高的强度,同时塑性和韧性指标也较优良。

※【学习目标】※

- 了解压力加工的分类、特点和应用。
- 了解自由锻基本工序的用途。
- 了解模锻的特点和用途。
- 了解胎膜锻的特点和用途。
- 了解薄板冲压成形工艺的种类和用途。

※【观察与思考】※

(1)图 4-1 所示为机器上的传动轴,主要负责传递运动和动力,工作过程中要承受拉伸、弯曲、扭转等载荷,想一想,这类零件如果采用铸件有何潜在问题?

(2)图 4-2 所示为自行车轮辐上的钢丝,在工作中主要承受拉伸和压缩,钢丝虽细,但是工作过程中很少被拉断,想想这是为什么?

(3)图 4-3 所示的产品主要通过模锻生产,具有较高的强度,思考这类零件强度较高的原因。

图 4-1　机器上的传动轴　　图 4-2　自行车轮辐上的钢丝　　图 4-3　螺栓螺母组件

4.1　压力加工的基础知识

压力加工是利用金属在外力作用下所产生的塑性变形，来获得具有一定形状、尺寸和力学性能的原材料、毛坯或零件的加工方法，又称为金属塑性加工。

4.1.1　压力加工的分类

生产中常用的压力加工方法主要有以下类型。

（1）轧制。轧制是金属坯料在两个回转轧辊的缝隙中受压变形，以获得各种产品的加工方法。生产时，依靠摩擦力的作用，坯料连续通过轧辊间隙而受压变形。

认识压力加工

轧制常用于生产各种型材，如圆钢、方钢、角钢、铁轨等，其原理如图 4-4 所示。

（2）挤压。挤压是金属坯料在挤压模内受压被挤出模孔而变形，通过挤压作用将坯料挤成规则的形状，其原理如图 4-5 所示。

（3）拉拔。拉拔是将坯料在牵引力作用下通过模孔拉出，使之截面缩小、长度增加的工艺，如图 4-6 所示。

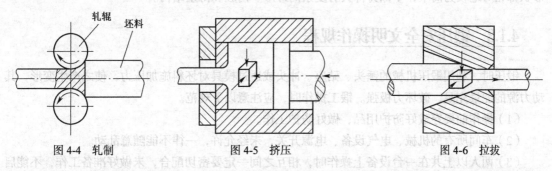

图 4-4　轧制　　　　　　　　图 4-5　挤压　　　　　　　　图 4-6　拉拔

（4）锻造。铸造是在锻压设备及工（模）具的作用下，使坯料或铸锭产生塑性变形来获得一定几何尺寸、形状和质量的锻件的加工方法。锻造包括自由锻和模锻两种形式，前者在砧座间自由成形，如图 4-7 所示；后者在模腔内填充成形，如图 4-8 所示。

（5）冲压。冲压是金属板料在冲模之间受压产生分离或成形的方法，通常用于在冷态下对薄板进行加工，其原理如图 4-9 所示。

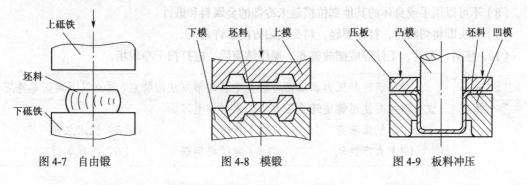

图 4-7　自由锻　　　　　　　图 4-8　模锻　　　　　　　图 4-9　板料冲压

4.1.2　压力加工的特点和应用

使用金属压力加工方法不仅能获得强度高、性能好的工件，而且具有生产效率高、材料消耗少等优点，广泛应用于汽车、宇航、船舶、军工、电器等工业部门。与液态成形方法相比，压力加工具有以下特点。

（1）压力加工件性能优良。金属坯料经锻造或轧制后结构致密、组织改善、性能提高。凡是受交变载荷、服役工作比较繁重的零件，通常使用压力加工方法制造毛坯。

（2）材料利用率高。压力加工是金属在固体状态下体积的转移过程，它不像切削加工那样产生大量切屑，是一种无屑成形方法，可以获得合理的流线分布和较高的材料利用率。

（3）零件精度较高。用压力加工生产的工件可以达到较高的精度，随着近年来先进技术和设备的使用，压力加工产品可以达到少切削或无切削的要求。

> **要点提示**　　精密锻造的伞齿轮齿形部分的精度可达8级以上，不经切削加工就能直接使用。

（4）生产率高。模锻、轧制、拉丝以及挤压等压力加工方法都具有较高的生产率。例如，在大型锻压设备上模锻汽车用曲轴仅需数十秒；使用自动冷锻机生产螺栓和螺母，每分钟可生产数百件。

（5）固态成形。压力加工在固态下成形，相对液态成形来说更为困难，所以锻件和冲压件的形状都相对地较为简单，不像铸件具有复杂的外形、内腔和薄壁结构。

4.1.3　锻压安全文明操作规程

锻压时，利用锻压机械的锤头、砧座、冲头或通过模具对坯料施加压力，使之产生变形，其动力源的能量充足，破坏力极强。锻工操作时，应注意以下规范。

（1）操作前要穿戴好防护用品，做好防护工作。

（2）车间所有的机械、电气设备、电源开关，未经允许，一律不能随意乱动。

（3）两人以上共在一台设备上操作时，相互之间一定要密切配合，未做好准备工作，不能启动设备。

（4）操作前要随时检查锤头、砧座及其他工具是否有裂纹或其他损坏现象。

（5）手工锻时，要检查锤头是否松动，防止锤头飞出伤人。

（6）非操作者不要站在离操作者太近的位置观看。

（7）操作时，锤柄或钳柄都不能对着腹部。

（8）不可以用手或身体的其他部位接触未冷却的金属料和锻件。

（9）料头即将切断时，打击要轻，料头飞出方向不许站人。

（10）坯料、工具、工件等应摆放整齐。操作结束后，应打扫干净现场。

> **课堂练习**　　对比铸造和压力加工两种典型毛坯成形方法的特点，讨论以下典型零件应该分别主要使用铸造还是压力加工来制作毛坯。
>
> （1）机床床身　　　　（2）齿轮　　　　　　（3）机床立柱
>
> （4）火车铁轨　　　　（5）建筑用钢筋　　　（6）汽车车门

4.2 塑性成形的理论基础

（1）一段钢材在锻打时会发生变形，思考锻打一段橡胶和锻打一片陶瓷会有什么结果？这说明塑性成形对材料有什么基本要求？

（2）铸铁可以锻造吗？

（3）钢材在锻打后其性能会发生哪些变化？

4.2.1 塑性变形规律

塑性变形过程会遵循一定的基本规律，了解这些基本规律有助于我们更好地分析和理解塑性变形过程中材料组织和性能的转变。

（1）最小阻力定律。塑性变形时，材料总是沿着阻力最小的方向移动，这就是最小阻力定律。圆形、方形、矩形截面上阻力最小的方向分别如图4-10（a）、图4-10（b）和图4-10（c）所示，箭头越长，阻力越小。

根据最小阻力定律，方形截面经过有限次锻打将变为圆形截面，如图4-10（d）所示。很好地理解最小阻力定律有助于我们理解模锻时材料在模腔的填充过程。

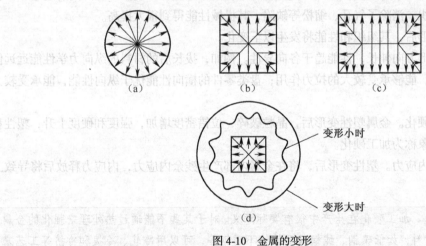

（a）　　　　　　（b）　　　　　　（c）

变形小时

变形大时

（d）

图4-10 金属的变形

（2）变形前后体积不变假设。在塑性变形过程中，假设变形前后材料的体积不变，这样可以方便在变形前计算毛坯的体积和重量。

4.2.2 塑性变形的实质

金属材料的原子排列成规则的晶体结构，称为晶格，由晶粒组成，如图4-11（a）所示，将其表达为图4-11（b）所示结构。

金属材料塑性变形的原理

材料在外力作用下，其内部将产生内应力，在内应力的作用下，金属原子离开原来的平衡位置，从而使金属产生变形。

　　当外力增大到使金属的内应力超过金属的屈服极限后，即使外力停止作用，金属的变形也不会消失，这种变形称为塑性变形。

金属塑性变形的实质是晶体内部在外力作用下产生滑移和扭转，从而破坏了原来的晶格结构，晶粒之间产生"位错"现象，如图 4-12 所示。位错密度越大，变形越严重。

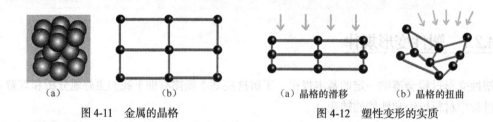

（a）　　　　　　（b）　　　　　　　　　　（a）晶格的滑移　　（b）晶格的扭曲

图 4-11　金属的晶格　　　　　　　　图 4-12　塑性变形的实质

塑性变形是一个可逆的过程，发生滑移和扭转的晶格在获得足够的能量后又能恢复到最初的状态。

4.2.3　塑性变形后材料组织和性能的变化

将铸锭加热后进行压力加工，金属经过塑性变形及再结晶过程，改变了粗大的铸造组织，获得细化的再结晶组织，消除了气孔、缩松等缺陷，其机械性能得到很大提高。

金属经塑性变形后，其组织和性能将发生以下变化。

（1）晶粒沿变形方向伸长，性能趋于各向异性。例如，拔长后的材料的纵向力学性能远远优于其横向力学性能，能够承受较大的拉力作用；盘类零件的横向性能优于纵向性能，能承受较大的压力作用。

（2）产生加工硬化。金属塑性变形后，晶粒破碎，位错密度增加，强度和硬度上升，塑性和韧性下降，这种现象称为加工硬化。

（3）产生残余内应力。塑性变形后，将在金属内部产生残余内应力，内应力释放后将导致工件变形。

　　加工硬化在生产中很有实际意义。对于某些不能通过热处理来强化的金属材料，如低碳钢、纯铜以及镍铬不锈钢等，可以用冷轧、冷拔和冷挤等工艺来提高材料的强度和硬度。

4.2.4　纤维组织及其应用

铸锭中通常都包含一定的杂质成分，如图 4-13 所示。铸锭在压力加工作用下产生塑性变形时，基体金属中的杂质也产生变形，并沿着变形方向拉长，呈纤维形状，称为纤维组织，如图 4-14 所示。

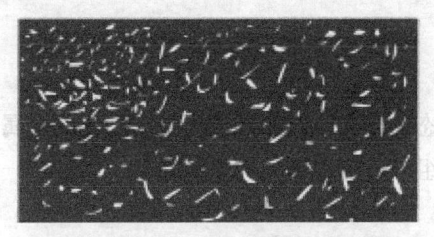

图 4-13　压力加工前的纤维组织

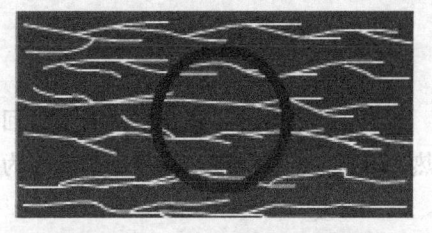

图 4-14　压力加工后的纤维组织

 **要点提示**　具有纤维组织的金属各个方向上的机械性能并不相同。顺着纤维方向的机械性能比垂直于纤维方向的机械性能好。金属的变形程度越大，纤维组织就越明显，机械性能的方向性也就越显著。

（1）尽量使纤维分布与零件的轮廓相符合而不被切断。使用棒料直接经切削加工制造的螺钉，头部与杆部的纤维被切断，受力时产生的切应力顺着纤维方向，承载能力较弱，如图 4-15（a）所示。采用棒料用局部镦粗时，纤维不被切断，螺钉质量较好，如图 4-15（b）所示。

（2）使零件所受的最大拉应力与纤维方向一致。正确的受力如图 4-16（a）所示。如果最大拉应力与纤维方向垂直，材料很容易被拉裂而导致破坏，如图 4-16（b）所示。

（3）使零件所受的最大切应力与纤维方向垂直。正确的受力如图 4-17（a）所示。如果最大切应力与纤维方向一致，材料很容易被剪切破坏，如图 4-17（b）所示。

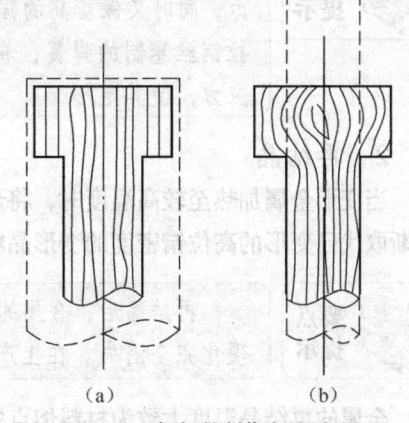

（a）　　　　　（b）

图 4-15　螺钉的制作方法对比

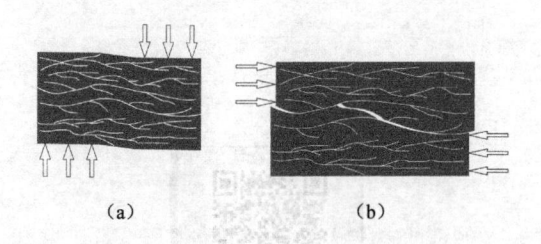

（a）　　　　　（b）　　　　　　　　（a）　　　　　（b）

图 4-16　拉应力与纤维方向的关系　　　　图 4-17　切应力与纤维方向的关系

纤维组织对材料受力的影响

纤维组织的形成及其对锻件生产的影响

4.2.5　冷变形及热变形

加工硬化现象并不稳定，具有自发回复到稳定状态的倾向。对已经产生加工硬化的金属适当加热，不稳定的结晶构造可以逐步转变为正常的结晶组织，加工硬化随之消除。

1. 回复

回复是指金属在较低温度下加热，其材料组织转变的过程。此时原子活动能力不大，故金属的晶粒大小和形状无明显变化，金属的强度、硬度和塑性等机械性能变化也不大，但是足以消除工件的内应力。

回复的温度一般为材料熔点的 0.3 倍左右。

要点提示　　实际生产中，常常利用回复现象将变形金属加热到较低温度以消除其内应力，同时又保留高的强度和硬度，这种处理称为消除内应力退火。例如，用冷拉钢丝卷制的弹簧，卷成之后都要进行一次 250℃～300℃的退火，以消除内应力，使其定形。

2. 再结晶

当变形金属加热至较高温度时，将形成一些位错密度很低的新晶粒，这些新晶粒不断生长，逐渐取代已变形的高位错密度的变形晶粒，这一过程称为再结晶。

要点提示　　再结晶后，金属的强度、硬度显著下降，塑性和韧性提高，内应力和加工硬化完全消失。在生产中，用于消除加工硬化的退火处理称为再结晶退火。

金属的再结晶温度大致为材料熔点的 0.4 倍左右。

图 4-18 所示为塑性变形后的金属材料在加热时组织和性能的转变过程。

材料的回复和再结晶处理

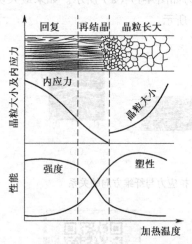

图 4-18　金属材料在加热时组织和性能的转变

3. 冷变形

材料变形温度低于回复温度时，金属在变形过程中只有加工硬化而无回复与再结晶现象，变形后的金属具有加工硬化组织，这种变形称为冷变形。

4．热变形

材料变形温度在再结晶温度以上时，变形产生的加工硬化被随即发生的再结晶所抵消，变形后金属具有再结晶晶粒组织，无任何加工硬化痕迹，这种变形称为热变形。

4.2.6　材料的可锻性

可锻性是衡量金属材料通过压力加工成形难易程度的工艺性能，它可通过材料的塑性和变形抗力两个指标来综合评述。塑性高，则金属变形时不易开裂；变形抗力小，则锻压省力，而且不易磨损工具和模具。

1．化学成分对金属可锻性的影响

纯金属的可锻性比合金好。钢中合金元素的含量越多，合金成分越复杂，其塑性越差，变形抗力越大。从纯铁、低碳钢到高合金钢，其可锻性依次下降。

2．变形温度对金属可锻性的影响

随着温度升高，原子动能升高，材料塑性提高，变形抗力减小，可锻性越好。

锻造时，材料允许加热到的最高温度称为始锻温度。材料在锻造过程中逐渐冷却，塑性下降，抗力增加。把材料还能继续锻造的最低温度称为终锻温度，低于该温度则不能再锻，否则会引起加工硬化甚至开裂。

> **要点提示**　若材料加热温度过高，则晶粒急剧长大，金属力学性能降低，这种现象称为"过热"。若材料加热温度更高，接近熔点，晶界氧化破坏了晶粒间的结合，使金属失去塑性，坯料报废，这一现象称为"过烧"。这两种现象在锻造时必须防止。

3．变形速度对金属可锻性的影响

变形速度对材料塑性和变形抗力两个指标的影响效果是截然相反的。

随着变形速度的增大，回复和再结晶不能及时克服加工硬化现象，材料塑性下降、变形抗力增大，可锻性变差，如图 4-19 所示。

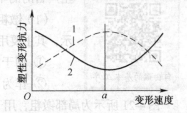

图 4-19　变形速度对可锻性的影响

1—变形抗力曲线；2—塑性变化曲线

> **要点提示**　在水压机等大型设备上加工大型锻件时，通常使用相对较低的变形速度使之充分变形。

4．应力状态对金属可锻性的影响

材料变形时，受到的压应力数量越多，其塑性越好；受到的拉应力数量越多，其塑性越差。挤压加工时，工件为 3 向受压状态，可锻性优于拉拔加工（为两向受压一向受拉的状态），拉拔加工又优于纯拉伸。

应力状态对金属可锻性的影响

4.3 锻造

利用冲击力或压力使金属在砧铁间或模膛内变形，从而获得所需形状和尺寸的锻件，这种热加工工艺称为锻造。锻造又具体分为自由锻和模型锻造（简称模锻）两种类型。

 问题思考

（1）俗话说"趁热打铁"，思考这句话包含什么科学道理？

（2）铸造是将液态合金浇注到型腔内成形；模型锻造是将加热到较高温度的材料填充到模膛中，然后在压力作用下成形。思考模型锻造和铸造有哪些差异？

4.3.1 自由锻

自由锻是将加热好的金属坯料放在锻造设备的上、下砧铁之间，施加冲击力或压力，直接使坯料产生塑性变形，从而获得所需锻件的一种加工方法。

1. 自由锻的应用

自由锻所用工具和设备简单，通用性好，成本低。同铸造毛坯相比，自由锻消除了缩孔、缩松、气孔等缺陷，毛坯具有更高的力学性能。

不过，自由锻主要依靠人工操作来控制锻件的形状和尺寸，锻件形状简单、精度低，加工余量大，劳动强度大，生产率较低，主要应用于单件、小批量生产。

2. 自由锻的基本工序

自由锻的基本工序用于使坯料实现主要的变形要求，基本达到工件需要的形状和尺寸。根据生产目的的不同，常用的基本工序有以下几种。

自由锻的基本工序

（1）镦粗。镦粗是使坯料高度降低、横截面积增大的工序，如图 4-20 所示，其主要用途如下。

① 用于制造高度小而断面大的工件，如齿轮、圆盘、叶轮等。

② 作为冲孔前的准备工序。

图 4-21 所示为局部镦粗，用于对坯料的一端进行镦粗操作。

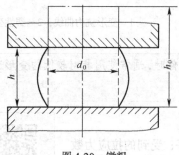

图 4-20　镦粗

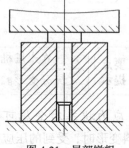

图 4-21　局部镦粗

（2）拔长。拔长是减小坯料面积、增加其长度的工序，如图 4-22 所示，其主要用途如下。

① 用于制造长而截面小的工件，如轴、拉杆、曲轴等。

② 制造空心零件，如套筒、圆环等。

图 4-23 所示为带心轴拔长，在保持坯料内径不变的条件下，减小空心坯料的壁厚和外径，增加其长度。图 4-24 所示为在心轴上扩孔，用于减小空心坯料的壁厚，增加其孔径。

塑性变形的最后效果与材料变形程度有关。在压力加工中，常用锻造比 Y 来表示变形程度的大小。锻造比越大，材料变形越充分，性能强化作用越明显。

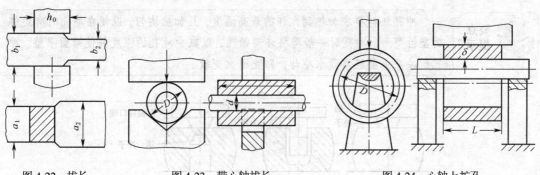

图 4-22 拔长　　　　　图 4-23 带心轴拔长　　　　　图 4-24 心轴上扩孔

拔长时的锻造比为 $Y_{拔} = F_0/F$，F_0、F 分别为变形前和变形后坯料的截面积（mm^2）。

镦粗时的锻造比为 $Y_{镦} = H_0/H$，H_0、H 分别为变形前和变形后坯料的高度（mm）。

（3）弯曲。弯曲是改变坯料直轴线的工序，采用一定的工模具将坯料弯成所规定的外形，如图 4-25 所示。注意弯曲时出现拉缩现象，通常通过预锻出补缩金属来防止。

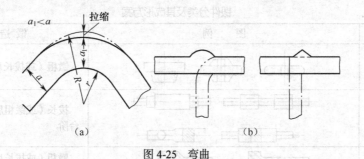

图 4-25 弯曲

（4）错移。错移是指将坯料的一部分相对另一部分平行错开一段距离，但仍保持轴心平行的锻造工序，如图 4-26 所示。

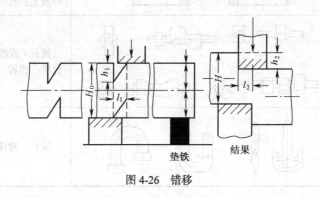

图 4-26 错移

错移常用于锻造曲轴零件。错移时，先对坯料进行局部切割，然后在切口两侧分别施加大小相等、方向相反且垂直于轴线的冲击力或压力，使坯料实现错移。

（5）冲孔。冲孔是在坯料上加工孔的工序。

对于厚度小的坯料可采用单面冲孔法。冲孔时，坯料置于垫环上，将一略带锥度的冲头大端对准冲孔位置，用锤击方法打入坯料，直至孔穿透为止。

对于厚度大的坯料可采双面冲孔法。用冲头在坯料上冲至 2/3～3/4 深度时，取出冲头，翻转坯料，再用冲头从反面对准位置，冲出孔来，如图 4-27 所示。

> 冲孔坯料要求加热到允许的最高温度，且加热均匀，以便在冲孔时有足够的塑性变形。冲孔时一般需将坯料镦粗，以减少冲孔的深度并使端面平整。冲孔时冲头需要经常蘸水冷却，防止退火变软。

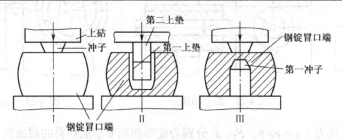

图 4-27　双面冲孔

3. 锻件分类及其成形方案

生产中通常将自由锻件分为 6 种基本类型，其形状特征及主要成形工序如表 4-1 所示。

表 4-1　　　　　　　　　　　　　　锻件分类及其成形方案

锻件类型	图　　例	锻造工序
盘类锻件		镦粗（或拔长后镦粗）、冲孔
轴类锻件		拔长（或镦粗后拔长）、切肩、锻台阶
筒类锻件		镦粗（或拔长后镦粗）、冲孔、在心轴上拔长
环类锻件		镦粗（或拔长后镦粗）、冲孔、在心轴上扩孔
曲轴类锻件		拔长（或镦粗后拔长）、错移、锻台阶、扭转
弯曲类锻件		拔长、弯曲

4.3.2 模型锻造

模锻时，在冲击力或压力的作用下，金属坯料在模腔内变形直至最终成形为具有确定形状的零件。模锻具有高生产率、尺寸精确、加工余量小等特点，可加工比自由锻件更复杂的零件。模锻时需要使用专用模具，因此生产成本较高。

1. 模锻系统

模锻系统由动力设备和锻模组成。常用的动力设备有空气锤、曲柄压力机、螺旋压力机、水压机等。图 4-28 所示为生产中应用较为广泛的蒸汽-空气锤模锻设备。

2. 锻模

锻模的组成如图 4-29 所示，上模 2 和下模 4 分别用楔铁 10 和楔铁 7 固定在锤头 1 和模垫 5 上，模垫用楔铁 6 固定在砧座上。9 为模腔，8 为分模面，3 为飞边槽。工作时，上模随着锤头做上下往复运动。

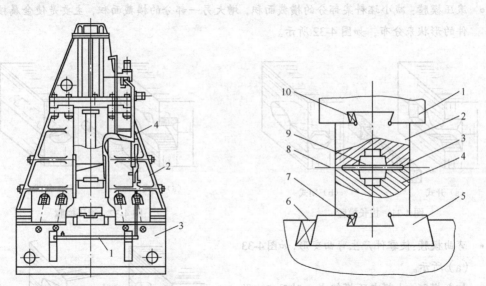
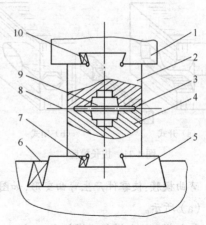

图 4-28 蒸汽-空气锤模锻设备

1—踏板；2—机架；3—砧座；4—操纵杆

图 4-29 锻模的构成

1—锤头；2—上模；3—飞边槽；4—下模；

5—模垫；6、7、10—楔铁；8—分模面；9—模腔

3. 锻件

图 4-30 所示为锻造成形后的模锻件，其上带有飞边和冲孔连皮。

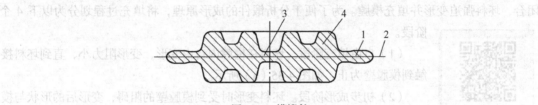

图 4-30 模锻件

1—飞边；2—分模面；3—冲孔连皮；4—锻件

4. 模膛种类及其功用

模膛根据其功用的不同可以分为模锻模膛和制坯模膛两种类型。

（1）模锻模膛。模锻模膛根据其功用的不同可以分为预锻模膛和终锻模膛两种类型。

- 预锻模膛：预锻模膛的作用是使坯料变形到接近于锻件的形状和尺寸，终锻时，金属容易充满终锻模膛，同时减少了终锻模膛的磨损，以延长锻模的使用寿命。
- 终锻模膛：终锻模膛的作用是使坯料最后变形到锻件所要求的形状和尺寸，因此其形状应和锻件的形状相同。

要点提示　终锻模膛的尺寸应比锻件尺寸放大一个收缩量，对于钢件，收缩量大约为1.5%。预锻模膛和终锻模膛的区别是前者的圆角和斜度较大，没有飞边槽。

（2）制坯模膛。制坯模膛根据其功用的不同又分为拔长模膛、滚压模膛、弯曲模膛及切断模膛。

- 拔长模膛：减小坯料某部分的横截面积，增加该部分的长度，如图4-31所示。
- 滚压模膛：减小坯料某部分的横截面积，增大另一部分的横截面积，主要是使金属按模锻件的形状来分布，如图4-32所示。

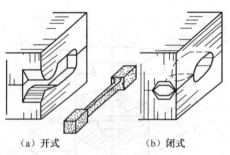
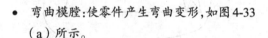
（a）开式　（b）闭式
图4-31　拔长模膛

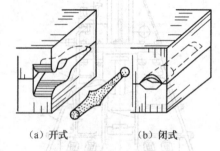
（a）开式　（b）闭式
图4-32　滚压模膛

- 弯曲模膛：使零件产生弯曲变形，如图4-33（a）所示。
- 切断模膛：上模与下模组成一对刀口，用来切断金属，如图4-33（b）所示。

连杆零件的模膛设计及锻件的生产过程如图4-34所示。

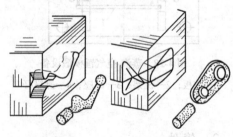
（a）弯曲模膛　（b）切断模膛
图4-33　弯曲和切断模膛

5. 坯料在模膛的填充过程

将坯料放入模膛后，在压力作用下，上下模闭合，坯料强迫变形并填充模膛。为了便于分析锻件的成形原理，将填充过程划分为以下4个阶段。

材料在模膛内的填充过程

（1）自由填充阶段。坯料在模膛内自由变形，变形阻力小，直到坯料接触到模膛壁为止，如图4-35（a）所示。

（2）初步成形阶段。坯料变形时受到模膛壁的阻碍，变形后的形状与模膛基本保持一致，同时坯料填充飞边桥，随着填充的深入，填充阻力增大，如图4-35（b）所示。

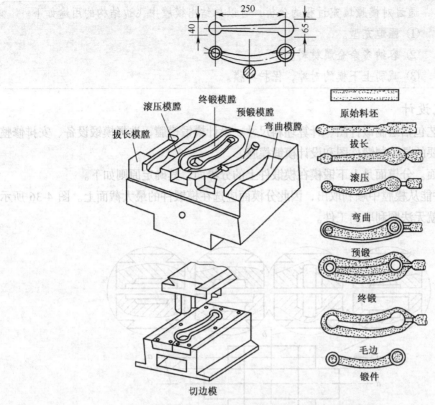

图 4-34 连杆零件的模膛设计及锻件的生产过程

（3）强迫填充阶段。坯料填充飞边桥到一定深度后，继续填充的阻力极大，坯料开始填满模膛内的各个角落，从而获得形状完整的致密零件，如图 4-35（c）所示。

（4）锻足成形阶段。随着充型压力的增加，多余的坯料突破飞边桥，填充到飞边内，最终形成合格的零件，如图 4-35（d）所示。

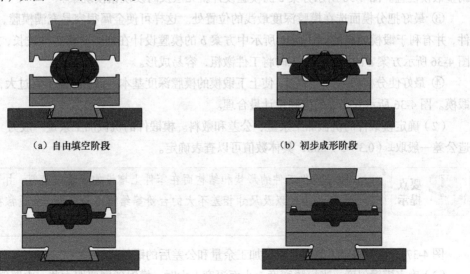

（a）自由填空阶段　　　　　　　　　　　　　（b）初步成形阶段

（c）强迫填充阶段　　　　　　　　　　　　　（d）锻足成形阶段

图 4-35 坯料在模膛的填充过程

要点
提示

通过对模腔填充过程的分析，可以总结出模腔中飞边结构的用途如下。
① 强迫充型。
② 容纳多余金属材料。
③ 减弱上下模的对冲，保护冲模。

6. 模锻工艺设计

模锻的具体工艺包括绘制锻件图、计算坯料尺寸、设计模锻模腔、选择模锻设备、安排修整工序等。其中最主要的是绘制锻件图和设计模锻模腔。

（1）选择分模面。分模面是上下锻模在模锻件上的分界面，其确定原则如下。

① 确保模锻件能从模腔中顺利取出，因此分模面应选在模锻件的最大截面上。图4-36所示方案 a 的模腔设计就无法顺利取出工件。

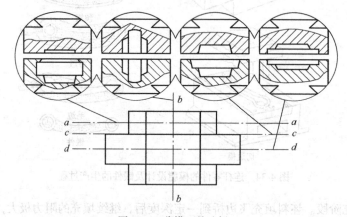

图4-36 分模面的选择

② 尽量使上下模沿分模面的模腔轮廓一致，以便在安装锻模和生产时及时发现错模现象，并调整锻模位置。图4-36所示方案 c 的模腔设计就无法及时发现错模现象。

③ 最好把分模面选在模腔深度最浅的位置处。这样可使金属很容易充满模腔，便于取出锻件，并有利于锻模的制造。图4-36所示中方案 b 的模腔设计在加工时将工件拔长，加工难度大；图4-36所示方案 d 的模腔在加工时将工件镦粗，容易成形。

④ 最好使分模面为一个平面，使上下锻模的模腔深度基本一致，差别不宜过大，以便于制造锻模。图4-36所示方案 d 的模腔设计最合理。

（2）确定模锻件的机械加工余量、公差和敷料。模锻件的机械加工余量一般为 1～4mm，锻造公差一般取±（0.3～3）mm，具体数值可以查表确定。

要点
提示

为了简化工件的形状和结构而在零件上增设的余量叫敷料。由于零件上的键槽、环形沟槽以及尺寸相差不大的台阶等结构不易锻出，故通常在这些结构上使用敷料。

图4-37所示为确定了敷料、机械加工余量和公差后的锻件设计。

（3）确定模锻斜度。当模腔宽度 b 小而深度 h 大时，模锻斜度要取大些。内壁斜度 a_2 要略大于外壁斜度 a_1，如图4-38所示。

（4）确定模锻圆角半径。锻件转角处都应做成圆角。内圆角半径 R 应大于其外圆角半径 r，如图 4-39 所示。

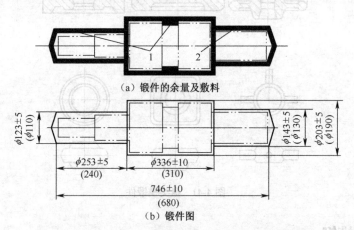

（a）锻件的余量及敷料

（b）锻件图

图 4-37　确定了敷料、机械加工余量和公差后的锻件设计

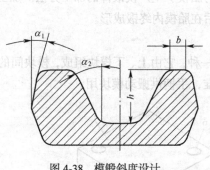

图 4-38　模锻斜度设计

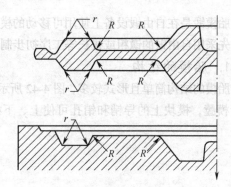

图 4-39　圆角半径设计

（5）设计冲孔连皮。锻件上直径小于 25mm 的孔一般不锻出或只压出球形凹穴。大于 25mm 的通孔也不能直接模锻出来，而必须在孔内保留一层连皮，如图 4-30 所示。

要点提示　　冲孔连皮的厚度 s 与孔径 d 有关，当 d 为 30～80mm 时，s 为 4～8mm。

（6）确定模锻工步并选择模膛种类。对于台阶轴、曲轴、连杆和弯曲摇臂等长轴类模锻件，一般采用拔长、滚挤、预锻、弯曲、预锻、终锻成形的工艺流程，如图 4-40 所示。

对于齿轮、法兰盘等盘类模锻件，一般采用镦粗、预锻和终锻成形的工艺流程，如图 4-41 所示。

模锻工步确定以后，再根据已确定的工步选择相应的制坯模膛和模锻模膛。

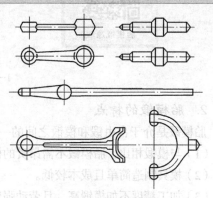

图 4-40　长轴类模锻件

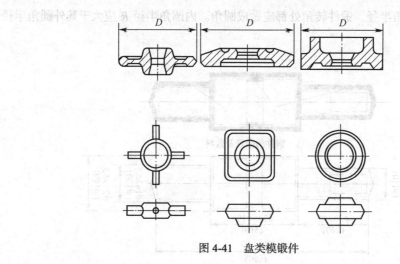

图 4-41　盘类模锻件

4.3.3　胎模锻

胎模锻是在自由锻设备上使用可移动的模具（称为胎模）生产模锻件的加工方法。加工时，通常先采用自由锻的镦粗或拔长等工序初步制坯，然后在胎模内终锻成形。

1．胎模的结构

胎模的结构简单且形式较多，图 4-42 所示为其中一种，它由上、下模块组成，模块间的空腔称为模膛，模块上的导销和销孔可使上、下模膛对准，手柄供搬动模块用。

胎模锻原理

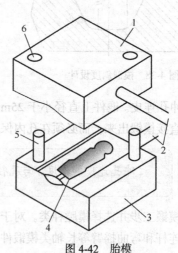

图 4-42　胎模

1—上模块；2—手柄；3—下模块；4—模膛；5—导销；6—销孔

2．胎模锻的特点

胎模锻是介于自由锻和模锻之间的一种锻造方法，同时兼有自由锻和模锻的一些特点。

（1）与模锻相比，胎模锻不需昂贵的模锻设备。

（2）模具制造简单且成本较低。

（3）加工精度不如模锻高，且劳动强度大、胎模寿命短、生产率低。

（4）与自由锻相比，胎模锻的坯料最终是在胎模的模膛内成形的，因此可以获得形状较复杂、锻造质量和生产率较高的锻件。

3. 胎模锻的应用

胎模锻时，胎模不用固定在锤头或砧座上，可随时放在上下砧铁上进行锻造。加工时，先把下模放在下砧铁上，再把加热的坯料放在模膛内，然后合上上模，用锻锤锻打上模背部。待上、下模接触，坯料便在模膛内锻成锻件。

由于胎模锻所用的设备和模具比较简单、工艺灵活多变，故在中、小工厂得到广泛应用。

要点提示

与自由锻相比，胎膜锻具有生产效率高、粗糙度值低、节约材料等优点；与模锻相比，既节约了设备投资，又简化了模具的制造。但是胎膜锻生产率和锻件的质量都比模锻差，劳动强度大，安全性差，模具寿命低。

课堂讨论

（1）是不是任何材料都适合于锻造生产？

（2）锻造时为什么需要将坯料加热，不同的加热温度对工件的组织和性能有何影响？

（3）可以通过哪些手段来提高材料的锻造性能，以获得高质量产品？

知识拓展

锻件的热处理

锻件锻造完成后都需要进行热处理，其目的是细化锻造过程中造成的粗大晶粒，消除加工硬化和残余应力，降低硬度，改善切削加工性能，从而保证获得所需的金相组织和机械性能。

锻件常用的热处理方式如表 4-2 所示。

表 4-2　　　　　　　锻件常用热处理方式

热处理方式	方　　法	意　　义
完全退火	（1）加热到临界温度以上 30℃～50℃ （2）保温一段时间后缓慢冷却至 400℃～500℃ （3）取出空冷	（1）消除锻件过程中造成的粗大不均匀的组织，使晶粒细化 （2）消除残余应力和降低硬度
球化退火	（1）将锻件加热至略高于 Ac3 （2）经较长时间保温而后随炉缓慢冷却 100～500℃ （3）取出空冷	获得球状渗碳体和铁素体组织，以便切削加工得到光洁表面
等温退火	（1）将铸件加热到奥氏体状态 （2）经保温后快速冷却至珠光体转变的温度 （3）保温停留，然后炉冷至 500℃～600℃ （4）取出空冷	（1）缩短退火时间 （2）获得均匀的组织，降低硬度
正火	（1）将锻件加热至 Ac3、Acm 以上 30℃～50℃ （2）经保温后取出冷却至室温	（1）获得较细的珠光体 （2）提高锻件的机械性能，适于机械加工
调质处理	锻件进行淬火加高温回火	获得具有良好的综合机械性能的锻件

要点
提示
　　对锻件进行调制处理时，由于锻件锻造后应力并没有消除，故在对复杂形状的锻件调制处理前应增加一道退火工艺，消除残余应力。

4.4　板料冲压

课堂
思考
　　（1）观察图4-43～图4-45所示的板料冲压零件，思考板料冲压件有什么特点？
　　（2）与锻造相比，板料冲压零件对材料塑性的要求是更高还是稍低？

图4-43　冲压零件1　　　　图4-44　冲压零件2　　　　图4-45　冲压零件3

　　板料冲压是利用装在冲床上的设备（冲模）使板料产生分离或变形的一种塑性成形方法，主要用于加工板料（10mm以下，包括金属及非金属板料）类零件。

要点
提示
　　冲压加工要求被加工材料具有较高的塑性和韧性、较低的屈强比和时效敏感性。

4.4.1　板料冲压的分类、特点和应用

　　板料冲压是利用冲模使板料产生分离和变形的加工方法，被加工的原材料必须具有足够的塑性，常用的有低碳钢、铜合金、铝合金等。在大批量生产中，还必须设计专用的冲模。

　　1．板料冲压的分类

　　按照冲压时的温度情况可将板料冲压分为冷冲压和热冲压两种方式。

　　（1）冷冲压。金属在常温下加工，适用于厚度较小的坯料。

　　（2）热冲压。热冲压是将金属加热到一定的温度范围的冲压加工方法。

　　冷冲压与热冲压的对比如表4-3所示。

　　2．板料冲压的特点

　　板料冲压的特点如下。

　　（1）生产率高，依靠模具设备成形，操作简便，易实现自动化。

　　（2）可成形复杂形状的制件，而且废料少，材料利用率高。

　　（3）制件尺寸精度高、表面质量好、互换性好，不需机加工。

　　（4）制件强度高、刚性好、重量轻。

　　（5）采用冲压与焊接、胶接等复合工艺，使零件结构更趋合理。

表 4-3		冷冲压和热冲压的比较	
类 型	优 缺 点		应 用
冷冲压	（1）无需加热，无氧化层 （2）有加工硬化现象，严重时使材料失去变形能力 （3）表面质量较好，但是对冲压的要求较高 （4）操作简单，生产成本低		一般适用于加工厚度小于 4mm 的坯料。它要求坯料的厚度均匀且波动范围小，表面光洁、无斑、无划伤等
热冲压	（1）可以消除内应力，避免加工硬化 （2）增强材料的塑性，降低变相抵抗力 （3）减小设备的动力消耗		适用于厚度大、变形程度高的板料冲压加工

3. 板料冲压的应用

板料冲压既能够制造尺寸很小的仪表零件，如图 4-46 所示，也能够制造诸如汽车大梁、压力容器封头一类的大型零件，还能够制造精密（公差在微米级）和复杂形状的零件，以及将冲压零件使用焊接方法拼接成复杂零件，如图 4-47 所示。

板料冲压在汽车、机械、家用电器、日常用品、电机、仪表、航空航天、兵器等制造中都有广泛的应用。

图 4-46 轧制

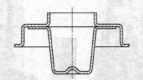

图 4-47 冲压焊接零件

4.4.2 板料冲压的设备

常见的板料冲压设备包括剪床、压力机、冲模等。

1. 剪床

剪床可以实现分离工序，将板料切断，常用于下料，如图 4-48 所示。剪床的传动原理如图 4-49 所示，依靠偏心轴的转动驱动刀刃实现剪切操作。

图 4-48 剪床

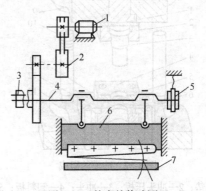

图 4-49 剪床的传动原理

1—电动机；2—传动轴；3—离合器；4—偏心轴；
5—制动器；6—滑块；7—工作台

2. 压力机

压力机是重要的压力加工设备，用于提供加工所需要的动力。常用的压力机有水压机、螺旋压力机、曲柄压力机等。曲柄压力机的外形如图 4-50 所示，其传动原理如图 4-51 所示。

3. 冲模

冲模是用来成形冲压件的模具，通常由模具钢制成。常见冲模的组成如图 4-52 所示，图 4-53 所示为典型冲模的结构（拆去上模后）。

图 4-50　曲柄压力机

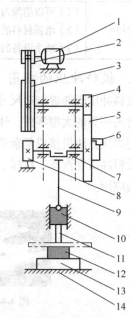

图 4-51　曲柄压力机的传动原理

1—电动机；2—小带轮；3—大带轮；4—小齿轮；
5—大齿轮；6—离合器；7—曲轴；8—制动器；9—连杆；
10—滑块；11—上模；12—下模；13—垫板；14—工作台

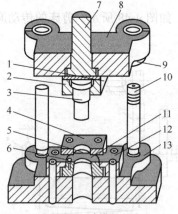

图 4-52　冲模的组成

图 4-53　典型冲模的结构

1—模垫；2—冲头压板；3—冲头；4—卸料板；5—导板；
6—定位销；7—模柄；8—上模板；9—导套；10—导柱；
11—凹模；12—凹模压板；13—下模板

4.4.3 分离工序

使用分离工序可以使坯料的一部分与另一部分分离，最后得到需要的零件。常见的分离工序有落料、冲孔、切断等。

常用分离工序

（1）冲裁。落料和冲孔统称为冲裁，两者的加工原理基本相同，如图 4-54 所示。

> **要点提示**　如果被分离的部分为成品，而周边是废料，则为落料；如果被分离的部分为废料，而周边是成品，则为冲孔。

（2）修整。修整是指利用修整模沿冲裁件外缘或内孔刮削一薄层金属，以切掉冲裁件断面上存留的剪裂带和毛刺，从而提高冲裁件的尺寸精度，降低表面粗糙度的工艺。图 4-55 所示为修整工序简图。

图 4-54　落料和冲孔

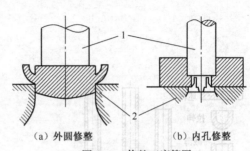

（a）外圆修整　　　　（b）内孔修整

图 4-55　修整工序简图

1—凸模；2—凹模

（3）切断。切断是指用剪刃或冲模将板料沿非封闭轮廓进行分离的工序，剪刃安装在剪床上，冲模安装在冲床上，可以用于制作形状简单、精度要求不高的平板件。

4.4.4 变形工序

变形工序使坯料的一部分相对另一部分产生位移而不破裂，常用的有拉深、弯曲、翻边、成形等工序。

常用变形工序

（1）拉深。拉深过程如图 4-56 所示，其凸模和凹模有一定的圆角，间隙一般稍大于板料厚度。拉深件的底部一般不变形，厚度基本不变，直壁厚度有所减小。

> **要点提示**　从拉深过程中可以看到，拉伸件中最危险的部位是直壁与底部的过渡圆角处，当拉应力超过材料的强度极限时，此处将被"拉裂"。

（2）弯曲。弯曲是将坯料弯成一定的角度和曲率的变形工序，如图 4-57 所示。

弯曲过程中，板料弯曲部分的内侧受压缩，外侧受拉伸。当外侧的拉应力超过板料的抗拉强度后，会造成板料破损。板料越厚，内侧弯曲半径越小，越容易弯裂。

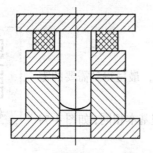

图 4-56　圆筒形零件的拉深

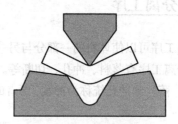

图 4-57　零件的弯曲

要点提示　冲压工艺过程应根据冲压件的形状特点、尺寸大小、精度要求、材料性能、生产批量、模具结构及数量等因素确定，主要包括剪切（条料）——落料（按所需形状及尺寸展开）——成形（一次或多次）操作。

黄铜弹壳的冲压过程如图 4-58 所示，典型盘类零件的冲压过程如图 4-59 所示。

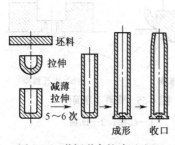

图 4-58　黄铜弹壳的冲压过程

图 4-59　典型盘类零件的冲压过程

4.5　压力加工件的结构工艺性

与铸件设计相似，设计锻件时，在满足使用性能的情况下，尽量简化锻造工艺，降低锻造设备的吨位，从而降低成本。

认识压力加工

4.5.1　自由锻件的结构工艺性

在设计自由锻件时，必须注意以下原则。

（1）避免在锻件上设计锥体和斜面结构，这些结构会使锻造工艺复杂，而且不易成形，如图 4-60 所示。

（2）当锻件由数个简单几何体构成时，在交接处避免形成空间曲线，如图 4-61 所示。

（3）避免加强筋、凸台、工字型截面或空间曲线形表面等复杂结构，如图 4-62 所示。

（4）锻件的横截面若有急剧变化或者形状较复杂时，应设计为几个简单件构成的组合体。分别锻制出单个零件后，再将其焊接成形，如图 4-63 所示。

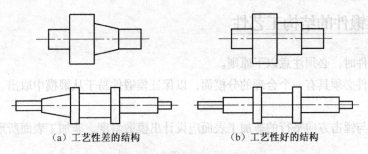

（a）工艺性差的结构　　　　　　　　（b）工艺性好的结构

图 4-60　避免锥体和斜面结构

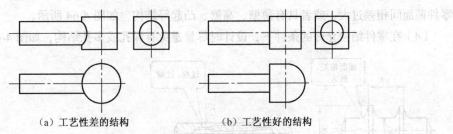

（a）工艺性差的结构　　　　　　　　（b）工艺性好的结构

图 4-61　避免交接处的空间曲线

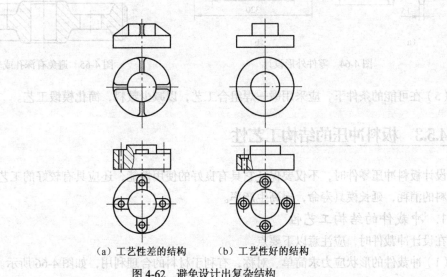

（a）工艺性差的结构　　　　（b）工艺性好的结构

图 4-62　避免设计出复杂结构

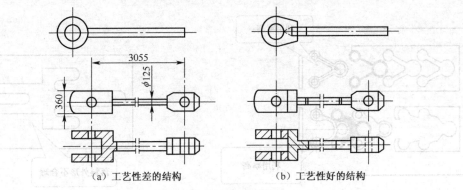

（a）工艺性差的结构　　　　　　　　（b）工艺性好的结构

图 4-63　锻件的组合设计

4.5.2 模锻件的结构工艺性

在设计模锻件时，必须注意以下原则。

（1）模锻零件必须具有一个合理的分模面，以保证模锻件易于从锻模中取出、敷料最少、锻模容易制造。

（2）零件上与锤击方向平行的非加工表面应设计出模锻斜度。非加工表面所形成的角都应按模锻圆角设计。

（3）为了使金属容易充满模膛和减少工序，零件的外形应力求简单、平直和对称，尽量避免零件截面间相差过大，或者具有薄壁、高筋、凸起等结构，如图4-64所示。

（4）在零件结构允许的条件下，设计时尽量避免有深孔或多孔结构，如图4-65所示。

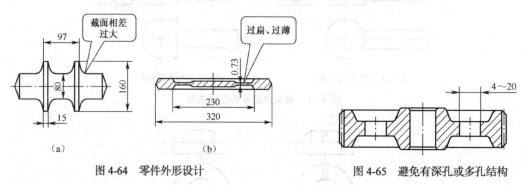

图4-64 零件外形设计　　　　　　　图4-65 避免有深孔或多孔结构

（5）在可能的条件下，应采用锻—焊组合工艺，以减少敷料，简化模锻工艺。

4.5.3 板料冲压的结构工艺性

设计板料冲压零件时，不仅要保证它具有良好的使用性能，还应具有较好的工艺性能，以减小材料的消耗，延长模具寿命，提高生产率。

1. 冲裁件的结构工艺性

在设计冲裁件时，应注意以下要点。

（1）冲裁件的形状应力求简单、对称，有利于材料的合理利用，如图4-66所示。

（2）避免长槽与细长悬臂结构，如图4-67所示，否则制造模具困难。

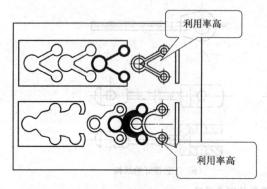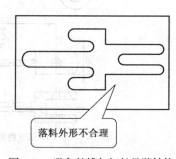

图4-66 零件形状设计　　　　　　图4-67 避免长槽与细长悬臂结构

（3）冲裁件的内、外形转角处，要尽量避免尖角，应以圆弧连接，以避免尖角处应力集中被冲模冲裂。

（4）冲孔件的尺寸与厚度 s 关系合理，如图 4-68 所示，孔距和孔径要符合图上标出的要求。

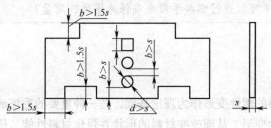

图 4-68 冲孔件尺寸与厚度关系合理

2. 弯曲件的结构工艺性

在设计弯曲件时，应注意以下要点。

（1）弯曲件的形状应尽量对称，弯曲半径不能小于材料允许的最小弯曲半径，并应考虑材料纤维方向，以免成形过程中弯裂。

（2）弯曲边过短时不易成形，故应使弯曲边高度 $H > 2s$。若 $H < 2s$，则必须压槽或增加弯曲边高度，然后加工去掉，如图 4-69 所示。

（3）弯曲带孔件时，为避免孔变形，孔边缘距弯曲中心应有一定的距离，如图 4-70 所示。$L > (1.5 \sim 2) s$，L 过小时可在弯曲线上冲工艺孔。如果对零件孔的精度要求较高，则应弯曲后再冲孔。

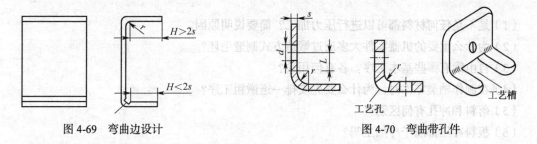

图 4-69 弯曲边设计　　　　　　　　　　　　　图 4-70 弯曲带孔件

3. 拉深件的结构工艺性

在设计拉深件时，应注意以下要点。

（1）拉深件的外形应简单、对称，且不宜太高，以便使拉深次数尽量少，并容易成形。

（2）拉深件的圆角半径应满足 $r_d \geqslant s$、$R \geqslant 2s$、$r \geqslant (3 \sim 5) s$。否则，应增加整形工序，如图 4-71 所示。

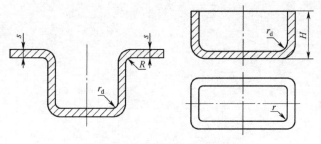

图 4-71 拉深件的圆角半径设计

（3）拉深件的壁厚变薄量一般要求不应超出拉伸工艺壁厚变化的规律（变薄率为10%～18%）。

课堂讨论

（1）为什么大多数板料冲压都在冷态下进行？
（2）冲模在板料冲压过程中有什么重要作用？
（3）可以通过哪些手段来确保冲压件的质量？

本章小结

压力加工以金属材料的塑性变形作为理论基础，是一种重要的毛坯成形方法。其基本原理是通过外力使材料发生塑性变形，从而改变材料的形状并强化材料性能。压力加工生产方式多样，效率高，产品质量优异，广泛用于受力复杂的零件的毛坯生产。

锻造分为自由锻和模锻两种类型。自由锻时，材料可以自由变形，生产过程灵活，成形的准确性主要依靠经验，通常用于单件和小批量生产。自由锻的基本工序包括镦粗、拔长、弯曲、扭曲及错移等，可以实现对材料特定目的的形状改变。模型锻造时，材料在模膛内强迫充型，生产率高，可以成形复杂零件，其关键工作是设计模锻模膛的类型和结构。

板料冲压主要在冷态下进行，大部分属于冷加工。根据加工特点的不同，具体分为分离和变形两种类型的工序。板料冲压时，应该合理设计零件的结构参数，以确保产品质量。

思考与练习

（1）是不是任何材料都可以进行压力加工？简要说明原因。
（2）为什么重要的机器零件大多通过锻造方式制造毛坯？
（3）自由锻有哪些基本工序？各有何用途？
（4）在制作轴类零件时，为什么要先安排一道镦粗工序？
（5）落料和冲孔有何区别？
（6）板料冲压都属于冷加工吗？
（7）什么是塑性变形，其实质是什么？
（8）纤维组织是怎样形成的，其存在有何利弊？
（9）提高材料的塑性有哪些主要措施？

第**5**章
焊接生产

焊接是一种连接成形工艺，是一种永久性连接金属材料的工艺方法，在现代工业生产中具有十分重要的应用，如舰船的船体、建筑的框架、汽车车身等大型构件和复杂机器零部件都离不开焊接工艺。通过焊接方法可以将结构化大为小，化复杂为简单，然后用逐次装配的方法以小拼大，从而简化工艺过程。

※【学习目标】※

- 了解焊接的种类和用途。
- 熟悉焊条的结构和选用原则。
- 熟悉焊条电弧焊的施焊过程。
- 了解气体保护焊的特点和用途。
- 了解埋弧自动焊的特点和用途。
- 熟悉压力焊的特点和用途

※【观察与思考】※

（1）图 5-1 所示为汽车的焊接生产线的组成，通过焊接的方法可以将结构化大为小，化复杂为简单，然后用逐次装配的方法以小拼大，从而简化工艺过程，熟悉焊接在生产中的应用。

（2）图 5-2 所示为焊接机器人在焊接汽车车身，想一想焊接操作为什么易于实现自动化？

（3）使用焊接方法可以把两个不同材料焊接在一起，如可以把合金钢和 45 钢焊接在一起做成气门芯，如图 5-3 所示。思考这种连接是怎样实现的？

（4）观察图 5-4 所示焊条电弧焊的施焊过程，想一想电弧是怎样产生的？焊接过程中会产生大量气体，这些气体对保证焊接质量有利还是有弊？

（5）图 5-5 所示为弧焊机，实际上它是一台性能特殊的变压器，当输出电流增大时，电压会陡然下降，思考其在焊接中主要承担什么工作？

（6）图 5-6 所示为各种焊条和焊丝，它们主要用于向焊缝中补充金属材料，种类丰富。想一想，焊条中除了金属外还应该有哪些组成要素？

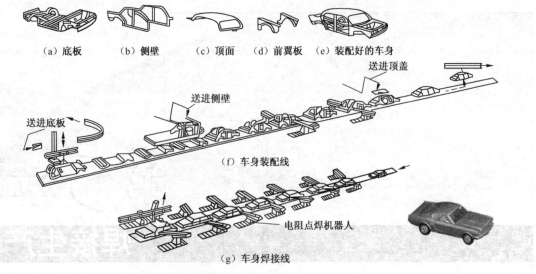

（a）底板　（b）侧壁　（c）顶面　（d）前翼板　（e）装配好的车身

送进顶盖

送进侧壁

送进底板

（f）车身装配线

电阻点焊机器人

（g）车身焊接线

图 5-1　汽车的焊接生产线

图 5-2　焊接机器人

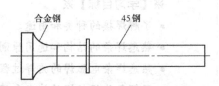

合金钢　　45钢

图 5-3　异种金属的焊接

图 5-4　焊条电弧焊的施焊

图 5-5　弧焊机

图 5-6　焊条和焊丝

5.1　焊接的理论基础

焊接是利用加热或加压等手段，借助金属原子的扩散和结合作用，使分离的工件牢固地连接起来的一种热加工工艺。

5.1.1　焊接的特点和应用

焊接过程中，工件和焊料熔化形成熔融区域，冷却凝固后便形成材料之间的连接，焊接后，工件的材质达到原子间的结合而形成永久性连接。

1．焊接生产的特点

焊接在现代生产中应用广泛，其主要特点如下。

（1）可以简化复杂零件和大型零件的制造过程，实现"以小拼大"。

（2）比铆接节约材料，接头质量好，致密性好。

（3）适应性好，可实现特殊结构的生产，如实现不同材料间的连接成形。

（4）容易实现生产自动化，降低劳动强度，改善劳动条件。

（5）焊接后零件会产生大的应力或变形，焊接热影响区的存在影响零件的性能。

2．焊接的应用

焊接工艺主要应用于以下领域。

（1）制造金属结构件，如建筑和桥梁等。

（2）制造机器零件和工具。

（3）修复损坏的机器及器具。

焊接在现代生产
中的应用

5.1.2　焊接的分类

根据具体工艺和原理的不同，焊接方法可分为熔焊、压力焊及钎焊 3 大类，如图 5-7 所示。

1．熔焊

热源将待焊两工件接口处迅速加热熔化，形成熔池。熔池随热源向前移动，冷却后形成的连接两个被连接体的接缝称为焊缝，从而将两工件连接成为一体。

2．压力焊

在加压条件下使两工件在固态下实现原子间结合。常用的是电阻对焊，当电流通过两工件的连接端时，该处因电阻很大而温度上升，当加热至塑性状态时，在轴向压力作用下连接成为一体。

3．钎焊

钎焊是使用比工件熔点低的金属材料作钎料，将工件和钎料加热到高于钎料熔点、低于工件熔点的温度，利用液态钎料润湿工件，填充接口间隙并与工件实现原子间的相互扩散，从而实现焊接的方法。

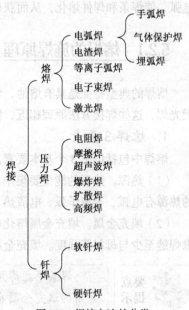

图 5-7　焊接方法的分类

5.1.3　焊工安全操作规程

在焊接过程中，为了促使原子和分子之间产生结合和扩散的方法，通常需要加热或加压，对于电弧焊还有强烈的弧光放电。操作时，必须注意以下规范。

（1）操作前必须穿好工作服、工作鞋，电焊操作时要戴好面罩、手套等防护用品。

（2）电焊前应仔细检查电焊机是否接地，导线和焊钳的绝缘是否良好。

（3）任何时候都严禁将焊钳放在焊接工作台上，以免发生短路，烧毁工具。

（4）禁止用裸眼直接观看弧光，以免伤害眼睛、灼伤皮肤。

（5）焊接进行过程中，绝对禁止调节电焊电流，以免损坏或烧毁电焊机。

（6）不准用手套代替铜丝刷清理工件。刚焊好的工件及焊条残头应当用夹钳拿取，不要直接用手取放。

（7）敲除熔渣时要注意方向，防止熔渣飞进眼睛。

（8）遇到故障或事故时，不要慌乱，要及时报告实习指导人员。

（9）操作结束后，应按规定做好整理工作和实习场所的清洁卫生工作。

课堂练习

（1）焊接在生产大型设备和机器设备中有何重要作用？

（2）思考焊接易于实现自动化的原因。

（3）思考提高焊接接头质量和可靠性的措施。

5.2 焊条电弧焊

焊条电弧焊通过用手工操作焊条实现焊接过程，利用焊条与焊件之间建立起来的稳定燃烧的电弧，使焊条和焊件熔化，从而获得牢固的焊接接头。

5.2.1 熔焊的施焊原理

熔焊的典型特征是具有熔池，常用的熔焊方法有电弧焊、电渣焊、等离子束焊、电子束焊和激光焊，这些焊接方法原理相近，使用的热源不同。

1. 熔焊 3 要素

熔焊中包括以下 3 个基本要素。

（1）热源。热源的能量要集中，温度要高，以保证金属快速熔化，减小热影响区。满足要求的热源有电弧、等离子弧、电渣热、电子束和激光。

（2）填充金属。填充金属熔化后和熔化的母材一起形成焊缝。为了确保焊件的使用性能，要求焊缝至少与母材等强度。填充金属还能给焊缝适当补充有益的合金元素，以提高接头强度。

要点提示

焊条中的焊芯和气体保护焊中的焊丝都是填充金属。焊接材料不同，所采用的填充金属也不一样。常用的焊条焊芯为碳素钢丝、合金钢丝以及不锈钢丝等。

（3）熔池的保护。焊缝形成过程中，为了确保焊接质量，要隔离焊缝与空气接触以防止氧化，并进行脱氧、脱硫和脱磷等操作，这都需要对熔池进行必要的保护。

2. 熔焊的冶金过程

熔焊过程实际上是一个不完全的冶金过程，特点如下。

（1）熔焊的本质是小熔池熔炼与铸造，包含了金属熔化和重新结晶的过程。熔池存在时间短，温度高；冶金过程进行不充分，氧化严重，热影响区大。

（2）电弧和熔池金属温度高于一般的冶炼温度，使金属元素强烈蒸发，并使电弧区的气体分解成原子状态，增大了气体的活泼性，导致金属烧损或形成有害杂质。

（3）金属熔池体积小，其四周是冷金属，处于液态的时间很短，一般在 10s 左右，熔池冷却速度快，结晶后易生成粗大的柱状晶。

 要点提示　焊接过程中各种化学反应难以在极短时间内达到平衡状态，化学成分不够均匀，气体和杂质来不及浮出，易产生气孔和夹杂等缺陷。

（4）熔池不断更新，有害气体容易进入熔池，形成氧化物、气孔杂质等缺陷。

3. 熔焊中熔池的保护

对熔池的有效保护是确保焊接质量的关键。在熔焊中，保护熔池的方式较多，它们各有特点，这也使得熔焊具有多样性。

在熔焊中，可以使用以下 3 种保护熔池的方式。

（1）渣保护。为了使熔池与空气隔离，可在熔池上覆盖一层熔渣。一方面防止金属氧化和吸气，另一方面向熔池补充合金元素，提高焊缝性能，同时，还可以减少散热，提高生产率，防止强光辐射，如图 5-8 所示。

（2）气保护。用于保护熔池和熔滴的气体应是惰性气体，在高温下不分解，或是低氧化性的不溶于金属液体的双原子气体，如图 5-9 所示。使用氩气作为保护气体的称为氩弧焊，使用 CO_2 作为保护气体的称为 CO_2 气体保护焊。

（3）渣—气联合保护。利用渣的良好冶金反应和焊缝成型特点以及气体的优良电弧热效率和稳弧作用，可获得良好的熔池保护效果，如图 5-10 所示。

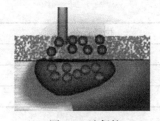
图 5-8　渣保护

图 5-9　气保护

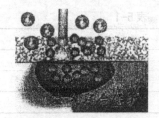
图 5-10　渣—气联合保护

5.2.2　焊条电弧焊的施焊过程

焊条电弧焊是熔焊的典型代表，主要利用电弧产生的高温熔化金属材料（母材）和添加的金属材料一起组成焊缝，从而实现金属连接的一种工艺。

1. 焊条电弧的焊接原理

焊条电弧的焊接原理如图 5-11 所示。

电弧在焊条和焊件之间燃烧，电弧热使工件和焊芯同时熔化形成熔池，同时使焊条的药皮熔化并分解，熔化后的药皮与液态金属发生物理化学反应，形成的熔渣从熔池中上浮。

焊条电弧焊

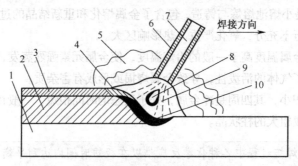

图 5-11 焊条电弧焊的工作原理

1—焊件；2—焊缝；3—渣壳；4—熔渣；5—气体；6—药皮；7—焊芯；8—熔滴；9—电弧；10—熔池

药皮受热分解后产生大量的保护气体，和熔渣一起保护熔化金属。

 要点提示 电弧沿着焊接方向推进后，工件和焊条不断熔化汇成新的熔池，原来的熔池不断冷却凝固，构成连续的焊缝。

2. 焊接电弧

电弧是焊条和工件之间的气体放电现象。电弧放电电压低、电流大、温度高，将电弧放电用作焊接热源，既安全，加热效率又高。

（1）电弧的组成。电弧包括阴极区、阳极区、弧柱区等，如图 5-12 所示。

（2）焊接电弧的温度和热量分析。电弧 3 个区的温度以及热量分布如表 5-1 所示。

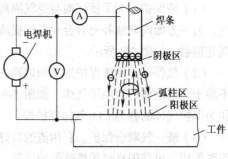

图 5-12 电弧的组成

表 5-1 电弧的温度及热量分布

分 区	温度/℃	热量百分比
阳极区	2 600	43%
弧柱区	6 000～8 000	21%
阴极区	2 400	36%

3. 电焊机

电焊机用于提供焊接所需的能量，其空载电压为 60～100V，工作电压为 25～45V，输出电流为 50～1 000A。

 要点提示 焊条电弧焊时，弧长常发生变化，引起焊接电压变化。为使焊接电流稳定，所用弧焊电源的外特性应是陡降的，即随着输出电压的变化，输出电流的变化应很小。

（1）交流弧焊机。交流弧焊机又称弧焊变压器，是一种特殊的变压器，它把网络电压的交流电变成适宜于弧焊的低压交流电。

交流弧焊机结构简单、维修简便、成本低、效率高，但其电弧稳定性较差，焊接质量不高，一般用于手弧焊、埋弧焊和钨极氩弧焊等。

（2）直流弧焊机。直流弧焊机提供直流电，制造较复杂，成本较高，但是其电弧稳定，焊接质量好。

4．正接法与反接法

直流弧焊机具有正、反两种接法。

（1）正接法。将焊件接焊机正极，焊条接焊机负极，这种接法称为正接法，如图 5-13（a）所示。其发热量大，主要用于焊接厚板。

（2）反接法。将焊件接焊机负极，焊条接焊机正极，这种接法称为反接法，如图 5-13（b）所示。其发热量较小，主要用于焊接薄板。

正接法和反接法

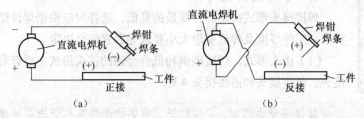

图 5-13　正接法和反接法

5．焊条

焊条就是涂有药皮的供焊条电弧焊使用的可熔化电极，是确保焊接质量的关键。

焊条的组成和应用

（1）焊条的组成。焊条由焊芯和药皮组成。

- 焊芯：用于向焊缝中填充金属。
- 药皮：其中含有造气剂、造渣剂、稳弧剂、脱氧剂、脱硫剂和去氢剂，起稳弧、造气、造渣和脱氧作用，并能向焊缝中补充必要的合金元素。

（2）焊条的种类。根据焊接材料的不同可分为结构钢焊条、不锈钢焊条、堆焊焊条、铸铁焊条、钛及钛合金焊条、铝及铝合金焊条、铜及铜合金焊条、特殊用途焊条等不同类型。

（3）酸性焊条和碱性焊条。药皮熔渣中酸性氧化物（如 SiO_2、Fe_2O_3 等）的含量比碱性氧化物（如 CaO、MnO 等）多的焊条为酸性焊条，反之为碱性焊条。两者的工艺特点如下。

- 酸性焊条工艺性好，而碱性焊条工艺性差。碱性焊条中有益元素多，能使焊接接头力学性能提高。
- 碱性焊条中因不含有机物，也称低氢焊条，可以提高焊缝金属的抗裂性。
- 碱性焊条氧化性强，对锈、油、水的敏感性大，易产生飞溅和气体。
- 碱性焊条在高温下，易生成较多的有毒物质，因而应注意通风。

（4）电焊条的选用原则。在确保焊接结构安全的前提下，通常根据被焊材料的化学成分、力学性能、板厚及接头形式、焊接施工条件等因素来选择焊条。

① 根据焊缝的金属力学性能和化学成分选择焊条。普通结构钢通常要求焊缝金属与母材等强度，应选用熔敷金属抗拉强度等于或稍高于母材的焊条。对于合金结构钢，有时还要求合金成分与母材相同或接近。

② 根据焊接构件使用性能和工作条件选择焊条。对承受载荷和冲击载荷的焊件，除满足强度要求外，主要应保证焊缝金属具有较高的冲击韧性和塑性，可选用塑、韧性指标较高的低氢型焊条。

在高温、低温、耐磨或其他特殊条件下工作的焊接件，应选用相应的耐热钢、低温钢、堆焊或其他特殊用途焊条。

③ 根据焊接结构特点及受力条件选择焊条。对于结构形状复杂、刚性大的厚大焊接件，由于焊接过程中产生很大的内应力，易使焊缝产生裂纹，应选用抗裂性能好的碱性低氢焊条；对受力不大、焊接部位难以清理干净的焊件，应选用对铁锈、氧化皮、油污不敏感的酸性焊条。

④ 根据施工条件和经济效益选择焊条。在满足产品使用性能要求的情况下，应选用工艺性好的酸性焊条；在狭小或通风条件差的场合，应选用酸性焊条或低尘焊条。

焊接接头的形式和应用

6. 焊接接头设计

焊接接头形式决定焊件质量的高低，选择时应根据焊件结构形状、强度要求、工件厚度及焊后变形大小要求等因素综合决定。

（1）接头形式。焊接碳钢和低合金钢的接头形式主要有对接接头、T形接头、角接接头和搭接接头4种。

对接接头受力均匀，应用广泛，重要的焊件应尽量选用对接接头；搭接接头不开坡口，可以节省工时；角接接头和T形接头受力情况较复杂，接头必须成直角或一定角度。

（2）坡口。为了确保焊透，还要在焊件上磨出缺口，称为坡口。

生产中常用的接头形式如图5-14所示。

7. 焊接参数的选择

要获得高质量的焊接接头，必须合理地选择焊接工艺参数。焊接工艺参数主要包括焊条直径、焊接电流、电源种类、极性、焊接速度及焊缝长度等，具体如表5-2所示。

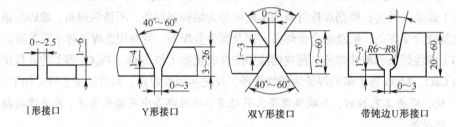
（a）对接接头

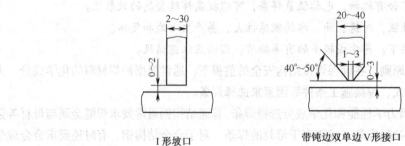
（b）T形接头

图5-14　常用的接头形式

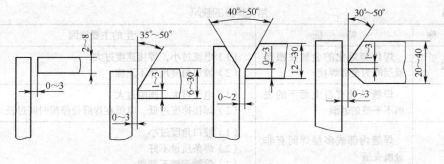

I 形坡口　　带钝边单边 V 形坡口　　Y 形坡口　　带钝边双单边 V 形坡口

(c) 角接接头

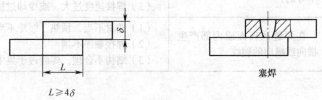

$L \geqslant 4\delta$

塞焊

(d) 搭接接头

图 5-14　常用的接头形式（续）

 要点提示　施焊时，应尽可能地使用短弧焊接，弧长不超过焊条直径。电弧过长，燃烧不稳定，飞溅增加，溶深减少，易产生气孔、未焊透等缺陷。

表 5-2　　　　　　　　　　　　　　焊接工艺参数的选择

工艺参数	特征	选择原则
焊条直径	根据焊件厚度、焊头型式以及焊缝位置确定焊条直径	（1）焊件厚度越大，焊条直径越大 （2）在实际工作中应尽量选择直径较大的焊条 （3）对于多层焊接，第一层采用直径较小的焊条焊接
焊条电流	（1）根据焊条直径选择焊条电流 （2）电流过大，焊芯过热，药皮过早脱落，焊弧稳定性降低，易出现烧穿现象 （3）电流过小，容易焊不透和熔化不良	（1）平焊低碳钢，电流为 $I=(30{\sim}55d)$（A），d 为焊条直径 （2）工件厚度为 2mm，焊条为 2mm，焊接电流选择 55～60A （3）工件厚度为 3mm，焊条为 3.2mm，焊接电流选择 100～130A （4）工件厚度为 4～5mm，焊条为 4mm，焊接电流选择 160～210A （5）工件厚度为 6～8mm，焊条为 5mm，焊接电流选择 220～280A
焊接速度	（1）焊条沿焊接方向移动的速度 （2）焊接速度直接影响焊接的生产效率和焊接质量	（1）焊接速度与焊接电流存在相互关联的作用 （2）焊接速度的选择以保证焊缝的尺寸符合设计图纸要求为准

8. 常见焊接的缺陷

由于操作技术不佳、焊接材料质量不好等原因，焊缝有时会产生缺陷，其中裂纹、未焊透、夹渣等缺陷会严重降低焊缝的承载能力。常见的焊接缺陷及产生的原因如表 5-3 所示。

表 5-3 常见焊接的缺陷

缺 陷 名 称	特　征	产生的主要原因
未焊透	焊件与熔化的金属在根部或层间为全部焊接	（1）电流过小，焊接速度过大 （2）坡口角度尺寸不正确
焊穿	焊缝某处有自上而下的表面不平整的通洞	（1）电流过大，间隙过大 （2）焊接速度过低，电弧在焊缝处停留时间过长
夹渣	焊缝内部或多层焊间有非金属夹渣	（1）坡口角度过小 （2）焊条质量不好 （3）除锈清渣不彻底
气孔	焊缝的表面或内部有大小不等的孔	（1）焊条受潮生锈，药皮变质 （2）焊缝未彻底清理干净 （3）焊接速度过大，或冷却过快
裂纹	在焊缝区表面或内部产生横向或纵向的裂纹	（1）选材不当，预热、缓冷不当 （2）焊接顺序不当 （3）结构不合理，焊缝过于集中

5.2.3　焊接接头的组织与性能

焊接接头的
组织与性能

熔焊热源在熔化焊缝区金属的同时向工件金属传导热量，这必然引起焊缝及附近区域金属的组织和性能发生变化。

1. 焊缝的组织和性能

焊接时，焊缝金属经历冶金过程，晶粒有所细化，同时，由于焊缝中渗入合金，Mn、Si 等合金元素含量比母材高，因此，焊缝金属的性能通常不低于母材金属的性能。

2. 焊接热影响区的组成

焊接热影响区是指焊缝两侧因为热作用而发生组织和性能变化的区域，由于焊缝附近各点的受热情况不同，热影响区又可分为 4 个区域，如图 5-15 所示。

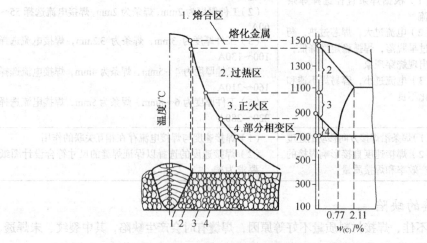

图 5-15　焊接热影响区

（1）熔合区。熔合区是焊缝和基体金属的交界区，其成分不均，组织为粗大的过热组织或淬硬组织，质量差。

 要点提示   在低碳钢焊接接头中，熔合区很窄，因强度、塑性和韧性都下降，又易引起应力集中，这在很大程度上决定焊接接头的性能。

（2）过热区。该区在热作用下，晶粒长大，形成过热组织，塑性和韧性低，脆性较大。

（3）正火区。该区温度不太高，金属发生重结晶，晶粒细化，力学性能优于母材。

（4）部分相变区。该区加热温度没有正火区高，晶粒细化不完整，冷却后晶粒大小不均匀，力学性能不及正火区。

3. 焊接热影响区对焊接质量的影响

焊接热影响区的大小和组织性能变化的程度，取决于焊接方法、焊接参数以及接头形式等，焊接热影响区在焊接接头中是不可避免的。

 要点提示   热影响区域越大，对焊件质量的削弱作用越强，因此在焊接时应该采取工艺措施，尽量降低热影响区的宽度。

4. 改善热影响区组织和性能的方法

焊接低碳钢时，热影响区域较窄，危害较小。但是对于重要的碳钢构件、合金钢构件以及使用电渣焊焊接的构件，必须采取措施消除热影响区的不利影响，主要措施如下。

① 减小焊接电流。

② 提高焊接速度。

③ 焊后正火处理。

5.2.4 焊接应力与焊接变形

焊接过程是一个不平衡的热循环过程，焊缝及其邻近的金属都要从室温被加热到较高温度，然后再冷却到室温。在这个热循环中，焊件各部分的温度不同，冷却速度不同。

1. 焊件变形的基本形式

焊件冷却时，各部分涨缩的比例不一致，不能自由涨缩，这必然会导致焊件中产生应力、变形和裂纹。

焊接变形与防止

焊件的主要变形形式有尺寸收缩、角变形、弯曲变形、扭曲变形、波浪变形等，如图 5-16 所示。

2. 焊接应力与变形的危害

工件焊接后产生变形和应力，这对结构的制造和使用会产生以下不利影响。

（1）焊接变形后可能使焊接结构尺寸不符合要求，组装困难，间隙大小不一致等，从而影响焊件质量。

（2）焊接残余应力会增加工件工作时的内应力，降低承载能力；还会引起裂纹，甚至造成脆断。应力的存在会诱发应力腐蚀裂纹。

（3）残余应力是一种不稳定状态，在一定条件下会衰减而产生一定的变形，使构件尺寸不稳定。

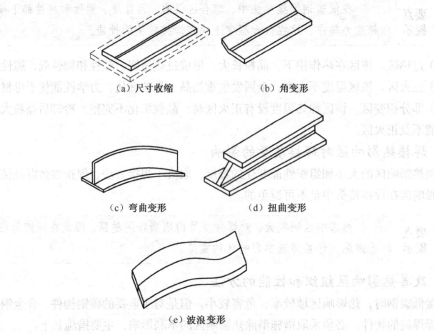

(a) 尺寸收缩　　　　　　(b) 角变形

(c) 弯曲变形　　　　　　(d) 扭曲变形

(e) 波浪变形

图 5-16　焊件的主要变形形式

3. 焊接应力的防止及消除

在生产实践中，可以采取以下措施来降低焊接应力和变形产生。

（1）采用合理的焊接顺序。应确保焊缝能够自由收缩，以减少应力。如图 5-17（a）所示，先焊焊缝 1，再焊焊缝 2，则焊接应力小。在图 5-17（b）中，先焊焊缝 1 导致对焊缝 2 的约束度增加，残余应力增大。

（2）焊缝不要有密集交叉截面，长度也要尽可能小。这样可以减小焊接局部加热区域的大小，从而减少焊接应力。在图 5-18 中，焊缝过于密集，接头应力大。

 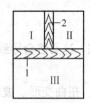

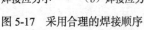

（a）焊接应力小　　（b）焊接应力大

图 5-17　采用合理的焊接顺序

图 5-18　焊缝过于密集

 要点提示　　此外采用小电流、多层焊，也可减少焊缝应力；焊前预热可以减少工件温差，也能减少残余应力。

（3）减少焊接残余应力。当焊缝还处在较高温度时，锤击焊缝使金属伸长，也能减少焊接残余应力。此外，焊后进行消除应力的退火可消除残余应力。

4．焊接变形的防止

为了消除焊接变形的影响，可以采取以下措施。

（1）焊缝和坡口尽量对称布置，如图 5-19 所示。

（2）尽量采用对称焊以减小变形，如图 5-20 所示。

 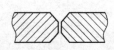

（a）对称焊缝　　　（b）对称坡口

图 5-19　焊缝和坡口对称布置

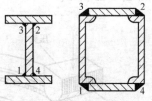

图 5-20　采用对称焊

（3）采用反变形方法可以抵消焊接变形，如图 5-21 所示。

（4）采用多层多道焊，能减少焊接变形，如图 5-22 所示。

（5）焊前采用刚性固定组装焊接，限制产生焊接变形，但这样会产生较大的焊接应力。采用定位焊组装也可防止焊接变形，如图 5-23 所示。

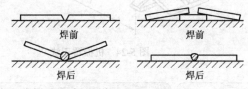

图 5-21　采用反变形法

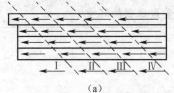 

（a）　　　　　　　　　　　（b）

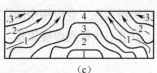

（c）

图 5-22　采用多层多道焊

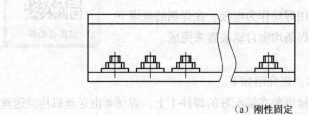 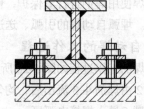

（a）刚性固定

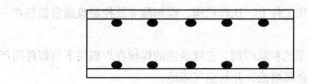

（b）定位焊

图 5-23　采用刚性固定组装焊接

5. 消除变形的方法

对于严重的焊接变形应予以消除，常用的方法有以下两种。

- 机械矫正法：通常只适用于塑性好的低碳钢和普通低合金钢，如图 5-24 所示。
- 火焰矫正法：利用火焰加热的热变形方法，一般也仅适用于塑性好且无淬硬倾向的材料，如图 5-25 所示。

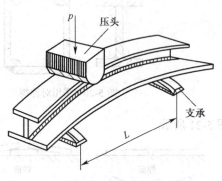

图 5-24　机械矫正法

图 5-25　火焰矫正法

课堂练习

（1）焊接时确定焊条直径的原则是什么？

（2）可以采取哪些措施确保焊接质量良好？

（3）焊接接头是不是工件上质量最薄弱的环节？

5.3　其他焊接方法

焊接方法种类丰富，随着焊接机器人在工业应用中的广泛应用，研究人员仍在深入研究焊接的本质，继续开发新的焊接方法，以进一步提高焊接质量。

5.3.1　埋弧自动焊

埋弧自动焊使用焊剂进行渣保护，使用焊丝作为电极，在焊剂的掩埋下电弧稳定燃烧。埋弧自动焊的引弧、送进焊条均由自动装置来完成。

埋弧自动焊

1. 埋弧自动焊的工作过程

埋弧自动焊的工作过程如图 5-26 所示，现介绍如下。

（1）焊剂 2 由焊剂斗 3 流出后，均匀地堆敷在装配好的焊件 1 上。焊丝 4 由送丝机构经送丝滚轮 5 和导电嘴 6 送入焊接电弧区。

（2）焊接电源的两端分别接在导电嘴和工件上。送丝机构、焊剂漏斗及控制盘通常都装在一台小车上以实现焊接电弧的移动。

（3）工件被焊处覆盖一层 30～50mm 厚的粒状焊剂，连续送进的焊丝在焊剂层下与焊件间产生电弧，使焊丝、工件和焊剂熔化，形成金属熔池，并与空气隔绝。

（4）焊机自动向前移动，电弧不断熔化前方的焊件金属、焊丝及焊剂，熔池后方焊件冷却凝固形成焊缝，液态熔渣随后也冷凝形成坚硬的渣壳。未熔化的焊剂可回收使用。

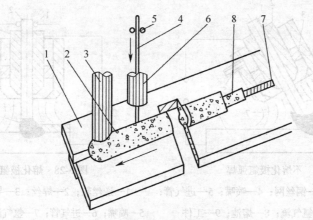

图 5-26 埋弧自动焊

1—焊件；2—焊剂；3—焊剂斗；4—焊丝；5—送丝滚轮；6—导电嘴；7—焊缝；8—焊渣

2. 埋弧自动焊的特点

在埋弧自动焊中，焊丝和焊剂在焊接时的作用与焊条电弧焊的焊条芯、焊条药皮一样。焊接不同的材料应选择不同成分的焊丝和焊剂。与焊条电弧焊相比，埋弧自动焊具有以下特点。

（1）电弧在焊剂包围下燃烧，所以热效率高。

（2）焊丝为连续的盘状焊丝，可连续送丝，从而实现连续作业。

（3）焊接无飞溅，可实现大电流高速焊接，生产率高。

（4）金属利用率高，焊接质量好，劳动条件好。

3. 埋弧自动焊的应用

埋弧自动焊主要用于压力容器的环缝焊和直缝焊，锅炉冷却壁的长直焊缝焊接，船舶和潜艇壳体的焊接，起重机械（行车）和冶金机械（高炉炉身）的焊接。对于短焊缝、曲折焊缝、狭窄位置及薄板的焊接，不能发挥其长处。

5.3.2 气体保护焊

气体保护焊采用气体作为保护介质保护熔池，根据保护气体的不同又分为氩弧焊和 CO_2 气体保护焊两种类型。

1. 氩弧焊

氩弧焊是利用氩气保护电弧热源及焊缝区进行焊接。

（1）不熔化极氩弧焊。以钨铈合金为阴极，利用钨合金熔点高、阴极发热少的特点，形成不熔化极氩弧焊，如图 5-27 所示。

气体保护焊

要点
提示

因为电极能通过的电流有限，所以只适用于焊接厚度为 6mm 以下的工件。

（2）熔化极氩弧焊。熔化极氩弧焊以连续送进的焊丝作为电极，电流较大，可以焊接厚度在 25mm 以下的工件，如图 5-28 所示。

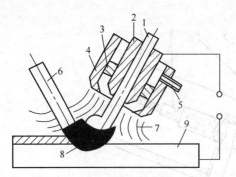

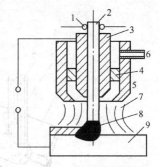

图 5-27　不熔化极氩弧焊　　　　　　　　　图 5-28　熔化极氩弧焊

1—钨极；2—导电嘴；3—铜丝网；4—喷嘴；5—进气管；　　1—送丝轮；2—焊丝；3—导电嘴；4—铜丝网；

6—填充金属丝；7—氩气流；8—熔池；9—工件　　　　5—喷嘴；6—进气管；7—氩气流；8—电弧；9—工件

（3）氩弧焊的特点及应用。氩弧焊的主要特点及用途如下。

- 电弧稳定，保护效果很好，飞溅小，焊缝致密，焊接质量优良，焊缝美观。
- 明弧可见，便于操作，易于实现自动化。
- 热量集中，熔池小，焊接速度快，焊接热影响区小，焊件变形小。
- 氩气贵，成本高。
- 氩弧焊主要用于易氧化的有色金属和合金钢的焊接，如铝、钛、不锈钢等。

2．CO_2 气体保护焊

CO_2 气体保护焊以 CO_2 为保护气体，用焊丝为电极引燃电弧，实现半自动焊或自动焊，其焊接方式有以下特点。

（1）成本低。因为 CO_2 的制取容易，所以 CO_2 气体保护焊的成本低。

（2）生产率高。焊丝连续送进，焊接速度快。焊后没有渣壳，节省了清理时间。

（3）操作性能好。明弧焊，容易发现焊接中的问题并及时修正。

（4）电弧热量集中，热影响区小，变形和裂纹倾向小。

（5）由于 CO_2 的氧化作用，飞溅严重，焊缝不够光滑，还容易产生气孔。

CO_2 气体保护焊目前主要应用于造船、机车车辆、汽车等工业部门，主要用于焊接 30mm 以下的低碳钢和低合金钢焊件，特别适合于薄板的焊接。

5.3.3　压力焊

压力焊

压力焊是指通过加热等手段使金属达到塑性状态，加压使其产生塑性变形、再结晶、扩散等作用，从而获得不可拆卸接头的一类焊接方法。常见的压力焊有电阻焊、摩擦焊等。

1．电阻焊

电阻焊是利用电流通过焊件及其接触处所产生的电阻热，将焊件局部加热到塑性或熔化状态，然后在压力作用下实现焊接的方法。

（1）电阻焊的基本要素。电阻焊的实现需要以下两个基本要素。

① 热源。焊接工件的电阻很小，通常使用大电流在极短时间内让工件迅速加热。工件表面越粗糙，氧化越严重，接触电阻越大，发热越大。

② 力。焊接时，使用静压力可以调整电阻大小，改善加热，产生塑性变形或在压力下结晶。使用冲击力（锻压力）可以细化晶粒，减少焊合缺陷等。

（2）电阻焊的类型。电阻焊可以分为点焊、缝焊和对焊 3 种形式。

① 点焊。点焊是柱电极压紧工件，通电和保压后获得焊点的电阻焊方法，其原理如图 5-29 所示。点焊通常使用搭接接头，典型形式如图 5-30 所示。

点焊主要用于汽车、飞机等薄板结构的大批量生产。

② 缝焊。缝焊是连续的点焊过程，是用连续转动的盘状电极代替柱状电极，焊后获得相互重叠的连续焊缝，如图 5-31 所示。

 要点提示 　缝焊通常采用强规范焊接，焊接电流比点焊大 1.5～2 倍。缝焊的焊缝密封性好，主要用于焊接较薄的薄板结构，如低压容器、油箱、管道等。

③ 对焊。对焊是利用电阻热使两个工件在整个接触面上焊接起来的一种方法，根据操作方法的不同又分为电阻对焊和闪光对焊两种，如图 5-32 所示。

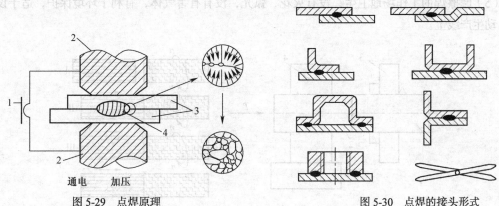

图 5-29　点焊原理　　　　　　　　图 5-30　点焊的接头形式

1—焊接变压器；2—电极；3—焊件；4—熔核

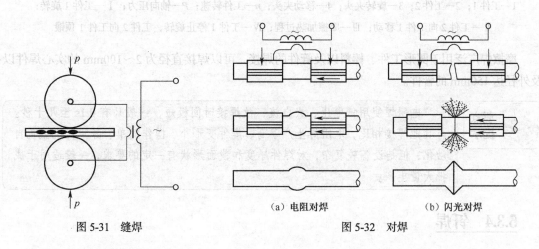

（a）电阻对焊　　　　　（b）闪光对焊

图 5-31　缝焊　　　　　　　　　图 5-32　对焊

电阻对焊一般用于钢筋的对接焊。先将工件夹紧并加压，然后通电使接触面温度达到塑性温度（950℃～1 000℃），在压力下，塑变和再结晶形成固态焊接接头。

闪光对焊主要用于钢轨、锚链、管道等的焊接，也可用于异种金属的焊接。工件先通电并接触，因为工件表面不平，所以只是少量点接触，通过的电流密度高，在蒸汽压力和电磁力作用下，形成闪光。端面加热到熔化状态时，施加压力形成焊接接头。

2. 摩擦焊

摩擦焊是利用焊件接触面相对旋转运动中相互摩擦所产生的热，使端部达到塑性状态，然后施加压力完成焊接的一种压焊方法，如图 5-33 所示。

摩擦焊具有以下优点。

（1）接头质量良好、稳定，其废品率是闪光对焊的 1% 左右。

（2）适于焊接异种钢和异种金属，如碳素结构钢与高速钢的焊接、铜与不锈钢的焊接、铝与铜的焊接、铝与钢的焊接等。

（3）焊件尺寸精度高，可以实现直接装配焊接。生产率高，三相负载均衡，节能，改善了三相供电电网的供电条件。与闪光对焊比较，摩擦焊能节省 80%～90% 的电能。

（4）易于实现机械化，自动化；操作技术简单，容易掌握。

（5）摩擦焊的工作场地卫生，没有火花、弧光，没有有害气体，有利于环境保护，适于设置在自动生产线上。

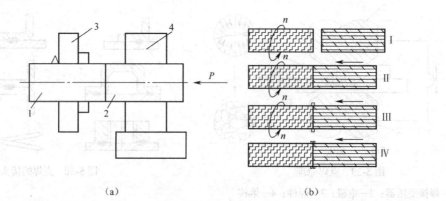

（a）　　　　　　　　　　（b）

图 5-33　摩擦焊

1—工件 1；2—工件 2；3—旋转夹头；4—移动夹头；n—工件转速；P—轴向压力；Ⅰ—工件 1 旋转；

Ⅱ—工件 2 向工件 1 移动；Ⅲ—摩擦加热过程；Ⅳ—工件 1 停止旋转，工件 2 向工件 1 顶锻

摩擦焊广泛用于圆形工件、棒料以及管件的焊接，可以焊接直径为 2～100mm 的实心焊件以及外径达 150mm 的管件。

 要点提示　　电阻焊使用低电压、大电流，故焊接时间极短，一般只有 0.1s 至几十秒。与其他焊接相比，电阻焊生产率高、焊件变形小、操作简单、易实现机械化自动化，但是设备较复杂，对焊件厚度和截面形状有一定的要求，一般适用于成批大量生产。

5.3.4　钎焊

钎焊是利用熔点比焊件低的钎料作填充金属，适当加热后，钎料熔化而将处于固态的焊件连接起来的一种焊接方法。

要点提示　钎料熔化后，借助毛细管作用被吸入并填充到工件间隙，液态钎料与工件金属相互扩散溶解，冷凝后即可形成钎料接头。

1. 硬钎焊

钎料熔点在 450℃ 以上，接头强度较高，都在 200MPa 以上，属于这类的钎料有铜基、银基、镍基等。

硬钎焊主要用于受力较大的钢铁、钢合金构件的焊接（如自行车架等）以及各种生产工具和刀具的焊接。

2. 软钎焊

钎料熔点在 450℃ 以下，接头强度较低，一般不超过 70MPa，所以只用于焊接受力不大、工作温度较低的工件。常用的钎料是锡铅合金，所以通称锡焊。

软钎焊主要用于焊接受力不大，常温工作下的仪表、导电元件等。

要点提示　钎焊时，为消除焊件表面的氧化膜以及其他的杂质，改善液体钎料的润湿能力，保护钎料和接头不被氧化，一般使用钎剂。常用的钎剂有松香、胺和有机卤化物等。

5.4　钢的焊接工艺

使用"铸造性能"能评价铸造成型质量，使用"可锻性"能评价锻压成型质量，我们应该怎样评价焊接质量呢？一种材料能否获得优质焊接接头，又与哪些因素有关系呢？

5.4.1　金属材料的可焊性

金属材料的可焊性是指被焊金属在采用一定的焊接方法、焊接材料、工艺参数及结构形式条件下，获得优质焊接接头的难易程度，即金属材料在一定的焊接工艺条件下，表现出易焊和难焊的差别。

1. 碳当量

实际焊接结构中使用的材料大部分是钢材，而影响钢材焊接性能的主要因素是化学成分，其中又以"碳"的影响最大，其他元素的影响可以折合为碳的影响。

为了估算材料的焊接性能，将材料中的碳和各种合金元素折合为碳当量，其经验公式为

$$w(\text{CE}) = w(\text{C}) + \frac{w(\text{Mn})}{6} + \frac{w(\text{Cr}) + w(\text{Mo}) + w(\text{V})}{5} + \frac{w(\text{Ni}) + w(\text{Cu})}{15}$$

式中：$w(\text{Mn})$、$w(\text{Cr})$、$w(\text{Mo})$、$w(\text{V})$、$w(\text{Ni})$ 和 $w(\text{Cu})$ 分别为钢中相应元素的质量百分数。

2. 可焊性的评价

在生产中，可以根据碳当量大小来评价材料的可焊性。

（1）当 $w(\text{CE}) < 0.4\%$ 时。此时钢材塑性良好，淬硬倾向不明显，可焊性良好。在一般的焊接工艺条件下，焊件不会产生裂缝，但对厚大工件或低温下焊接时应考虑预热。

（2）当 $w(\text{CE}) = 0.4\% \sim 0.6\%$ 时。此时钢材塑性下降，淬硬倾向明显，可焊性较差。焊前工件需要适当预热，焊后应注意缓冷，要采取一定的焊接工艺措施才能防止裂缝。

（3）当 $w(CE) > 0.6\%$ 时。此时钢材塑性较低，淬硬倾向很强，可焊性不好。焊前工件必须预热到较高温度，焊接时要采取减少焊接应力和防止开裂的工艺措施，焊后要进行适当的热处理，才能保证焊接接头质量。

5.4.2 钢的焊接

各种钢的碳含量和合金含量不同，其可焊性也不相同，相应的焊接工艺也不同。

1. 低碳钢的焊接

低碳钢含碳量不大于 0.25%，塑性好，一般没有淬硬倾向，对焊接热过程不敏感，可焊性良好。焊接这类钢时，不需要采取特殊的工艺措施，除电渣焊外，通常在焊后也不需要进行热处理。

焊接低碳钢时，要注意以下要点。

（1）对于厚度大于 50mm 的低碳钢，应用大电流多层焊，焊后进行消除内应力退火。

（2）低温环境下焊接刚度较大的结构时，为防止应力和开裂，需要进行焊前预热。

（3）使用熔焊焊接结构钢时，应保证焊接接头和工件材料等的强度。

2. 中、高碳钢的焊接

中碳钢含碳量为 0.25%～0.6%，随含碳量的增加，淬硬倾向更明显，可焊性逐渐变差。在实际生产当中，主要是焊接各种中碳钢的铸钢件与锻件。

（1）中碳钢的焊接特点。中碳钢用于制造各类机器零件，焊缝一般有一定厚度，长度不大，其焊接特点主要有以下两点。

① 热影响区易产生淬硬组织和冷裂缝。中碳钢属于易淬火钢，热影响区被加热超过淬火温度的区段时，受工件低温部分的迅速冷却作用，将出现淬硬组织。

要点提示　　焊件刚性较大或工艺不恰当时，就会在淬火区产生冷裂缝，即焊接接头焊后冷却到相变温度以下或冷却到常温后产生裂缝。

② 焊缝金属热裂缝倾向较大。焊接中碳钢时，因母材含碳量与硫、磷杂质远远高于焊条钢芯，母材熔化后进入熔池，使焊缝金属含碳量增加，塑性下降，加上硫、磷低熔点杂质的存在，焊缝及熔合区在相变前就可能因内应力而产生裂缝。

（2）高碳钢的焊接特点。高碳钢的焊接特点和中碳钢类似，含碳量更高，可焊性更差，具体表现为淬硬组织和裂纹产生的倾向更大。

3. 中、高碳钢的焊接方法

在焊接中、高碳钢时，要注意以下要点。

（1）焊接中碳钢构件时，焊前必须进行预热，使焊接时工件各部分的温差减小，以减小焊接应力，同时减慢热影响区的冷却速度，避免产生淬硬组织。

（2）焊接中碳钢构件时，主要采用焊条电弧焊，尽量选用抗裂能力强的低氢焊条，工艺上应遵循"细焊条、小电流、开坡口、多层焊"的原则，以防止工件材料过多地熔入焊缝，并减小热影响区的宽度。

（3）焊接高碳钢构件时，应采用更高的预热温度和更严格的工艺措施，高碳钢的焊接通常只限于焊条电弧焊和修补工作，应用较少。

4. 低合金结构钢的焊接

在生产中，只有低合金结构钢用于焊接生产，其焊接性能和中碳钢相似，焊接工艺和中碳钢也基本类似。

（1）低合金钢的焊接特点主要有以下两点。

① 热影响区具有淬硬倾向。低合金钢焊接时，热影响区可能产生淬硬组织，淬硬程度与钢材的化学成分和强度级别有关。

 要点提示　钢中含碳及合金元素越多，钢材强度级别越高，焊后热影响区的淬硬倾向也越大，导致材料硬度明显增加，塑性、韧性下降。

② 焊接接头具有裂缝倾向。随着钢材强度级别的提高，裂缝倾向也增加。影响裂缝的因素主要有焊缝及热影响区的含氢量、热影响区的淬硬程度、焊接接头应力大小 3 个因素。

（2）低合金钢的焊接工艺。在焊接低合金钢时，可以采用以下工艺。

① 对于强度级别低的材料，如果焊件厚度较大，焊缝较短，就应选用大电流，减慢焊接速度，选用低氢焊条，以防止淬硬组织。

② 对于锅炉和压力容器等重要构件，当厚度较大时，焊后应进行退火处理，以消除应力。

③ 对于强度高的低合金构件，焊前必须预热，焊接时应该调整焊接参数，控制热影响区的冷却速度不宜太快，焊后必须进行热处理，以消除应力。

5.4.3 焊接件结构设计

设计焊接结构时，既要了解产品的使用性能要求，如载荷大小、载荷性质、使用环境等，又要考虑其结构工艺性，以确保最后能够生产出操作简便、质量优良、成本低廉的焊接结构。

焊件结构设计案例

1. 焊件材料的选择

在选择焊接材料时，应尽量选用可焊性好的材料，具体选择原则如下。

（1）尽量选用 $w(CE) < 0.25\%$ 的低碳钢或 $w(CE) < 0.4\%$ 的低合金钢。因这类钢淬硬倾向小，塑性高，焊接工艺简单。

（2）尽量选用镇静钢。镇静钢与沸腾钢相比，含气量低，特别是含 H_2 和 O_2 量低，可防止气孔、裂纹等缺陷。而沸腾钢含氧量高，且组织不均，异种金属焊接时焊缝应与低强度金属等强度，而工艺应按高强度金属设计。

（3）尽量采用工字钢、槽钢、角钢、钢管等型材，以简化工艺过程。

2. 焊接方法的选择

在确定焊接方法时，主要考虑以下因素。

（1）生产单件钢结构件。生产单件钢结构件时，按照以下原则选择焊接方法。

① 板厚在 3～10mm、强度较低、焊缝较短，应选用手弧焊。

② 板厚在 10mm 以上、焊缝为长直焊缝或环焊缝，应选用埋弧焊。

③ 板厚小于 3mm、焊缝较短，应选用 CO_2 保护焊。

（2）生产大批量钢结构件。生产大批量钢结构件时，按照以下原则选择焊接方法。

① 板厚小于 3mm，无密封要求应选用电阻点焊，有密封要求应选用缝焊。

② 板厚在 3～10mm、焊缝为长直焊缝或环焊缝，应选用 CO_2 自动焊。

③ 板厚大于 10mm、焊缝为长直焊缝或环焊缝，应选用埋弧焊或电渣焊。

（3）生产不锈钢、铝合金和铜合金结构件。生产不锈钢、铝合金和铜合金结构件时，按照以下原则选择焊接方法。

① 板厚小于 3mm，应选用脉冲钨极和钨极氩弧焊。

② 板厚在 3～10mm、焊缝为长直焊缝或环焊缝，应选用熔化极氩弧焊或等离子弧自动焊。

3. 焊缝的布置

合理的焊缝布置是焊接结构设计的关键，其工艺原则如下所述。

（1）焊缝应尽可能分散，以便减小焊接热影响区的宽度，从而防止粗大组织的出现，如图 5-34 所示。

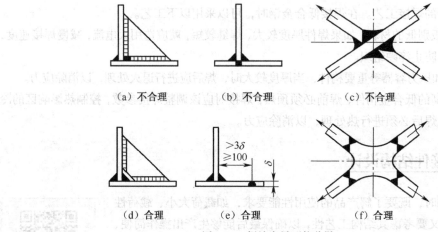

图 5-34 焊缝应尽可能分散

（2）焊缝的位置应尽可能对称分布，以抵消焊接变形，如图 5-35 所示。

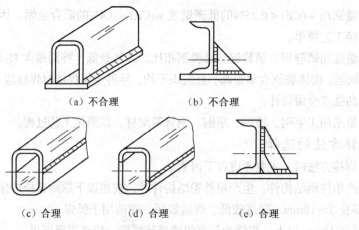

图 5-35 焊缝的位置应尽可能对称分布

（3）焊缝应尽可能避开最大应力和应力集中的位置，以防止焊接应力与外加应力相互叠加，造成过大的应力和开裂，如图 5-36 所示。

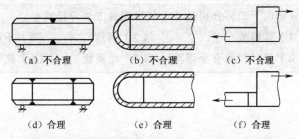

（a）不合理　　　（b）不合理　　　（c）不合理

（d）合理　　　（e）合理　　　（f）合理

图 5-36　焊缝应尽可能避开最大应力和应力集中的位置

（4）焊缝应尽量避开机械加工表面，以防止破坏已加工面，如图 5-37 所示。

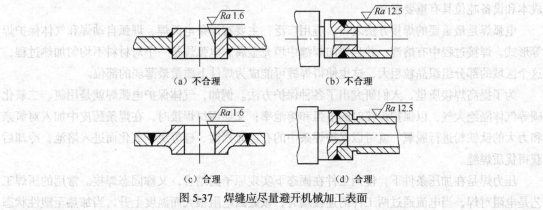

（a）不合理　　　　　　　　　　（b）不合理

（c）合理　　　　　　　　　　（d）合理

图 5-37　焊缝应尽量避开机械加工表面

（5）焊缝设计应便于焊接操作，应使焊条易到位，焊剂易保持，电极易安放，如图 5-38 所示。

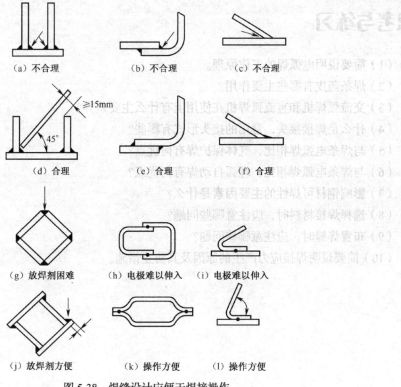

（a）不合理　　　（b）不合理　　　（c）不合理

（d）合理　　　（e）合理　　　（f）合理

（g）放焊剂困难　（h）电极难以伸入　（i）电极难以伸入

（j）放焊剂方便　（k）操作方便　（l）操作方便

图 5-38　焊缝设计应便于焊接操作

课堂练习 分析以下工件分别适合于使用哪种方法焊接成型。
（1）薄钢板　　　　　（2）钢筋　　　　　（3）不锈钢钢管
（4）钢材和铝合金焊接　　（5）电路板　　　　　（6）狭长钢板

本章小结

　　焊接是一种永久性连接材料的方法，其实质是利用热能和压力，并利用原子的扩散和结合作用实现连接过程。焊接方法的应用可以简化大型零件的制作，实现"以小拼大"，这对于降低生产成本和设备吨位具有重要意义。

　　电弧焊是最重要的焊接方法之一，应用广泛，主要有焊条电弧焊、埋弧自动焊和气体保护焊等形式。焊接过程中有熔池，并且要向焊缝中填充金属。电弧焊是一个对材料不均匀加热过程，这个区域的部分组织晶粒粗大，这也使得焊缝可能成为焊件上质量最薄弱的部位。

　　为了提高焊接质量，人们研究出了各种保护方法。例如，气体保护电弧焊就是用氩、二氧化碳等气体隔绝大气，以保护焊接时的电弧和熔池率；又如钢材焊接时，在焊条药皮中加入对氧亲和力大的钛铁粉进行脱氧，就可以保护焊条中的有益元素锰、硅等免于氧化而进入熔池，冷却后获得优质焊缝。

　　压力焊是在加压条件下，使两工件在固态下实现原子间结合，又称固态焊接。常用的压焊工艺是电阻对焊，当电流通过两工件的连接端时，该处因电阻很大而温度上升，当加热至塑性状态时，在轴向压力作用下连接成为一体。

思考与练习

　　（1）简要说明电弧焊的工作原理。

　　（2）焊条药皮有哪些主要作用？

　　（3）交流弧焊机和直流弧焊机在使用上有什么主要差异？

　　（4）什么是焊接接头，常用的接头形式有哪些？

　　（5）与焊条电弧焊相比，气体保护焊有何优点？

　　（6）与焊条电弧焊相比，埋弧自动焊有何优点？

　　（7）影响钢材可焊性的主要因素是什么？

　　（8）选择焊接材料时，应注意哪些问题？

　　（9）布置焊缝时，应注意哪些问题？

　　（10）简要说明焊接应力产生的原因及其防止措施。

第6章
金属切削加工基础

使用热加工方法创建毛坯后，接下来需要借助各种机床设备对其进行切削加工，以获得具有特定精度和表面质量的产品。金属切削加工种类丰富，形式多样，各种方法之间既有区别也有联系。在切削运动、切削工具以及切削过程的物理实质等方面有着共同的现象和规律。本章将全面介绍金属切削加工的基础知识。

※【学习目标】※
- 熟悉切削运动的概念。
- 熟悉切削用量的三要素及其选用。
- 了解对刀具材料性能的要求和常用刀具材料。
- 熟悉常用车刀的结构、主要角度及其作用。
- 了解切屑变形的基本过程。
- 了解切削力、切削热及其对加工的影响。
- 理解刀具磨损的原因及形式，熟悉刀具耐用度的概念。

※【观察与思考】※
（1）金属切削加工方法种类丰富，形式多样，其各种切削过程既有区别，也有着共同的现象和规律，观察图 6-1 所示的 3 种切削加工方法，熟悉切削加工的多样性。

（a）车削　　　　　　　　（b）铣削　　　　　　　　（c）刨削

图 6-1　典型的金属切削加工

（2）观察图 6-2 所示的车削加工过程，想一想它与图 6-3 所示的削苹果在原理上有何差异，从而理解金属切削加工的特点。

（3）切削加工过程的实现条件是工件与刀具之间具有一定的相对运动，观察图 6-4
所示的切削过程，理解这种相对运动对确保加工顺利实现的意义。

（4）切削加工获得的产品都具有较高的精度，观察图 6-5 所示的各类零件，思考在
金属切削加工过程中需要对哪些环节进行合理控制才能最终获得理想的加工效果。

图 6-2　车削加工

图 6-3　削苹果

图 6-4　切削加工

图 6-5　机器中的零件

6.1　切削加工的基本概念

机床的切削加工是由刀具与工件之间的相对运动来实现的，加工的最终目的是为了获得理想
的零件表面，这些表面具有符合设计要求的尺寸精度、形状位置精度以及表面质量。

6.1.1　切削运动

车削、钻削和铣削等不同的切削加工方法可以加工不同的零件表面，刀具与工件间具有不同
的切削运动，如图 6-6 所示，有旋转的，也有直行的；有连续的，也有间歇的。

切削运动包括主运动（见图 6-6 中的Ⅰ）和进给运动（见图 6-6 中的Ⅱ）两种类型。

1. 主运动

主运动使刀具和工件之间产生相对运动，促使刀具切削刃接近工件，是进行切削的最基本和
最主要的运动。

2. 进给运动

进给运动使刀具与工件之间产生附加的相对运动，它与主运动配合，形成连续切削，最后获得具
有所需几何特性的加工表面。

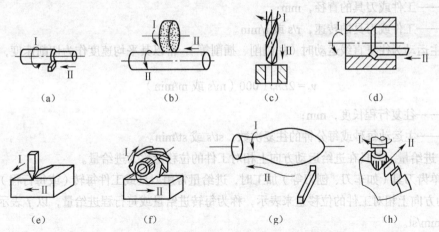

图6-6　加工不同的零件表面时的切削运动

　　　　一般机床的主运动只有一个，其特点是运动速度最高，消耗功率最大，而进给运动消耗机床功率较少，可由一个或多个运动组成。

各种常见机床的主运动和进给运动如表6-1所示。

表6-1　　　　　　　　　　　　常见机床的主运动和进给运动

机床名称	主运动	进给运动	机床名称	主运动	进给运动
卧式车床	工件旋转运动	车刀纵向、横向、斜向直线运动	龙头刨床	工件往复移动	刨刀横向、垂直、斜向间歇移动
钻床	钻头旋转运动	钻头轴向移动	外圆磨床	砂轮高速旋转	工件转动,同时工件往复移动,砂轮横向移动
卧铣、立铣	铣刀旋转运动	工件纵向、横向移动（有时也做垂直方向移动）	内圆磨床	砂轮高速旋转	工件转动,同时工件往复移动,砂轮横向移动
牛头刨床	刨刀往复运动	工件横向间歇移动或刨刀垂直斜向间歇移动	平面磨床	砂轮高速旋转	工件往复移动,砂轮横向、垂直方向移动

6.1.2　切削要素

切削用量是用来衡量切削过程中切削量大小的参数。

1. 切削三要素

在一般的切削加工中，切削用量主要有切削速度、进给量和背吃刀量（切削深度）3个切削要素。

（1）切削速度。切削刃上选定点相对于工件主运动的瞬时速度称为切削速度，单位为 m/s 或 m/min。

① 主运动为旋转运动时（如车削），切削速度一般为其最大的线速度，可按下式计算。

$$v_c=\pi dn/1\,000\ (\text{m/s 或 m/min})$$

式中：d——工件或刀具的直径，mm；

　　　n——工件或刀具的转速，r/s 或 r/min。

② 主运动为往复直线运动时（如刨削、插削等），常以其平均速度作为切削速度，即

$$v_c = 2Ln_r/1\,000\,（\text{m/s 或 m/min}）$$

式中：L——往复行程长度，mm；

　　　n_r——主运动每秒或每分钟的往复次数，st/s 或 st/min。

（2）进给量。刀具在进给运动方向上相对工件的位移量称为进给量。

① 单齿刀具（如车刀、刨刀等）加工时，进给量常用刀具或工件每转（或每行程）时刀具在进给运动方向上相对工件的位移量来表示，称为每转进给量或每行程进给量，以 f 表示，单位为 mm/r 或 mm/st。

② 多齿刀具（如铣刀、钻头等）加工时，进给运动的瞬时速度称进给速度，以 v_f 表示，单位为 mm/s 或 mm/min。

③ 刀具每转或每行程中每齿相对工件在进给运动方向上的位移量称每齿进给量，以 f_z 表示，单位为 mm/z。

> 每齿进给量、进给量和进给速度之间有下面的关系。
>
> $$v_f = fn = f_z zn\,（\text{mm/s 或 mm/min}）$$
>
> 式中：n——刀具或工件转速，r/s 或 r/min；
>
> 　　　z——刀具的齿数。

（3）背吃刀量（切削深度）a_p。背吃刀量是工件已加工表面与待加工表面间的垂直距离，即通过切削刃上选定点并垂直于该点主运动方向的切削层尺寸平面中，垂直于进给运动方向上测量的切削层尺寸。背吃刀量的单位为 mm。

① 车削时，背吃刀量计算公式为

$$a_p = \frac{d_w - d_m}{2}$$

式中：d_w——工件待加工表面直径，mm；

　　　d_m——工件已加工表面直径，mm。

② 钻孔时，背吃刀量计算公式为

$$a_p = d_m/2$$

式中：d_m——工件加工后直径，mm。

2. 切削用量对加工的影响

合理选用切削用量对于保证生产效率和加工质量有着重要的影响。

> 在生产中盲目提高切削用量，看似能够提高生产效率，实际上往往达不到要求。

（1）切削用量对加工质量的影响。根据生产实践的经验，切削用量对加工质量的影响包括以下几个方面。

① 切削深度和进给量增大，都会使切削力增大，工件变形增大，并可能引起振动，从而降低加工精度和增大表面 Ra 值。

② 进给量增大还会使残留面积的高度显著增大，表面更加粗糙，如图 6-7 所示。

③ 切削速度增大时，切削力减小，并可减小或避免积屑瘤，有利于加工质量和表面质量的提高。

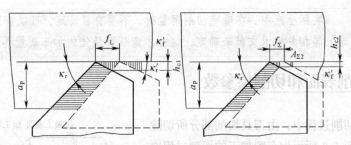

图 6-7　进给量对残留面积的影响

（2）切削用量对生产效率的影响。通过实验测定，当用硬质合金刀具加工中碳钢工件时，刀具寿命和切削用量三要素之间符合以下关系。

$$T = \frac{C_T}{v_c^5 f^{2.25} a_p^{0.75}}$$

式中：T——刀具寿命；

　　　C_T——常系数。

由上式可知，切削速度对刀具寿命影响最大，进给量的影响次之，切削深度的影响最小。提高切削速度，刀具寿命的降低倍数比增大同样倍数的进给量和背吃刀量时要大得多。

盲目提高切削速度，将加剧刀具磨损，不但浪费了刀具资源，还增加了换刀和磨刀的次数，增加了辅助加工时间，反而降低了生产率。

　　粗加工时，为了提高生产率，一般选取较大的切削深度和进给量，切削速度并不高；精加工时，为了提高加工质量，一般选取较小的切削深度、进给量以及较高的切削速度。

3. 切削用量的选择

切削用量三要素对刀具耐用度、生产率和加工质量的影响并不相同，实际生产中，首先选尽可能大的背吃刀量 a_p，然后再选尽可能大的进给量 f，最后选尽可能大的切削速度 v。

（1）背吃刀量的选择。背吃刀量要尽可能大些。粗加工时，除留下精加工余量外，一次走刀应尽可能切除全部余量；而精加工的余量通常较小，可以一次切除。

　　在中等功率机床上，粗加工的背吃刀量可达 8～10mm，半精加工的背吃刀量可达 0.5～5mm，精加工的背吃刀量可达 0.1～1.5mm。

（2）进给量的选择。粗加工时，一般对工件的表面质量要求不太高，进给量主要由机床进给机构的强度和刚性、刀杆的强度和刚性、刀具材料、工件尺寸以及已选背吃刀量等因素决定。

精加工时，一般背吃刀量较小，切削力不大，进给量主要由零件表面质量、刀具和工件材料等因素决定。

（3）切削速度的选择。切削速度可根据已选背吃刀量、进给量以及刀具材料确定，也可以根据生产实践经验和查表的方法确定。

粗加工或工件加工性能较差时，由于切削力一般较大，切削速度主要受机床功率的限制，通常较低。精加工或工件加工性能较好时，切削力较小，切削速度主要受刀具寿命的限制，可以选择较大值。

> **要点提示** 实际生产中，在确定切削用量时，不要盲目设定，可以查阅《切削用量手册》等相关技术文献来确定，这样才能获得最佳的加工质量和效率。

6.1.3 切削表面和切削层参数

切削层是指切削过程中，由刀具切削部分所切除的工件材料层。图 6-8 所示为车削加工的切削过程原理图。图上同时标出了切削用量三要素的具体含义。

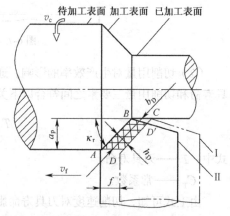

图 6-8 车削时切削层参数

1. 切削表面

从图 6-8 中可以看出零件上的 3 个切削表面。

- 已加工表面：已经切削加工完成的表面，也是刀具副后刀面正对的零件表面。
- 加工表面：零件上正在加工生成的表面，也是刀具主后刀面正对的零件表面，也称过渡表面。
- 待加工表面：尚未加工但是即将加工的表面。

2. 切削层参数

为了深入研究零件的表面质量以及刀具的受力分析，需要熟悉以下切削层参数。

- 切削厚度：垂直于加工表面度量的切削层尺寸，如图 6-8 所示参数 h_D。
- 切削宽度：沿主切削刃度量的切削层尺寸，如图 6-8 所示参数 b_D。
- 切削面积：切削层在垂直于切削速度截面内的面积，即图 6-8 所示带有网格线的区域。
- 残留面积：切削加工中未被切到的区域，残留面积越大，零件表面越粗糙，即图 6-8 所示网格区域右侧的三角形 BCD' 区域。

6.2 金属切削刀具

认识金属切削刀具

> **问题思考**
> （1）观察图 6-9 所示的车刀和图 6-10 所示的铣刀，思考它们都能完成哪些切削任务？并对比它们和我们生活中使用的刀具有何主要区别？
> （2）一把锋利的刀和一把较钝的刀在使用时，哪一个更轻快，切削能力更强？在相同的工作阻力下，哪一个更快磨损或损坏？
> （3）金属切削刀具所加工的对象都是硬度较高的金属材料，这对刀具提出了哪些质量要求？

图 6-9　车刀

图 6-10　铣刀

6.2.1　刀具材料应具备的性能

刀具切削部分在强烈摩擦、高温、高压、高应力下工作，在断续加工或加工余量不均匀时，刀具还受到强烈的冲击和振动，因此刀具材料应具备以下的基本要求。

（1）高硬度和高耐磨性。对于传统切削加工，刀具材料的硬度必须高于被加工材料的硬度，这是对刀具材料的基本要求。现有刀具材料硬度都在 60HRC 以上。刀具材料越硬，其耐磨性越好，材料的耐磨性还取决于其化学成分和金相组织的稳定性。

（2）足够的强度与冲击韧性。刀具强度高，在切削力的作用下刀刃就不容易崩碎，刀杆也不易折断。刀具的冲击韧性越高，刀具在间断切削或有冲击的工作条件下就越不易崩刃。

 要点提示　刀具硬度越高，冲击韧性越低，材料越脆。硬度和韧性是一对矛盾体，也是刀具材料所应克服的一个问题。

（3）良好的耐热性。耐热性又称红硬性，综合反映了刀具材料在高温下保持硬度、耐磨性、强度、抗氧化、抗黏结和抗扩散的能力。

（4）良好的工艺性和经济性。为了便于制造，刀具材料应有良好的工艺性，如锻造、热处理及磨削加工性能。当然在制造和选用时还应综合考虑经济性。

 要点提示　当前超硬材料及涂层刀具材料费用都较贵，但其使用寿命很长，在成批量生产中，分摊到每个零件中的费用反而有所降低，因此在选用时一定要综合考虑。

6.2.2　常用刀具材料

常用的刀具材料有工具钢、高速钢、硬质合金、陶瓷和超硬刀具材料，目前用得最多的为高速钢和硬质合金。

常用刀具材料简介

1. 高速钢

高速钢是一种加入了较多钨、铬、钒及钼等合金元素的高合金工具钢，其强度和韧性较好，制造工艺简单，容易刃磨成锋利的切削刃，在复杂刀具（如麻花钻、拉刀、齿轮刀具等）的制造中占有主要地位。高速钢可以加工从有色金属到高温合金的各种材料。

图 6-11 所示为尚未刃磨成形的条状材料，图 6-12 至图 6-14 所示为使用高速钢制作的各种具有复杂形状的刀具。

图 6-11　条状材料

图 6-12　高速钢刀具 1

图 6-13　高速钢刀具 2

图 6-14　高速钢刀具 3

2. 硬质合金

硬质合金由硬度和熔点很高的金属碳化物（WC 或 TiC 等）微粉和黏结剂（Co、Ni 和 Mo 等）经高压和高温烧结而成，其硬度高，耐磨性、化学稳定性和热稳定性都较好。

要点
提示
　　硬质合金允许的切削速度比高速钢高 4～10 倍，刀具耐用度比高速钢高几倍到几十倍，能切削淬火钢等硬材料。但其抗弯强度低，韧性差，不耐冲击和振动，制造工艺性差。

硬质合金不适于制造复杂的整体刀具，主要用来制作刀具的切削部分，通常通过焊接或者连接的方式镶嵌在刀具上，担负切削加工的任务，如图 6-15 和图 6-16 所示。

图 6-15　硬质合金刀具 1

图 6-16　硬质合金刀具 2

3. 其他刀具材料

近年来，随着加工材料种类的增加以及现代数控机床切削速度的提高，对切削刀具的要求也越来越高，新型刀具材料也应运而生。

（1）涂层刀具。涂层刀具是在一些韧性较好的硬质合金或高速钢刀具基体上涂覆一层耐磨性高的难熔金属化合物。它很好地解决了刀具材料中硬度、耐磨性和强度与韧性之间的矛盾，如图 6-17 所示。

要点提示

涂层刀具的综合性能好，强度和韧性都较好，但是不适宜加工高温合金、钛合金及非金属材料，也不适宜粗加工有夹砂、硬皮的锻铸件。

（2）金刚石刀具。金刚石刀具分为天然金刚石刀具和人造金刚石刀具两种，目前金刚石刀具主要使用人造金刚石（由金刚石微粉在高温高压下聚合而成），如图 6-18 所示。

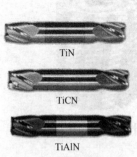

图 6-17　涂层刀具

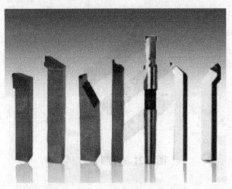

图 6-18　金刚石刀具

要点提示

金刚石刀具是高速切削铝合金较理想的刀具材料，但由于碳对铁的亲和作用，特别是在高温下金刚石能与铁发生化学反应，因此其不宜用于切削铁及铁合金工件。

（3）陶瓷刀具。陶瓷刀具以氧化铝为主要成分在高温下烧结而成，其耐磨性和化学稳定性好，摩擦因素小，能以高的速度切削难加工的高硬度材料，但是其性脆、强度低、抗冲击韧性很差。

陶瓷刀具如图 6-19 所示。它适合于钢、铸铁以及塑性较大的材料（如紫铜等）的半精加工和精加工，对于淬硬钢等高硬度材料的加工特别有效，但是不适合具有冲击的加工场合。

（4）立方氮化硼。聚晶立方氮化硼（CBN）由单晶立方氮化硼微粉在高温高压下加入催化剂聚合而成，其硬度仅次于金刚石，耐热性优于金刚石，常用于加工高温合金、淬火钢及冷硬铸铁材料。

图 6-20 所示为生产中使用的立方氮化硼刀具。

图 6-19　陶瓷刀具

图 6-20　立方氮化硼刀具

6.2.3 刀具的角度

（1）观察图 6-21～图 6-24 所示的刀具，它们的形状不同，功能也不完全一致，思考它们有何共同点？又各自有何特点？

（2）切削刀具虽然种类繁多，但其切削部分的几何形状大多为楔形，都可以按照图 6-25 所示简化刀具的形状和结构。请同学们通过此图领会刀具的特殊性和一般性的关系。

图 6-21 外圆车刀

图 6-22 排齿铣刀

图 6-23 成型铣刀

图 6-24 麻花钻

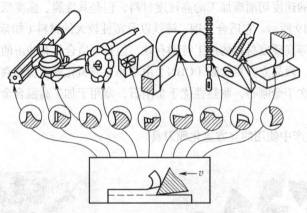

图 6-25 各种刀具切削部分的形状

1. 车刀切削部分的组成

车刀是切削刀具的典型代表，其他刀具可以视为由车刀演变或组合而成，多刃刀具的每个刀齿都相当于一把车刀。

车刀由刀体和刀柄两部分组成，如图 6-26 所示，其包括以下各要素。

- 前刀面：加工过程中，切屑沿其流出的刀面。
- 主后刀面：与工件加工表面相对的刀面。
- 副后刀面：与工件已加工表面相对的刀面。
- 主切削刃：前刀面与主后刀面的交线，承担主要的切削工作。
- 副切削刃：前刀面与副后刀面的交线。
- 刀尖：主、副切削刃的交点，为强化刀尖，刀尖处通常磨成折线或圆弧形过渡刃。

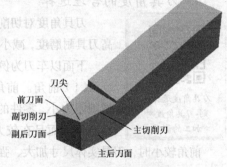

图 6-26 刀具的组成部分

 要点提示　车刀切削部分的组成可使用"三面两刃一刀尖"来概括，"三面"指"前刀面""主后刀面"和"副后刀面"，"两刃"指"主切削刃"和"副切削刃"。

2. 定义刀具角度的辅助平面

为了正确定义各个刀具角度并描述其大小，常引入以下 3 个辅助平面，如图 6-27 所示。

- 基面：通过主切削刃上一点并与该点切削速度方向垂直的平面。
- 切削平面：通过主切削刃上一点并与该点加工表面相切的平面，它包含切削速度。
- 主剖面：通过主切削刃上一点并与主切削刃在基面上的投影垂直的平面。

3. 刀具角度的定义

为了描述车刀切削部分的形状，通常使用以下 5 个角度，如图 6-28 所示。

- 主偏角 κ_r：在基面中，主切削刃的投影与进给方向之间的夹角。
- 副偏角 κ_r'：在基面中，副切削刃的投影与进给反方向之间的夹角。
- 前角 γ_o：在主剖面中，前刀面与基面之间的夹角。它分为正前角、零前角、负前角。通过选定点的基面若位于楔形刀体的实体之外，则前角为正值，反之为负值。

认识车刀的主要角度

- 后角 α_o：在主剖面中，主后刀面与切削平面之间的夹角。
- 刃倾角 λ_s：在切削平面中，主切削刃与基面之间的夹角。刃倾角也有正、零、负值。

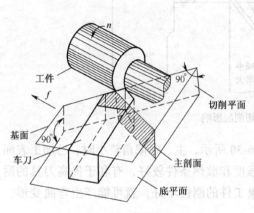

图 6-27 辅助平面

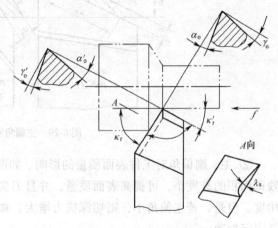

图 6-28 车刀的主要角度

131

4. 刀具角度的合理选择

刀具角度选择原则-刀具角度对加工的影响

刀具角度对切削过程有重要的影响，合理选择刀具角度，可以有效地提高刀具耐磨度，减小切削力和切削功率，改善已加工表面质量，提高生产率。

下面以车刀为例，说明各个刀具角度对加工的影响及其选用原则。

（1）前角。前角较大时，刀具较锋利，切削能力强，切削过程轻快，切削阻力小，零件的表面质量也较高；同时刀具强度降低、实体尺寸减小、易磨损，而且在较大切削力作用下易崩刃。

前角较小时，刀具实体尺寸加大、强度提高，但是切削刃变钝，切削阻力增大。

要点提示

> 实际加工中，常根据刀具材料和工件材料的种类和性能，合理地选择前角的数值。粗加工时，切削力较大，可以选用较小的前角，在保证刀具强度的同时减小刀具的磨损；精加工时，切削力较小，可以选用较大的前角，以获得高的表面质量。

（2）后角。与前角类似，后角越大，刀具后刀面与工件加工表面间的摩擦越小，切削刃越锋利，切削阻力越小，但是此时刀具强度低、磨损快；后角越小，切削刃强度越高，散热越好，但摩擦加剧。

要点提示

> 在确定后角大小时，应在保证加工质量和刀具耐用度的前提下，尽量取小值。

（3）主偏角和副偏角。主偏角主要影响切削层截面的形状和几何参数，影响切削分力的变化，并和副偏角一起影响已加工表面的粗糙度；副偏角还有减小副切削刃和副后刀面与已加工表面摩擦的作用。

① 主偏角对刀具耐用度的影响。如图 6-29 所示，主偏角较小时，切削宽度较大而切削厚度较小，可以切下薄而宽的切屑，主切削刃单位长度上的负荷较轻，散热条件较好，有利于刀具耐用度的提高。

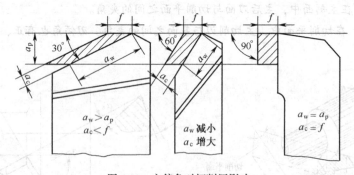

图 6-29　主偏角对切削层影响

② 主、副偏角对工件表面质量的影响。如图 6-30 所示，主、副偏角较小时，已加工表面残留面积的高度小，可提高表面质量，并且刀尖强度和散热条件较好，有利于提高刀具的耐用度。但是，若主偏角小，则切深抗力增大，如果工件的刚性不好，就可能产生弯曲变形，并引起振动。

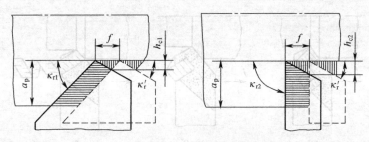

（a）主偏角对残留面积的影响

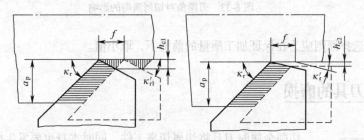

（b）副偏角对残留面积的影响

图 6-30　主、副偏角对残留面积的影响

③ 主偏角对切削力分配的影响。如图 6-31 所示，增大主偏角时，切削力的径向分力减小，轴向分力增大。

**要点
提示**

主、副偏角的选择原则应为在不产生振动的条件下，取小值。但是，当主偏角为 90° 时，径向分力为 0，加工细长轴类零件时可以防止工件顶弯。

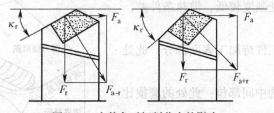

图 6-31　主偏角对切削分力的影响

（4）刃倾角。当刀尖是主切削刃上最低点时，刃倾角为负值；当刀尖是主切削刃上最高点时，刃倾角为正值，如图 6-32 所示。

刃倾角主要影响切屑的排除方向。如图 6-33 所示，刃倾角为正时，切屑流向未加工表面；刃倾角为负时，切屑流向已加工表面。

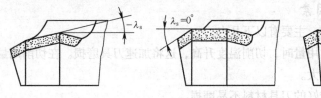

图 6-32　刃倾角的正负

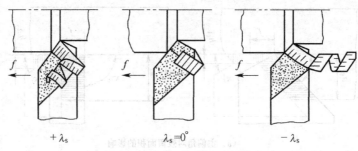

图 6-33 刃倾角对切屑流向的影响

刃倾角的选择原则应为在保证加工质量的前提下，取小值。

6.2.4 刀具的磨损

刀具磨损的过程和主要形式

切削金属时刀具将切屑切离工件，同时本身也要发生磨损或破损。磨损是连续和逐渐的发展过程，而刀具破损一般是随机的突发破坏。

1. 刀具的磨损形式

刀具的磨损发生在与切屑和工件接触的前刀面和后刀面上。多数情况下两者同时发生，并且两者相互影响，如图 6-34 所示。

（1）前刀面磨损。前刀面磨损发生在前刀面切削温度最高的位置。随着切削的进行，磨损的月牙坑逐渐扩宽加深，使切削刃强度降低，易导致切削刃破损。

（2）后刀面磨损。后刀面磨损发生在下列区域。

① 刀尖部分：此处强度较低，散热条件差，磨损比较严重。

② 主切削刃靠近工件待加工表面部分：此处常被磨成较深的沟槽。

③ 后刀面磨损带的中间部位：此处的磨损比较均匀。

（3）前后刀面同时磨损。实际加工中，刀具的前后刀面往往同时磨损。

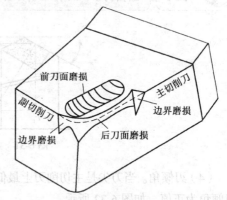

图 6-34 刀具的磨损形式

2. 刀具的磨损原因

刀具正常磨损的原因主要是机械磨损和热、化学磨损。前者是由工件材料中硬质点的刻划作用引起的磨损，后者则是由黏结、扩散、腐蚀等引起的磨损。

3. 影响刀具磨损的因素

影响刀具磨损的因素很多，主要有以下几点。

（1）切削用量。增大切削用量时，切削温度升高，这将加速刀具磨损。在切削用量中，又以切削速度对刀具磨损的影响最大。

（2）刀具材料。耐热性较好的刀具材料不易磨损。

（3）刀具角度。适当增大刀具前角，可以减小切削力，从而减小刀具磨损量。

（4）加工条件。正确使用切削液可以改善切削条件，降低刀具的磨损量。

4. 刀具的磨损过程

刀具的磨损过程主要分为 3 个阶段，如图 6-35 所示。

（1）初期磨损阶段。新刃磨的刀具刚投入使用，其后刀面粗糙不平，由于切削刃锋利，后刀面与加工表面的接触面积较小，压应力较大。这一阶段后刀面的凸出部分很快被磨平，刀具磨损速度较快。

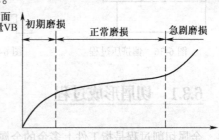

图 6-35　刀具磨损过程

（2）正常磨损阶段。经过初期磨损后，刀具的粗糙表面已经磨平，缺陷减少，进入比较缓慢的正常磨损阶段。后刀面的磨损量随切削时间近似地成比例增加。正常切削时，这个阶段时间较长。

（3）急剧磨损阶段。当刀具的磨损带增加到一定限度后，切削力与切削温度均迅速增高，磨损速度急剧增加。

生产中为了合理使用刀具，保证加工质量，应该在发生急剧磨损之前就及时换刀。

5. 刀具寿命和刀具耐用度

在生产实际中，常常根据切削中发生的一些现象（如出现火花、振动、噪声或加工表面质量下降）来判断刀具是否已经磨钝，但是这种方法并不可靠。

（1）刀具寿命。刀具使用寿命是表征刀具材料切削性能优劣的综合性指标。在相同切削条件下，使用寿命越长，表明刀具材料的耐磨性越好。

 要点提示　在比较不同工件材料的切削加工性时，刀具使用寿命也是一个重要的指标，刀具使用寿命越长，表明工件材料的切削加工性越好。

（2）刀具耐用度。刀具的磨损限度通常用后刀面的磨损程度作为标准，但在生产实际中不可能经常测量后刀面的磨损量来判断刀具是否达到使用极限，而通常按照刀具进行切削加工的时间来判断。

刃磨后的刀具自开始切削直至磨损量达到磨钝标准所经历的实际切削时间称为刀具耐用度，用 T 表示。

 要点提示　通常以切削时间表示刀具耐用度。例如，目前硬质合金车刀的耐用度为 60min，硬质合金铣刀的耐用度为 120～180min，齿轮刀具的耐用度为 200～300min。

6.3　金属切削过程

 问题思考　（1）用刀具切削金属与用压块偏挤压工件有什么区别和联系？观察图 6-36 和图 6-37，通过两者的对比理解切削加工的特点。

（2）图 6-38 所示为切削加工时切屑根部的金相照片，思考切屑是怎样形成的？

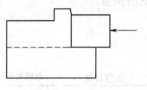

图 6-36 偏挤压过程

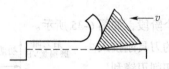

图 6-37 刀具切削加工过程

图 6-38 切屑根部金相照片

6.3.1 切屑形成过程

金属切削过程是指工件上多余的金属层，通过切削加工被刀具切除，成为切屑，从而得到所需要的零件几何形状的过程。

1. 切屑类型

切屑是切削加工过程中的副产品，对分析加工中的问题却有着极其重要的指导意义。根据加工材料和加工条件的不同，常见的切屑有以下 4 种基本类型，如图 6-39 所示。

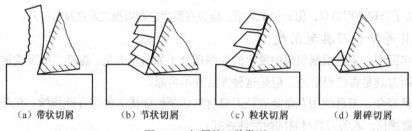

（a）带状切屑　　（b）节状切屑　　（c）粒状切屑　　（d）崩碎切屑

图 6-39　切屑的 4 种类型

（1）带状切屑。加工塑性材料，进给量较小，切削速度较高，刀具前角较大时，往往会得此类切屑。形成带状切屑的切削过程比较平稳，切削力波动较小，已加工表面的粗糙度值较小。

（2）节状切屑。又称挤裂切屑。其外弧表面呈锯齿状，内弧表面有时有裂纹。节状切屑多在切削速度较低、进给量（切削厚度）较大、加工塑性材料时产生。

（3）粒状切屑。又称单元切屑。当切削塑性材料，前角较小（或为负前角）、切削速度较低、进给量较大时易产生单元切屑。

（4）崩碎切屑。切削脆性材料时，因工件材料的塑性很小，抗拉强度也很低，切屑未经塑性变形就在拉应力作用下脆断形成崩碎切屑。工件材料越硬、越脆，进给量越大，越易产生此类切屑。

2. 切屑变形

切削时金属的塑性变形使切下的切屑厚度 h_{ch} 通常要大于切削层厚度 h_D，而切屑长度 l_{ch} 却小于切削长度 l_D，如图 6-40 所示。

图 6-40　切屑形成示意图

（1）切屑变形系数。用切屑厚度与切削层厚度之比或切削长度与切屑长度之比来表示切屑形成时的变形程度，称为切屑变形系数

$$A_h = \frac{h_{ch}}{h_D} = \frac{l_D}{l_{ch}}$$

A_h 值越大，说明切屑的变形程度越大。

136

（2）切屑变形对加工的影响。切屑变形程度对切削力、切削温度以及工件的表面质量都有着重要影响。

要点提示　在其他条件不变的情况下，切屑变形系数越大，切削力越大，切削温度越高，零件表面越粗糙。

在加工过程中，可以根据具体情况采用相应的措施来减小切屑变形，以改善切削过程。

（3）影响切屑变形的因素。对切屑变形有显著影响的因素有以下几个。

① 工件材料：工件材料的强度和硬度越大，变形系数越小，切屑变形越小。

② 刀具几何参数：刀具几何参数中影响最大的是前角。刀具前角 γ_0 越大，切屑变形系数越小。

③ 切削用量。

- 提高切削速度，切削温度升高，摩擦系数减小，切屑变形系数减小。
- 增大进给量，摩擦系数减小，切屑变形系数也会越小。
- 背吃刀量对变形系数基本无影响。

要点提示　在中等速度或较低速度的切削加工中，增大前角可以降低切屑变形系数。此外，对工件进行适当的热处理，可以降低材料的塑性，这样也可以降低切屑变形系数。

6.3.2　积屑瘤

在切削速度不高而又能形成连续性切屑的情况下，加工一般钢材或其他塑性材料时，常在前刀面切削处粘有剖面呈三角状的硬块。这部分冷焊在前刀面的金属称为积屑瘤。

1. 积屑瘤形成的原因

当切屑沿着刀具前刀面流出时，在一定温度和压力作用下，与前刀面接触的切削层底层会受到较大的摩擦阻力，使得这一层金属流出的速度减慢，当摩擦力超过材料的内部结合力时，就会有一部分金属黏附在切削刃附近，形成积屑瘤。

要点提示　积屑瘤形成后不断长大，到一定大小后又会破裂，是一个不断生长和破坏的循环过程。

2. 积屑瘤对切削过程的影响

积屑瘤对切削过程的影响主要包括以下几个方面。

（1）使刀具实际前角（γ_b）增大，切削力减小，如图 6-41 所示。

（2）积屑瘤不断生长和破坏，频率极高，因而可引起切削振动。

（3）积屑瘤的形状和大小不稳定，使加工表面质量降低。

（4）在积屑瘤相对稳定时，可代替刀刃切削，减少刀具磨损；在不稳定情况下，可加剧刀具磨损。

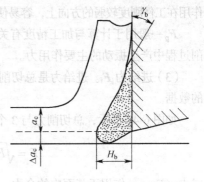

图 6-41　积屑瘤对刀具前角的影响

3. 积屑瘤的控制

影响积屑瘤形成的主要因素有以下几个方面。

（1）工件材料的力学性能。材料塑性越好，越容易形成积屑瘤。加工低碳钢和铝合金等材料时容易产生积屑瘤。可将工件材料进行正火或调质处理，以提高其强度和硬度，降低塑性，然后再进行加工。

（2）切削速度。加工中碳钢工件时，若切削速度很低（小于 5m/mim），切削温度较低，则前刀面与切屑间的摩擦小，不易形成切屑瘤；当切削速度增大（5～10m/mim）时，切削温度升高，摩擦加大，易形成积屑瘤；当切削速度很高（大于 100m/min）时，切削温度较高，无切屑瘤形成。

（3）冷却润滑条件。当切削过程中使用切削液时，切屑和工件之间的摩擦小，不易形成积屑瘤。

> **要点提示**　实际生产中，一般精车、精铣采用高速切削，而拉削、铰削和宽刀精刨时，则采用低速切削，以避免形成切屑瘤。选用适当的切削液，可有效地降低切削温度，减少摩擦，这也是减少和避免切屑瘤的重要措施之一。

6.3.3　切削力

切削力的来源与分解

刀具在切削工件时，必须克服材料的变形抗力，克服刀具与工件以及刀具与切屑之间的摩擦力，才能切下切屑，这些抗力就构成了实际的切削力。

1. 切削力的来源

切削力的来源包括以下两个部分。

（1）切屑形成过程中弹性变形及塑性变形产生的抗力。

（2）刀具与切屑及工件表面之间的摩擦阻力。

2. 切削力的分解

以外圆车削为例，总切削力 F 可以分解为以下 3 个相互垂直的分力。

（1）切削力 F_c。切削力是总切削力在主运动方向上的分力，占总切削力的 80%～90%。该力消耗的机床功率最多，是计算机床动力、主传动系统零件和刀具强度的主要依据。

> **要点提示**　F_c 过大，可能会损坏刀具，并且可能导致电动机负载过重而"闷车"。

（2）背向力 F_p。背向力是总切削力在垂直于工作平面方向上的分力。切削时，该力不消耗功率，作用在工件刚度较弱的方向上，容易使工件变形，甚至产生振动，影响工件的加工精度。

F_p 一般用于计算与加工精度有关的工件挠度和刀具、机床零件的强度等。它也是使工件在切削过程中产生振动的主要作用力。

（3）进给力 F_f。进给力是总切削力在进给运动方向上的分力，是设计和校验进给机构所必需的数据。

如图 6-42 所示，总切削力与 3 个分力的关系满足以下公式

$$F = \sqrt{F_c^2 + F_f^2 + F_p^2} = \sqrt{F_c^2 + F_D^2}$$

式中：F_D——作用于基面内的合力，N。

138

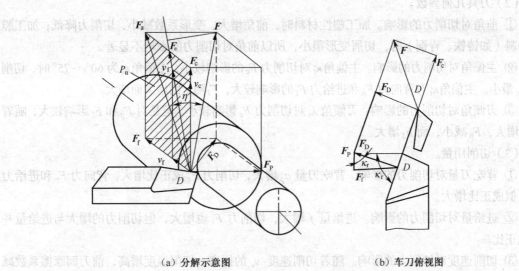

（a）分解示意图　　　　　　　　　（b）车刀俯视图

图 6-42　外圆车削时切削力的分解

3. 切削力的估算

切削力的大小由很多因素决定，如工件材料、切削用量、刀具角度、刀具材料、切削液的使用情况等，其中影响最大的是工件材料和切削用量。

目前，生产实际中采用的切削力计算公式都是通过大量的试验和数据处理而得到的经验公式。其中，指数切削力形式的经验公式应用比较广泛，其形式如下。

$$F_c = C_{F_c} a_p^{X_{F_c}} f^{Y_{F_c}} V^{Z_{F_c}} K_{F_c}$$

$$F_f = C_{F_f} a_p^{X_{F_f}} f^{Y_{F_f}} V^{Z_{F_f}} K_{F_f}$$

$$F_p = C_{F_p} a_p^{X_{F_p}} f^{Y_{F_p}} V^{Z_{F_p}} K_{F_p}$$

式中：F_c、F_f、F_p——切削力、进给力和背向力，N；

C_{F_c}、C_{F_f}、C_{F_p}——取决于工件材料和切削条件的系数；

X_{F_c}、Y_{F_c}、Z_{F_c}、X_{F_f}、Y_{F_f}、Z_{F_f}、X_{F_p}、Y_{F_p}、Z_{F_p}——3 个分力公式中切削速度 v_c、进给量 f 和背吃刀量 a_p 的指数；

K_{F_c}、K_{F_f}、K_{F_p}——当实际加工条件与求得经验公式的试验条件不符时，各种因素对各切削分力的修正系数。

以上各种系数和指数都可以在切削用量手册中查到。

4. 影响切削力的因素

在切削加工中，切削力越大，机床和刀具的负担越大，发热和变形也会越严重，同时还会影响到加工系统的刚度。影响切削力大小的因素主要包括以下方面。

（1）工件材料。

① 工件材料的物理力学性能、加工硬化程度、化学成分、热处理状态以及切削前的加工状态都对切削力的大小产生影响。

② 工件材料的强度、硬度、塑性和加工硬化程度越大，切削力越大。

③ 工件材料的化学成分、热处理状态等因素都直接影响其物理力学性能，因而也影响切削力。

（2）刀具几何参数。

① 前角对切削力的影响。加工塑性材料时，前角增大，变形系数减小，切削力降低；加工脆性材料（如铸铁、青铜）时，切屑变形很小，所以前角对切削力的影响不显著。

② 主偏角对切削力的影响。主偏角 κ_r 对切削力 F_c 的影响较小，主偏角 κ_r 为 60°～75° 时，切削力 F_c 最小。主偏角 κ_r 对背向力 F_p 和进给力 F_f 的影响较大，F_f 随 κ_r 的增大而增大。

③ 刃倾角对切削力的影响。刃倾角 λ_s 对切削力 F_c 影响较小，但是对 F_p 和 F_f 影响较大，随着 λ_s 的增大，F_p 减小，而 F_f 增大。

（3）切削用量。

① 背吃刀量对切削力的影响。背吃刀量 a_p 增大，切削力 F_c 成正比增大，背向力 F_p 和进给力 F_f 近似成正比增大。

② 进给量对切削力的影响。进给量 f 增大，切削力 F_c 也增大，但切削力的增大与进给量并不成正比。

③ 切削速度对切削力的影响。随着切削速度 v_c 的提高，切削温度增高，前刀面摩擦系数减小，变形程度减小，切削力减小。

（4）刀具材料。刀具材料与工件材料之间的亲和性影响它们之间的摩擦，从而影响切削力的大小。

 要点提示　按立方碳化硼（CBN）刀具、陶瓷刀具、涂层刀具、硬质合金刀具和高速钢刀具的顺序，其切削力依次增大。

（5）切削液的影响。切削液具有润滑作用，使切削力降低。切削液的润滑作用越好，切削力的降低越显著。在较低的切削速度下，切削液的润滑作用更为突出。

6.3.4　切削热

所有切削过程中都伴随有大量的热量产生，这些热量就是切削热。

认识切削热　切削热的来源

1．切削热的来源

切削热的来源主要包括以下 3 个方面，如图 6-43 所示。

（1）切屑变形所产生的热量，这是切削热的主要来源。

（2）切屑与前刀面之间摩擦所产生的热量。

（3）工件和后刀面之间摩擦所产生的热量。

2．切削热的传出

切削热主要通过切屑、工件、刀具和周围介质（如空气）向外传出。各个部分传出的比例取决于工件材料、切削速度、刀具材料、刀具几何形状等因素。

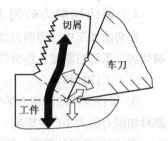

图 6-43　切削热的产生

例如，当使用高速钢车刀并选用适当的切削速度切削钢材时，切屑传出的热量占总热量的50%～86%，工件传出的热量占 10%～40%，刀具传出的热量占 3%～9%，而周围介质传出的热量约占 1%。

 要点提示　传入切屑和介质中的热量越多，对加工越有利。

3．切削热对加工的影响

切削热传入刀具和工件后，对加工过程都会产生较大影响。

（1）对刀具的影响。刀具负担切削部分的体积很小，因此即使是较小的热量传入刀具都可以导致温度升得很高，这对于耐热性不好的刀具材料来说，不但降低了使用性能，还会加速刀具的磨损。

（2）对工件的影响。切削热传入工件后，将导致工件体积膨胀及不均匀变形，使零件产生加工误差。

在切削加工中，要设法减小切削热的产生并改善散热条件，如提高工件材料和刀具材料的热导率或充分浇注切削液，都会使切削温度下降。

6.3.5　切削液

切削加工时，合理使用切削液可以减小切屑与刀具之间的摩擦，降低切削力和切削温度，减少刀具磨损，提高加工表面质量和生产效率。

1．切削液的用途

在切削加工中，切削液的主要用途有以下几方面。

（1）冷却性能。切削液可以降低切削区的温度，其冷却性能的高低取决于液体的热导率、切削液的流量以及流速等。

（2）润滑性能。切削液可以在切屑、工件和刀具之间形成润滑油膜，改善材料的切削性能。切削液的润滑性能取决于其自身的渗透性以及形成润滑油膜的强度。

（3）清洗性能。切削液能清除加工时产生的细碎切屑或磨料微粉，可以减少刀具磨损。切削液的清洗性能取决于其渗透性、流动性以及液体的压力与流量。

（4）防锈性能。切削液中添加的防锈剂可以减少周围介质对机床、刀具和工件的腐蚀，在气候潮湿的地区，这一性能更为重要。

2．切削液的分类

生产中的切削液主要分为以下 3 种类型。

（1）水溶液。水溶液以水作为主要成分，并加入一定量的添加剂，使其具有良好的防锈和润滑能力，冷却和清洗性能好，透明，便于操作者观察加工过程。

（2）切削油。切削油以矿物油（机械油、轻柴油和煤油）和动、植物油作为主要成分，还可以使用各种混合油，在加工时能形成润滑油膜，润滑性能良好。

（3）乳化液。乳化液是在乳化油（矿物油+乳化剂）中加入 95%～98%的水稀释而成，呈乳白色或半透明状，冷却性能良好。

3．切削液的合理选用

选择切削液时，主要遵循以下原则。

（1）粗加工时，主要是为了减小切削力和功率消耗，常采用冷却作用较好的 3%～5%的乳化液。

（2）精加工时，主要是为了改善加工表面质量，降低刀具磨损，减小积屑瘤，提高工件的表面质量，可以采用 15%～20%的乳化液或润滑性能较强的极压切削油。

（3）高速钢刀具红硬性差，需要使用切削液，硬质合金高温性能好，不需使用切削液。

（4）切削液必须连续使用，否则会因为骤冷骤热产生的内应力在刀具内部产生微小裂纹，导致刀具寿命下降。

6.3.6 材料切削性能的改善

材料的切削性能是指在一定切削条件下，材料切削加工的难易程度。对于一种特定的材料，随着加工性质、加工方式以及具体的加工条件的不同，其切削难易程度也不同。

1. 材料的切削性能

衡量材料切削性能的指标很多，如产品质量的高低、刀具耐用度的大小、切削力的大小以及断屑性能等。生产实践中对材料的切削性能进行分类，具体如表 6-2 所示。

表 6-2　　　　　　　　　　常用材料的切削性能

材料切削性能等级	类　别	代 表 材 料	
		类　型	举　例
1	很容易切削材料	有色金属	铝铜合金、铝镁合金
2	容易切削材料	易切削钢	退火 15Cr
3		较易切削钢	正火 30 钢
4	普通材料	一般钢和铸铁	45 钢、灰铸铁、一般结构钢
5		稍难切削材料	2Cr13 调质、85 钢轧制
6	难切削材料	较难切削材料	45Cr 调质、60Mn 调质
7		难切削材料	50CrV 调质
8		很难切削材料	镍基高温合金

2. 影响材料切削性能的因素

影响材料切削性能的主要因素有以下几方面。

（1）材料的硬度。材料的硬度越高，切削力越大，刀具磨损加剧，加工性能变差。

（2）材料的强度。材料的强度越高，切削力越大，刀具磨损加剧，加工性能变差。

（3）材料的塑性和韧性。强度相同时，塑性和韧性越大的材料，变形越大，切削力越大，切削性能变差。

（4）材料的导热性。材料导热性越好，由切屑和工件传出的热量越多，有利于降低切削区温度，能改善材料的切削性能。

（5）材料的化学成分。材料中含碳量越高，材料强度和硬度越高，切削力越大，刀具越容易磨损；含碳量太低，塑性和韧性较高，不易断屑，加工表面粗糙。

 要点提示　　合金元素 Cr、Ni、V、Mo、W 和 Mn 能提高材料的强度和硬度，其含量越高对切削加工越不利。

3. 改善材料切削性能的方法

在实际生产中可以采用以下方法改善材料的切削性能。

（1）调整材料的化学成分。在不影响材料使用性能的前提下，在钢中适当加入一种或几种合金元素（如 S、Pb、Ca 和 P），可以减小切削力，改善断屑性能，提高刀具耐用度。

（2）对材料进行热处理。在实际生产中，常通过预先热处理的方法来改善材料的切削性能。例如，低碳钢经正火或冷拔处理，其塑性减小，硬度略有提高，切削性能被强化；高碳钢经过球化退火，其硬度降低，能改善切削性能；中碳钢经过退火处理后可以降低其硬度，改善切削性能。

本章小结

本章主要讲述金属切削加工的基础知识。要实现正确的切削加工，工件和刀具之间必须具有正确的相对运动，称为切削运动。切削运动主要包括主运动和进给运动两种，机床的类型不同，这两种运动的实现方式也不同。

在一般的切削加工中，切削用量包括切削速度、进给量和背吃刀量（切削深度）三要素。选择切削用量的顺序为：首先选尽可能大的背吃刀量 a_p，其次选尽可能大的进给量 f，最后选尽可能大的切削速度 v。切削刀具应该具有一定的强度、耐热性和工艺性，为了确保加工的顺利进行，刀具都具有一定的角度，刀具角度越大，刀具越锋利，切削能力越强，但是刀具的实体尺寸越小，刀具强度越低，越容易磨损。

在切削过程中，切屑形成时都要压缩变形，同时还可能在刀具表面产生积屑瘤，这些都是切削过程中的重要特征。此外，在切削过程中，通常还伴有切削力和切削热，并导致加工系统温度升高。刀具的磨损主要发生在前刀面和后刀面，磨损后的刀具必须尽快更换，否则不但导致加工质量下降，还可能加速刀具的磨损，使之报废。

思考与练习

（1）什么是切削运动，主要包括哪两种运动形式？

（2）根据刀具工作的具体条件说明刀具应该具备的性能。

（3）说明车削加工时切削用量三要素的名称、代号和单位。

（4）简述切削用量三要素的选用原则。

（5）刀具角度越大，是否其使用性能越好？

（6）何谓积屑瘤？对切削加工有何影响？

（7）简述切削用量的选用原则。

（8）简要说明车刀主偏角、副偏角、前角、后角和刃倾角的作用。

（9）提高切削速度，是否一定能够提高生产率？

（10）根据以下角度画图表示该车刀：$\gamma_o=15°$、$\alpha_o=6°$、$\kappa_r=90°$、$\kappa_r'=90°$、$\lambda_s=-5°$。

第7章

普通切削机床及其应用

使用热加工方法制作毛坯后，接下来需要借助各种机床设备对其进行切削加工，以获得具有特定精度和表面质量的产品。金属切削加工的具体操作是在金属切削机床上完成的，机械加工的目的就是根据零件的结构特点顺次选取一组机床来逐步切除零件上多余的材料。

※【学习目标】※

- 熟悉机床的种类及其特点。
- 掌握车床的种类、装备及其典型应用。
- 掌握铣床的种类、装备及其典型应用。
- 掌握钻床的种类、装备及其典型应用。
- 熟悉磨床、刨床、镗床和拉床的特点及其应用。

※【观察与思考】※

（1）图 7-1 所示为一些在生产中常用的机床，观察这些机床，说说各自的特点？

图 7-1　常见的普通机床

（2）图 7-2 所示为一些典型零件，想一想这些零件都适合在什么机床上加工？

图 7-2　典型机械产品

7.1　金属切削机床的分类、型号及其组成

在生产实际中，根据加工性质和所用刀具的不同，机床可以划分为多种类型，每一种类型的机床根据各自的性能和特点又可以细分为不同的型号。

7.1.1　机床的分类

机床的分类方法很多，最常用的是按机床的加工性质和所用刀具来分类。按照这种方法分类，我国将机床分为 12 大类，各类机床的用途如表 7-1 所示。

表 7-1　　　　　　　　　　　各类机床的用途

种　类	用　途	种　类	用　途
车床	用于加工回转体零件	铣床	用于平面和成型面加工
钻床	用于粗加工孔	刨插床	用于平面和沟槽加工
镗床	用于加工尺寸较大的孔和非标准孔	拉床	用于高效率加工平面和孔等
磨床	用于对零件表面精加工	特种加工机床	实现各种特种加工方法
齿轮加工机床	专门用于齿轮加工	锯床	用于下料和切断
螺纹加工机床	专门用于螺纹加工	其他机床	

每一类机床又可按其结构、性能和工艺特点的不同细分为若干组，如车床类有普通车床、立式车床、六角车床、多刀半自动车床、单轴自动车床和多轴自动车床等。

7.1.2　机床的型号

机床型号用汉语拼音字母和阿拉伯数字组合而成。

1. 机床型号的内容

机床型号包含机床的类别代号、机床的特性代号、机床的组别和型别代号、主要性能参数代号以及机床重大改进序号等，其表示方法如图 7-3 所示。

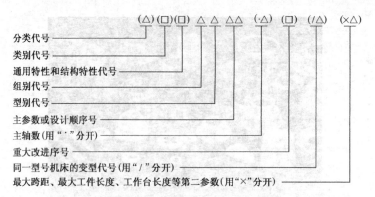

图 7-3   通用机床型号的表示方法

 要点提示　　有 "□" 符号处为大写的汉语拼音字母；有 "△" 符号处为阿拉伯数字；有 "（ ）" 的代号或数字，当无内容时不表示，若有内容则应去掉括号。

2. 机床的类别代号

用大写的汉语拼音字母代表机床的类别，例如用 "C" 表示 "车床"，读作 "车"。详细的类别代号如表 7-2 所示。

表 7-2　　　　　　　　　　　　　　　　机床的类别代号

类别	车床	钻床	镗床	磨床			齿轮加工机床	螺纹加工机床	铣床	刨插床	拉床	电加工机床	切断机床	其他机床
代号	C	Z	T	M	2M	3M	Y	S	X	B	L	D	G	Q
含义	车	钻	镗	磨	2磨	3磨	牙	丝	铣	刨	拉	电	割	其

3. 机床的特性代号

机床的特性代号包括通用特性和结构特性，也用汉语拼音字母表示。表 7-3 所示为各种通用特性，使用时直接加在类别代号之后，如 CM6132 型号中 "M" 表示 "精密" 之意，指精密普通车床。

表 7-3　　　　　　　　　　　　　　　　床通用特性代号

通 用 特 性	代 号	通 用 特 性	代 号
高精度	G	自动换刀	H
精度	M	仿形	F
自动	Z	万能	W
半自动	B	轻型	Q
数字程序控制	K	简式	J

4. 机床的组别和型别代号

每一类机床分为若干组，每组又分为若干型。用两位数字作为组别和型别代号，位于类别和特性代号之后，第 1 位数字表示组别，第 2 位数字表示型别。

5. 机床主参数

表示机床规格和加工能力的主要参数，用两位十进制数并以折算值表示。例如，车床的主参数是工件的最大回转直径数除 10，即为主参数值。

要点提示　有时候，型号中除主参数外还需表明第 2 主参数（亦用折算值），以"×"号分开。

7.1.3　机床的组成

普通车床的结构

各类机床通常都由下列基本部分组成。

1．动力源

动力源为机床提供动力（功率）和运动的驱动部分，如各种交流电动机、直流电动机和液压传动系统的液压泵和液压电动机等，如图 7-4 所示。

（a）液压泵　　　　　　　　　（b）液压电动机

图 7-4　动力源

2．传动系统

传动系统包括主传动系统、进给传动系统和其他运动的传动系统，如变速箱、进给箱等部件，有些机床主轴组件与变速箱合在一起成为主轴箱，如图 7-5 所示。

3．支撑件

支撑件用于安装和支撑其他固定的或运动的部件，承受其重力和切削力，如床身、底座、立柱等。支撑件是机床的基础构件，也称为机床大件或基础件，如图 7-6 所示。

图 7-5　机床的传递系统　　　　　　图 7-6　机床床身

4．工作部件

工作部件主要包括以下部分。

（1）与主运动和进给运动有关的执行部件，如主轴及主轴箱（见图 7-7），工作台及其溜板或滑座，刀架及其溜板以及滑枕等安装工件或刀具的部件。

机械制造基础（第3版）

（2）与工件和刀具有关的部件或装置，如自动上下料装置、刀架（见图 7-8）、砂轮修整器等。

图 7-7　主轴箱

图 7-8　刀架

（3）与上述部件或装置有关的分度、转位、定位机构和操纵机构等。不同种类的机床由于其用途、表面形成运动和结构布局的不同，这些工作部件的构成和结构差异很大。

5．控制系统

控制系统用于控制各工作部件的正常工作，主要是电气控制系统，有些机床局部采用液压或气动控制系统。数控机床则是数控系统。

6．其他系统

其他系统主要包括冷却系统、润滑系统、排屑装置和自动测量装置等。

课堂练习

观察图 7-9 所示的普通机床结构，思考下列问题。

（1）简要说明普通机床的主要组成部分及其用途。

（2）简述普通机床的变速原理、动力和运动传递原理。

（3）在机床上加工零件时，首要的要求是必须控制加工误差，确保产品的加工精度，想一想，机床结构上的哪些因素有利于确保零件的加工精度？

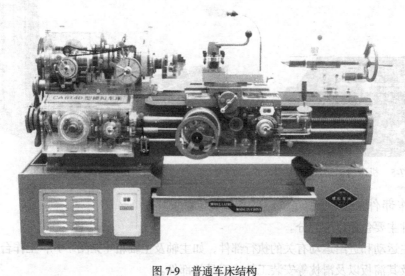
图 7-9　普通车床结构

148

7.2　车床和车削加工

问题思考　观察图 7-10 所示的车床，想一想它们有何区别，分别适用于哪些加工场合。

车床是车削加工的主要装备。车削是在车床上利用工件的旋转运动和刀具的移动来改变毛坯形状和尺寸，将其加工成回转体零件的一种切削加工方法。

（a）卧式车床　　　　　　　　　　（b）立式车床

图 7-10　车床

7.2.1　车床的特点和分类

车床种类丰富，根据其结构、性能和工艺特点的不同可分为卧式车床、立式车床、转塔车床、自动车床及数控车床等。其中最常用的普通车床为卧式车床。

1. 卧式车床的应用范围和加工特点

卧式车床是常见的车床类型，如图 7-11 所示。其主轴水平布置，适用于加工各种轴类、套筒类和盘类零件上的内外圆柱面、圆锥面及成形回转表面，还可以加工各种螺纹以及钻孔和滚花等操作。

要点提示　卧式车床加工对象广泛，主轴转速和进给量的调整范围大，其加工尺寸公差等级可达 IT8～IT7，表面粗糙度 Ra 值可达 1.6μm，适用于单件、小批生产和修配车间。

2. 卧式车床的结构组成

图 7-12 所示为普通卧式车床的结构示意图。

（1）床身 6 安装在底座 10 上，主轴箱 1 固定在床身 6 的左端，内装主轴和变速传动机构。

（2）工件装夹在主轴前端，主运动是工件随主轴的旋转运动。

（3）尾座 5 可根据工件的长度沿床身顶面导轨做纵向移动。

图 7-11　卧式车床

（4）进给箱 11 是进给运动中传动链变换传动比的主要变速装置。

（5）溜板箱 9 通过丝杠 8 把进给箱传来的运动传递给刀架 3，刀架 3 随之纵向进给、横向进给、快速移动或车螺纹，实现不同的加工要求。

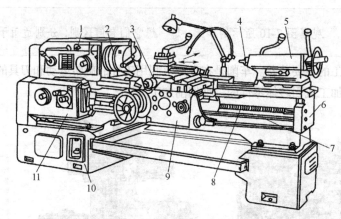

图 7-12 卧式车床的结构

1—主轴箱；2—夹盘；3—刀架；4—后顶尖；5—尾座；6—床身；7—光杆；

8—丝杠；9—溜板箱；10—底座；11—进给箱

7.2.2 车刀

车刀种类丰富，可以加工外圆、内孔、端面、螺纹、切槽或切断等不同的加工工序，具体如表 7-4 所示。

表 7-4 车刀类型

车刀类型		特 点	图 片
外圆车刀	直头外圆车刀	主偏角与副偏角基本对称，一般为 45°，常用于车削外圆表面	
	弯头外圆车刀	其刀头强度高，广泛用于车削外圆柱、外圆锥表面和端面，适用于粗车加工余量大、表面粗糙、有硬皮或形状不规则的零件，能承受较大的冲击力	
	90°外圆车刀	也称偏刀，用于加工细长轴和刚性不好的轴类零件、阶梯轴、凸肩以及端面等。偏刀分为左偏刀和右偏刀两种，常用的是右偏刀，主偏角为 90°	

续表

车刀类型	特　　点	图　　片
端面车刀	专门用于加工工件的端面，一般由工件外圆向中心推进，加工带孔的工件端面时，也可由中心向外圆进给	
内孔车刀	内孔车刀分为通孔车刀和不通孔车刀两种，通孔刀的主偏角为 45°～75°，不通孔刀的主偏角大于 90°	
切断（槽）刀	用于切断工件或切窄槽。切断刀和切槽刀结构相似，区别在于切断刀的刀头伸出较长且宽度很小，刚性相对较差；切槽刀刀头伸出的长度和宽度取决于被加工加槽的深度和宽度	
螺纹车刀	常用的螺纹车刀有三角形螺纹车刀、方形螺纹车刀、梯形螺纹车刀等。采用三角形螺纹车刀车削公制螺纹时，其刀尖角必须为 60°，前角取 0°	

课堂练习　如果要顺利切掉铸件或锻件外部大余量的材料，使用哪种车刀比较合适？要考虑到这部分材料由于受加工硬化作用，切削阻力大，对刀具的冲击也大。

7.2.3　车床夹具

机床夹具用来固定加工对象，以接受加工或检测，并保证加工要求。

1. 三爪卡盘

三爪卡盘工作时 3 个卡爪联动，同时做向心或离心移动把工件夹紧或松开，实现自动定心和夹紧，如图 7-13 所示。三爪卡盘装夹方便，但定心精度不高，适用于普通车床。

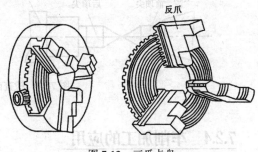
图 7-13　三爪卡盘

2. 四爪卡盘

四爪卡盘具有 4 个对称分布的卡爪，每一个卡爪均可以独立移动。可根据工件的大小、形状调节各卡爪的位置，如图 7-14 所示。适合于装夹截面为矩形、正方形、椭圆形或其他不规则形状的工件。

装夹工件时，需要将工件加工部分的旋转轴线找正到与车床主轴的回转线相一致，这时需要预先在工件上划线并结合划针或百分表等找正，如图7-15所示。

图 7-14　四爪卡盘

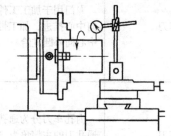

图 7-15　四爪卡盘找正工件

3. 顶尖

顶尖是装夹在主轴锥孔和尾座套筒内的附件。对于较长的工件（如长轴、丝杆等）或同轴度要求比较高且需要调头加工的轴类工件，需用两顶尖装夹工件，如图7-16所示。

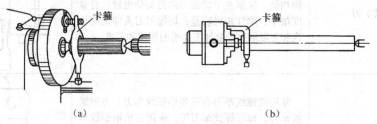

（a）　　　　　　　　　　（b）

图 7-16　两顶尖装夹工件

 前顶尖通常为普通顶尖，装在主轴孔内，并随主轴一起转动；后顶尖为活顶尖，装在尾架套筒内。

工件通过中心孔顶在前后顶尖之间的装夹方法称为两顶尖装夹。装夹工件时，必须检查前后顶尖的中心位置。如图7-17所示，移动车床尾座，使前后顶尖接触，目测是否对准，如有偏移，应调整尾座的横向位置，直至对准。

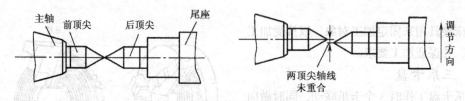

图 7-17　检查前后顶尖对中方法

7.2.4　车削加工的应用

车削可以加工各种回转表面，如内外圆柱面、内外圆锥面、螺纹、沟槽、端面以及成型面等，其具体应用如图7-18所示。

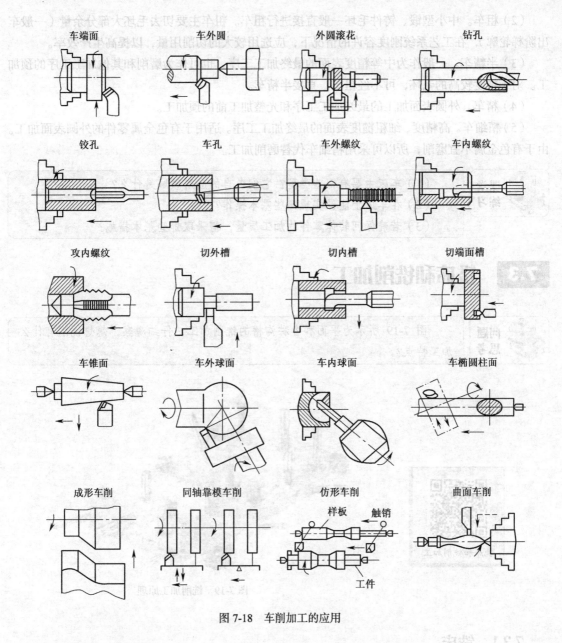

图 7-18　车削加工的应用

1．车床选择原则

（1）单件或小批量生产各种轴、套和盘类零件时，选用通用性较强的卧式车床。

（2）加工直径大而长度较短的重型零件可选用立式车床。

（3）大批量生产外形复杂且具有内孔及螺纹的中小型轴、套类零件可选用转塔车床。

（4）大批量生产形状不复杂的小型零件（如螺钉和螺母等）可选用半自动或自动车床。

（5）加工形状复杂且精度较高的轴类零件可选用数控车床。

2．车削方式

（1）荒车。自由锻件和大型铸件的毛坯加工余量很大，为了减少毛坯外圆的形状误差和位置偏差，使后续工序加工余量均匀，使用荒车去除外表面的氧化皮，一般切除余量为单面 1～3mm。

153

（2）粗车。中小型锻、铸件毛坯一般直接进行粗车。粗车主要切去毛坯大部分余量（一般车出阶梯轮廓），在工艺系统刚度容许的情况下，应选用较大的切削用量，以提高生产效率。

（3）半精车。一般作为中等精度表面的最终加工工序，也可作为磨削和其他加工工序的预加工。对于精度较高的毛坯，可不经粗车，直接半精车。

（4）精车。外圆表面加工的最终加工工序和光整加工前的预加工。

（5）精细车。高精度、细粗糙度表面的最终加工工序。适用于有色金属零件的外圆表面加工。由于有色金属不宜磨削，所以可采用精细车代替磨削加工。

> （1）车床主要有哪些类型？它们各自的应用领域是什么？
> （2）在车床上能够实现哪些基本操作？
> （3）若确保回转体零件的加工质量，需采取哪些基本措施？

7.3　铣床和铣削加工

> 图7-19所示为平面和各种沟槽的铣削加工，仔细观察，想想铣削有什么加工特点？

图 7-19　铣削加工原理

7.3.1　铣床

铣床的种类很多，最常用的是卧式铣床、立式铣床和龙门铣床。

1. 卧式万能铣床

卧式万能铣床如图7-20所示，其主轴轴线与工作台平面平行，呈水平位置。工作台可沿纵、横、垂直3个方向移动，并可在水平面内回转一定的角度。

2. 立式铣床

立式铣床如图7-21所示，其主轴与工作台面相互垂直，头架还可在垂直面内旋转一定角度，以铣削斜面。立式铣床可加工平面、斜面、键槽、T形槽及燕尾槽等。

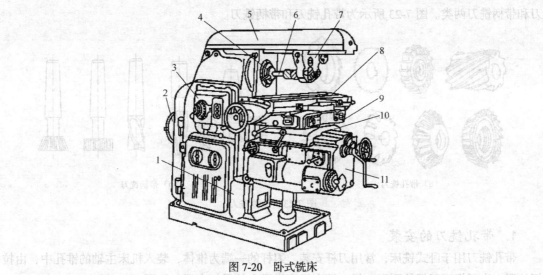

图 7-20　卧式铣床

1—床身；2—电动机；3—主轴变速机构；4—主轴；5—横梁；6—刀杆；

7—吊架；8—纵向工作台；9—转台；10—横向工作台；11—升降台

3. 龙门铣床

龙门铣床如图 7-22 所示。框架两侧各有垂直导轨，其上安装有两个侧铣头；框架上面是横梁，其上安装有两个铣头。

　要点提示　龙门铣床有 4 个独立的主轴，各轴均可安装一把刀具，通过工作台的移动，几把刀具同时对几个表面进行加工，生产效率较高。

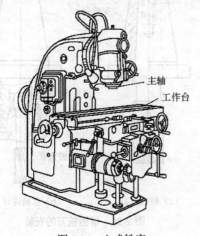

主轴

工作台

图 7-21　立式铣床

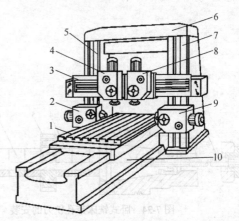

图 7-22　龙门铣床

1—工作台；2、4、8、9—铣头；3—横梁

5、7—立柱；6—顶梁；10—床身

7.3.2　铣刀

铣刀的种类很多，按材料不同，铣刀分为高速钢和硬质合金钢两类；按安装方法分为带孔铣

刀和带柄铣刀两类。图7-23所示为带孔铣刀和带柄铣刀。

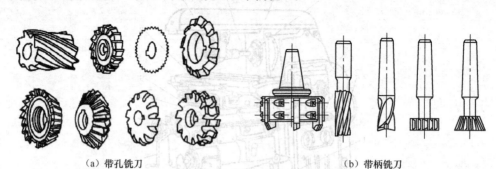

（a）带孔铣刀　　　　　　　　　　　　（b）带柄铣刀

图7-23　各种铣刀

1. 带孔铣刀的安装

带孔铣刀用于卧式铣床，常用刀杆安装。刀杆的一端为锥体，装入机床主轴的锥孔中，由拉杆拉紧。为了提高刀杆的刚度，另一端由机床横梁上的吊架支撑，如图7-24所示。

2. 带柄铣刀的安装

带柄铣刀多用于立式铣床上，按刀柄的形状不同可分为直柄和锥柄两种。锥柄铣刀安装首先选用过渡锥套，再用拉杆将铣刀及过渡锥套一起拉紧在立轴端部的锥孔内，如图7-25（a）所示；直柄铣刀一般直径较小，多用弹簧夹头进行安装，如图7-25（b）所示。

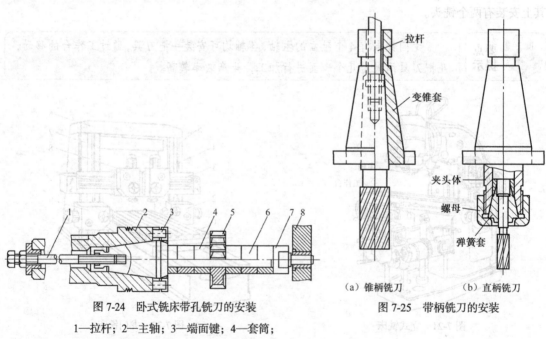

图7-24　卧式铣床带孔铣刀的安装

1—拉杆；2—主轴；3—端面键；4—套筒；
5—铣刀；6—刀杆；7—螺母；8—吊架

图7-25　带柄铣刀的安装

7.3.3　铣床夹具

为了承受较大的铣削力和断续切削所产生的振动，铣床夹具要有足够的夹紧力、刚度和强度。

1．机用平口虎钳

对于中小尺寸、形状规则的工件，宜采用机用虎钳装夹，机用平口虎钳的结构如图 7-26 所示。安装虎钳时，应擦净虎钳底面及铣床工作台面，增加虎钳的刚性，安装后，应调整虎钳与机床的相对位置。

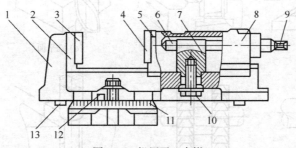

图 7-26　机用平口虎钳

1—钳体；2—固定钳口；3、4—钳口铁；5—活动钳口；6—丝杆；7—螺母；8—活动座；
9—方头；10—吊装螺钉；11—回转底盘；12—钳口零线；13—定位键

2．压板

尺寸较大的工件可用螺栓、压板直接将其装夹于工作台上，为确定工件与铣刀的正确位置，一般需找正工件。压板的正确使用方法如图 7-27（a）所示，不正确的使用方法如图 7-27（b）所示。

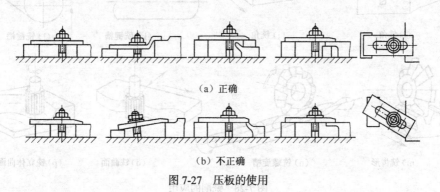

（a）正确

（b）不正确

图 7-27　压板的使用

7.3.4　铣削的应用

铣刀的形状和类型多样，再配上分度头、圆形工作台等附件后，其加工范围非常广泛，可以用于加工各种水平面、垂直面、斜面、沟槽及成型面等，如图 7-28 所示。

铣削加工的工件尺寸公差等级一般为 IT7～IT9 级，表面粗糙度 Ra 的范围为 1.6～6.3μm。

1．平面铣削

图 7-29 所示为面铣刀铣削平面，铣削时刀杆刚度好，铣削厚度变化小，同时参加工作的刀齿数较多，切削平稳，加工表面质量高，生产效率高。

图 7-30 所示为立铣刀铣削凸台平面（或侧面），当铣削宽度较大时，应选用较大直径的立铣刀，以提高铣削效率。

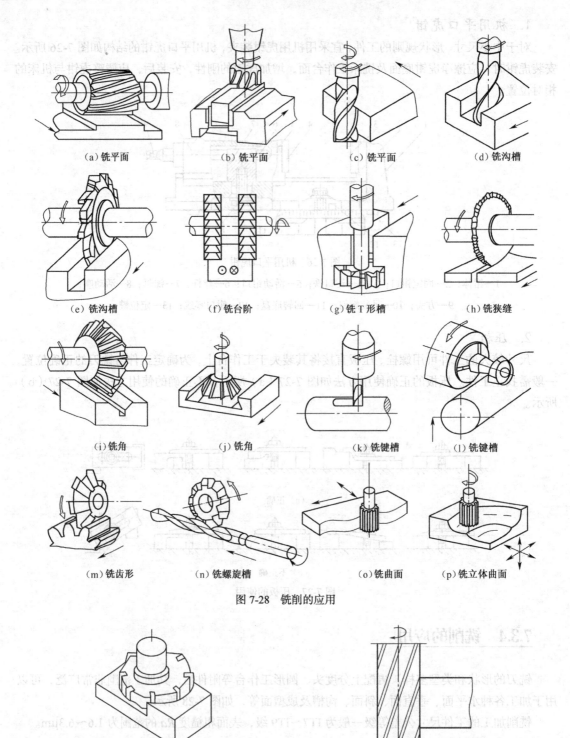

图 7-28　铣削的应用

图 7-29　面铣刀铣削平面　　　　图 7-30　立铣刀铣削凸台平面

2. 沟槽铣削

图 7-31 所示为立铣刀铣削各种凹坑平面或各种形状的孔。先在任一边钻一个比铣刀直径略小的孔，以便于轴向进刀。

158

图 7-32 所示为键槽铣刀铣削各种键槽。先在任一端钻一个直径略小于键宽的孔，铣削时铣刀轴线应与工件轴线平行。

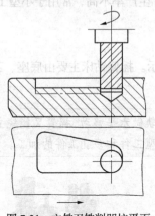

图 7-31　立铣刀铣削凹坑平面

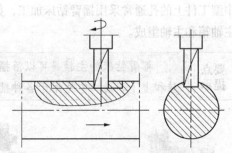

图 7-32　键槽铣刀铣削键槽

3. 成形面铣削

图 7-33 所示为成形花键铣刀铣削直边花键轴，铣刀宽度的对称平面应通过工件轴线。图 7-34 所示为凸半圆铣刀铣削各种半径的凹形面或半圆槽及各种半径的凸形面。

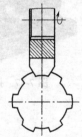

图 7-33　成形花键铣刀铣削直边花键轴

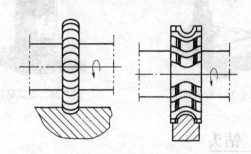

图 7-34　凸半圆铣刀铣削各种半径的凹形面、凸形面

 课堂练习

（1）想一想在铣床上能够实现哪些基本操作？

（2）若要确保平面类表面加工的质量，需要采取哪些基本措施？

7.4　钻床和钻削加工

大多数机器零件上都有各种形状的孔或孔组，这些孔或孔组的加工大都离不开钻床。

7.4.1　钻床

钻床和钻削加工

钻床的种类很多，常用的有台式钻床、立式钻床和摇臂钻床。

1. 台式钻床

单件和小批量生产中，中小型工件上的小孔（直径小于 13 mm）常用台式钻床加工，如图 7-35 所示。其底座用以支撑台钻的立柱、主轴等部分同时也是装夹工件的工作台。

2. 立式钻床

中小型工件上直径较大的孔（直径小于50mm）常用立式钻床加工，如图7-36所示。立式钻床的主轴位置在水平方向相对于工作台是固定的，操作不便，生产率不高，常用于小型工件的单件、小批量加工。

3. 摇臂钻床

大中型工件上的孔通常采用摇臂钻床加工，如图7-37所示。摇臂钻床主要由底座、工作台、立柱、主轴箱和主轴组成。

 要点提示 　　摇臂钻床的主轴箱可以沿摇臂的横向导轨做水平移动，摇臂又能绕立柱回转和上下移动。它适用于各种批量的大、中型工件和多孔工件的加工。

图 7-35　台式钻床　　　　　　　图 7-36　立式钻床　　　　　　　图 7-37　摇臂钻床

7.4.2　钻头

钻床上用来钻孔的刀具称为钻头，俗称为麻花钻，工作部分经热处理淬硬至62～65HRC。

1. 麻花钻的组成

麻花钻的结构如图7-38所示，它由柄部、颈部和工作部分组成。柄部是麻花钻的夹持部分，有直柄和锥柄两种类型。

 要点提示 　　直柄传递的扭矩较小，一般用于直径小于12mm的钻头；锥柄可传递较大的扭矩，用于大于12mm的钻头。

 课堂练习 　　锥柄上的扁尾除了可以传递较大扭矩外，还可以避免钻头在主轴锥孔或钻套中转动。除此之外，它在拆卸钻头方面还有什么作用？

2. 麻花钻刀刃的特点

麻花钻的切削部分由两个刀瓣组成，每个刀瓣相当于一把车刀。麻花钻有两条对称的主切削刃，两主切削刃中间由横刃相连，两个主切削刃在与其平行的平面上投影的夹角称为顶角，通常为118±2°。

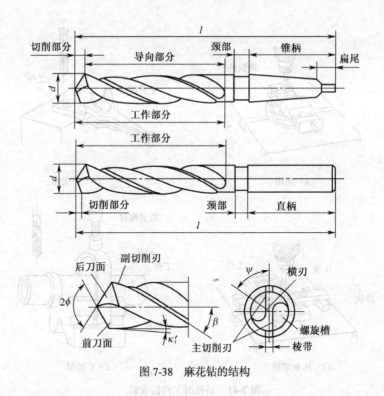

图 7-38　麻花钻的结构

直柄麻花钻一般用钻夹头装夹,如图 7-39 所示。锥柄麻花钻一般用过渡套筒安装,如图 7-40 所示。

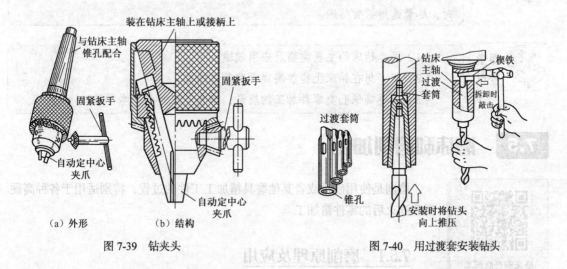

（a）外形　　（b）结构

图 7-39　钻夹头　　　　　　　　　　图 7-40　用过渡套安装钻头

 要点提示
如果用一个过渡套仍无法与主轴锥孔配合,还可以用两个或多个套筒做过渡连接。套筒上端接近扁尾处的长方形横孔是卸钻头时打入楔铁用的。

钻孔时,小型工件通常用虎钳或平口钳装夹;较大的工件可用压板螺栓直接安装在工作台上;在圆柱形工件上钻孔可放在 V 形铁上进行,如图 7-41 所示。

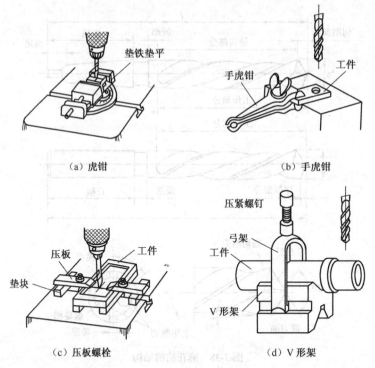

（a）虎钳　　　　　　　　　　（b）手虎钳

（c）压板螺栓　　　　　　　　（d）V形架

图7-41　钻孔时工件的安装

要点提示　　在钻床上钻孔时要选用合理的切削液，在钻床上攻丝时，要使用润滑油；钻深孔时，要适当控制进给量并保持排屑通畅；钻削具有较高位置精度的孔组时，尽量选用摇臂钻床。

课堂练习　　（1）思考钻床的主要类型及应用领域。
（2）想一想在钻床上能够实现哪些基本操作？
（3）若要确保孔类零件加工的质量，需要采取哪些基本措施？

7.5　磨床和磨削加工

磨床和磨削加工

磨削加工的基本原理

磨削是使用砂轮或者其他磨具精加工工件的过程，特别适用于各种高硬度和淬火后的零件精加工。

7.5.1　磨削原理及应用

磨削加工是一种重要的零件精加工方法，在生产中应用广泛。

1．磨削加工原理

砂轮表面上的每个磨粒可以看成一个微小刀齿，突出的磨粒尖棱可以看成微小的切削刃，这些刀齿随机地排列在砂轮表面上，如图7-42所示。

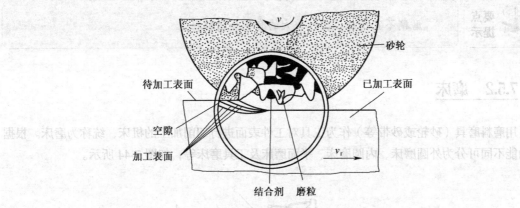

图 7-42　砂轮的结构

砂轮的切削过程大致可以分成以下 3 个阶段。

- 第 1 阶段：磨粒从工件表面滑擦而过，只有弹性变形而无切屑形成。
- 第 2 阶段：磨粒切入工件表面，刻划出沟痕并形成隆起。
- 第 3 阶段：切削层厚度增大到某一临界值时，切下切屑。

2. 磨削加工的应用

磨削常用于半精加工和精加工，可以加工的零件材料范围广泛，既可以加工铸铁、碳钢、合金钢等一般结构材料，又能够加工高硬度的淬硬钢、硬质合金、陶瓷和玻璃等难切削的材料。

磨削可以加工平面、外圆面、内圆面、齿轮齿形、螺纹、花键等各种各样的表面，如图 7-43 所示，还常用于各种刀具的刃磨。

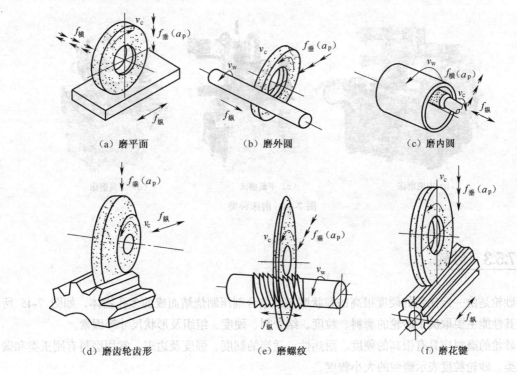

图 7-43　磨削加工范围

要点提示 磨削不宜精加工塑性较大的有色金属材料。

7.5.2 磨床

用磨料磨具（砂轮或砂带等）作为工具对工件表面进行切削加工的机床，统称为磨床。根据其功能不同可分为外圆磨床、内圆磨床、平面磨床及工具磨床等，如图 7-44 所示。

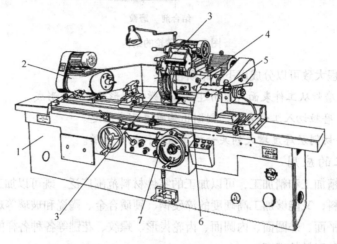

（a）M1432A 型万能外圆磨床结构图

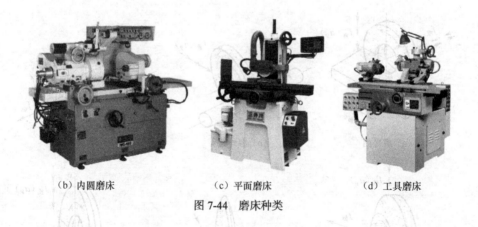

（b）内圆磨床 （c）平面磨床 （d）工具磨床

图 7-44 磨床种类

7.5.3 砂轮

砂轮是由一定比例的硬度很高的粒状磨料和结合剂压制烧结而成的多孔物体，如图 7-45 所示，其性能主要取决于砂轮的磨料、粒度、结合剂、硬度、组织及形状尺寸等因素。

砂轮的磨料应具有很高的硬度、耐热性，适当的韧度、强度及边刃。常用磨料有刚玉类和碳化硅类。砂轮粒度表示磨粒的大小程度。

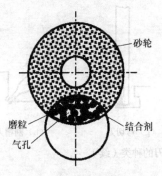

认识砂轮

图 7-45　砂轮的构造

要点
提示

　　砂轮粒度号越大，加工表面的粗糙度越小，生产率越低，精加工宜选粒度号小（颗粒较粗）的砂轮，粗加工则选用粒度号大（颗粒较细）的砂轮。

课堂
练习

　　（1）想一想在磨床上能够实现哪些基本操作？
　　（2）磨削加工时，确保零件加工质量的基本措施有哪些？

7.6　刨床和刨削加工

　　刨床以刨刀相对工件的往复直线运动与工作台（或刀架）的间歇进给运动实现切削加工，如图 7-46 所示，主要用在单件小批量生产中，在维修车间和模具车间应用较多。

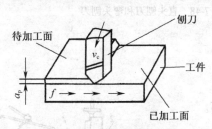

刨床和刨削加工

图 7-46　牛头刨床的刨削要素

7.6.1　刨刀

常用的刨刀有平面侧刀、台阶侧刀、普通偏刀、台阶偏刀等，如图 7-47 所示。

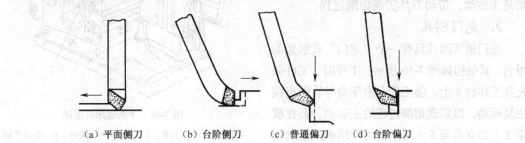

（a）平面侧刀　　　（b）台阶侧刀　　　（c）普通偏刀　　　（d）台阶偏刀

图 7-47　刨刀的种类

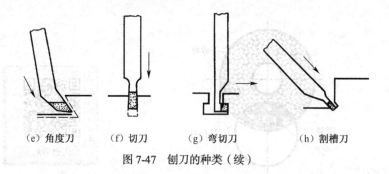

| （e）角度刀 | （f）切刀 | （g）弯切刀 | （h）割槽刀 |

图 7-47　刨刀的种类（续）

要点提示　　　刨刀的几何参数与车刀相似，但是切入和切出工件时，冲击大，容易发生"扎刀"现象。因而刨刀刀杆截面较粗大，以增加刀杆刚性、防止折断，同时做成弯头状，这样刀刃碰到工件上的硬点时，容易弯曲变形，而不会像直头刨刀那样使刀尖扎入工件，如图 7-48 所示。

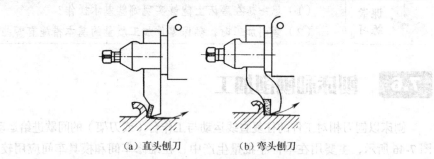

| （a）直头刨刀 | （b）弯头刨刀 |

图 7-48　直头刨刀和弯头刨刀

7.6.2　刨床

刨床主要有牛头刨床、龙门刨床和插床等。

1. 牛头刨床

牛头刨床因其滑枕和刀架形似牛头而得名，它主要由床身、滑枕、刀架及工作台横梁等部件组成，如图 7-49 所示。工作时，装有刀架的滑枕 3 沿床身顶部的导轨做直线往复运动是主运动，带动刀具实现切削过程。

2. 龙门刨床

龙门刨床因其具有一个"龙门"式框架而得名，其结构如图 7-50 所示。工作时，工件装夹在工作台 9 上，随工作台沿床身导轨做直线往复运动，以实现切削过程的主运动。装在横梁 2 上的立刀架 5、6 可沿横梁导轨做间歇的横向进给运动。

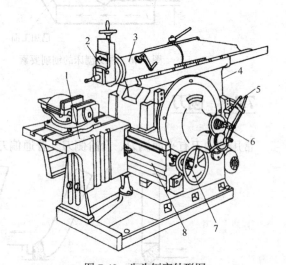

图 7-49　牛头刨床外形图

1—工作台；2—刀架；3—滑枕；4—床身；5—变速手柄；
6—滑枕行程调节柄；7—横向进给手柄 ；8—横梁

3. 插床

插床实质上是立式刨床，其结构如图 7-51 所示。加工时，滑枕 5 带动刀具沿立柱导轨做直线往复运动，以实现切削过程的主运动。工件安装在圆工作台 4 上，工作台可实现纵向、横向和圆周方向的间歇进给运动。

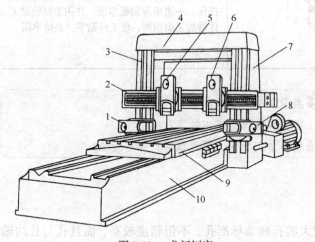

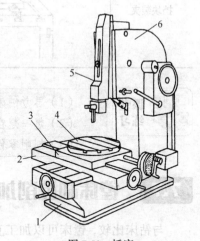

图 7-50　龙门刨床

1、8—侧刀架；2—横梁；3、7—立柱；4—顶梁；

5、6—立刀架；9—工作台；10—床身

图 7-51　插床

1—床身；2—横滑板；3—纵滑板；

4—圆工作台；5—滑枕；6—立柱

7.6.3　刨床夹具

刨削加工主要用于单件及小批量生产，常用于加工平面。常用的夹具有压板、虎钳、挡块等。根据不同的工件，还经常利用千斤顶等其他工具作为支撑。

刨削时常用的夹具及工件装夹方法如表 7-5 所示。

表 7-5　　　　　　　　　　刨削时常用的夹具及工件装夹方法

名　称	简　图	说　明
压板装夹	正确　　　　错误	这是常用压板及其装夹方法。装夹时应注意位置的正确性，使工件装夹牢固
虎钳装夹	工件　　2　圆柱棒 1 4 3	牛头刨床工作台上常用虎钳装夹的方法。左上图适用一般粗加工；右上图适用于工件面 1、2 有垂直度要求时；下图适用于工件面 3、4 有平行度要求时

续表

名　称	简　图	说　明
挡块装夹		当刨削较薄的工件时，工件的3边用挡块挡住，一边用薄钢板撑压，并用手锤轻敲工件待加工面四周，使工件贴平，夹持牢固

课堂练习

（1）思考刨床的主要类型及应用领域。

（2）想一想在刨床上能够实现哪些基本操作？

（3）刨削零件时若要确保加工质量，需采取哪些基本措施？

7.7 镗床和镗削加工

与钻床比较，镗床可以加工直径较大的孔和非标准孔，不但精度较高，而且孔与孔的轴线的同轴度、垂直度、平行度及孔距的精确度均较高。镗床的外形如图 7-52 所示，镗削过程如图 7-53 所示。

要点提示　　与车孔相比，镗削加工可以避免工件做旋转运动，这对于加工大型工件十分有利，可以确保生产的安全。

图 7-52　镗床

图 7-53　镗削加工

7.7.1　镗床

根据镗床结构、布局和用途的不同，主要分为卧式镗床、坐标镗床、金刚镗床、落地镗床等类型。

1．卧式镗床

卧式镗床如图 7-52 所示，是使用最广泛的镗床，又称万能镗床，可以镗孔、镗端面、镗螺纹和铣平面等，如图 7-54 所示，它尤其适于加工箱体零件中尺寸较大、精度较高且相互位置要求严格的孔系。

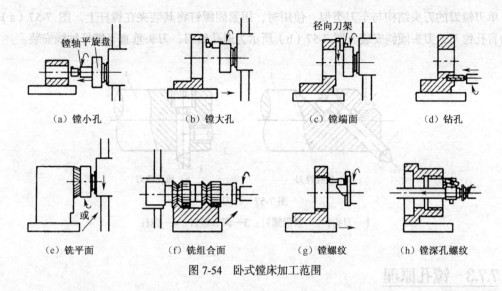

（a）镗小孔	（b）镗大孔	（c）镗端面	（d）钻孔
（e）铣平面	（f）铣组合面	（g）镗螺纹	（h）镗深孔螺纹

图 7-54 卧式镗床加工范围

2. 坐标镗床

坐标镗床如图 7-55 所示，它具有精密坐标的定位装置，是一种用途较为广泛的精密机床，主要用于镗削尺寸、形状和位置精度要求比较高的孔系。

要点提示 　在坐标镗床上还能进行精密刻度、样板的精密刻线、孔间距及直线尺寸的精密测量等。

3. 落地镗床

落地镗床如图 7-56 所示，它具有万能性大、集中操纵、移动部件的灵敏度高、操作方便等特点，主要用于加工庞大而笨重的工件。

图 7-55 坐标镗床

图 7-56 落地镗床

7.7.2 镗刀

镗刀由镗刀头、镗刀杆及相应的夹紧装置组成。镗刀头是镗刀的切削部分，其结构和几何参数与车刀相似。在镗床上镗孔时，镗刀夹固在镗刀杆上与机床主轴一起做回转运动。

机械制造基础（第3版）

单刃镗刀的刀头结构与车刀类似，使用时，用紧固螺钉将其装夹在镗杆上。图 7-57（a）所示为盲孔镗刀，刀头倾斜安装。图 7-57（b）所示为通孔镗刀，刀头垂直于镗杆轴线安装。

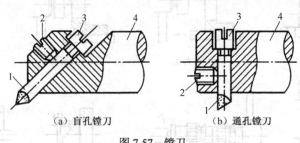

（a）盲孔镗刀   （b）通孔镗刀

图 7-57　镗刀

1—刀头；2—紧固螺钉；3—调节螺钉；4—镗杆

7.7.3　镗孔原理

镗孔是用镗刀对已有的孔进行扩大加工的方法，是常用的孔加工方法之一。镗床镗孔示意图如图 7-58 所示，主轴箱可沿前立柱上的导轨上下移动。

镗孔时，主轴转动带动镗刀转动，如图 7-59 所示，图 7-59（a）和图 7-59（b）所示为镗削短孔，图 7-59（c）所示为镗削箱体两壁相距较远的同轴孔系。

 要点提示　对于直径较大的孔（$D>80mm$）、内成形面或孔内环槽等，镗削是唯一适宜的加工方法。

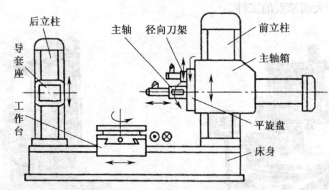

图 7-58　镗床镗孔示意图

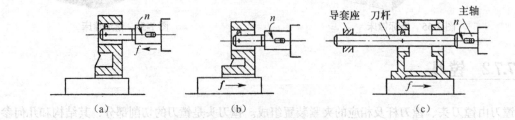

（a）　　　　　　　　（b）　　　　　　　　（c）

图 7-59　主轴旋转进行镗孔

课堂练习

（1）为什么镗削可以加工非标准孔？
（2）镗床上能完成哪些表面的加工？

7.8　拉床与拉削加工

如图 7-60 所示，拉削可以认为是刨削的进一步发展，利用多齿的拉刀，逐齿依次从零件上切下很薄的金属层，使表面达到较高的精度和较小的粗糙度。

拉削加工同时参与切削的刀齿数较多，并且在拉刀的一次工作行程中能够完成粗加工、半精加工和精加工，极大缩短了基本工艺时间和辅助时间，生产效率高。

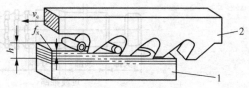

图 7-60　拉削原理
1—零件；2—拉刀

7.8.1　拉床

利用拉床可加工各种型孔和型面，工作时，通常工件不动，拉刀做直线运动。

按照加工表面的不同，拉床可以分为内拉床和外拉床两种类型。内拉床用于加工花键孔或方孔等内表面；外拉床则用于加工平面或沟槽等外表面。根据拉刀的布置形式又可分为卧式拉床和立式拉床两种，如图 7-61 和图 7-62 所示。

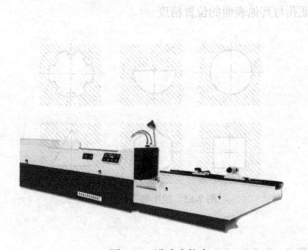

图 7-61　卧式内拉床

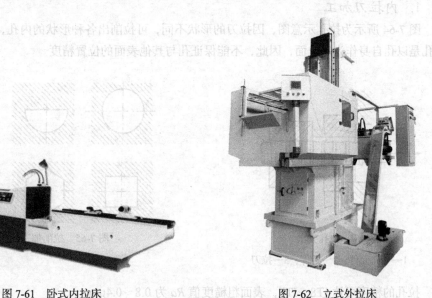

图 7-62　立式外拉床

要点提示

由于拉床只需要一个刀具的主运动就可完成加工，与其他机床相比，其结构更加简单。

此外，还有各种专门用于加工特定表面的拉床，如齿轮拉床以及内螺纹拉床等。

7.8.2 拉刀

如图 7-63 所示，拉刀是多齿刀具，圆柱形刀齿的直径逐渐增大，加工时，每个刀齿只切下一层较薄的金属。拉刀尾部具有校准部分，可以修光已加工表面。

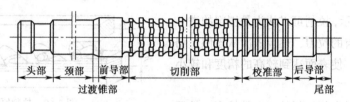

图 7-63　圆孔拉刀的结构

拉刀的结构和形状复杂，精度和表面质量要求较高，制造成本很高。但是由于拉刀切削速度低，刀具磨损慢，寿命长，并且可以重磨多次使用，因此适合于大批量生产零件。由于拉削过程平稳，无积屑瘤，因此可以获得较高的加工精度和较高的表面质量。

7.8.3 拉削的应用

加工时若将刀具所受的拉力改为推力，则称为推削，所用的刀具称为推刀。拉削用机床称为拉床，推削多在压力机上进行。

1. 内拉刀加工

图 7-64 所示为拉孔示意图，因拉刀的形状不同，可拉削出各种形状的内孔，如图 7-65 所示。拉孔是以孔自身作为定位面，因此，不能保证孔与其他表面的位置精度。

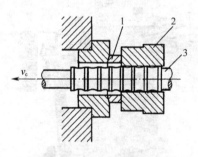

图 7-64　拉孔方法

1—导向元件；2—零件；3—拉刀

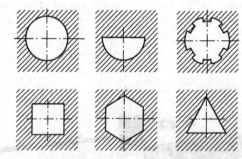

图 7-65　拉削加工孔的各种形状

拉孔的精度可达 IT8～IT7，表面粗糙度值 Ra 为 0.8～0.4μm。

内拉刀属定尺寸刀具，每把内拉刀只能拉削一种尺寸和形状的内表面，但不同的内拉刀可以加工各种形状的通孔，如圆孔、方孔、多边形孔、花键孔及内齿轮等。

　要点提示　　内拉刀还可以加工多种形状的沟槽，如键槽、T 形槽、燕尾槽及涡轮盘上的榫槽等。

2. 外拉刀加工

外拉削可以加工平面、成形面、外齿轮及叶片的榫头等。

拉削加工主要适用于成批和大量生产，尤其适于在大量生产中加工比较大的复合型面，如发动机的气缸体等。

在单件、小批生产中，对于某些精度要求较高、形状特殊的成形表面，用其他方法加工很困难时，也有采用拉削加工的。

课堂练习

（1）为什么拉削加工可以获得较高的生产效率？
（2）拉削加工可否加工复杂曲面？

本章小结

车削加工是在车床上利用工件的旋转运动和刀具的移动来改变毛坯形状和尺寸，将其加工成回转体零件的一种切削加工方法。车床、车刀以及车床夹具是车削装备的主要组成要素。

钻孔是加工孔的一种基本方法，钻孔时所用的装备有钻床、钻头、钻套和钻模。钻孔完成后一般需要进行扩孔和铰孔，以提高加工质量和精度。使用拉刀可以拉削出特殊形状的孔，还可以获得较高的生产效率。

铣削是重要的平面加工方法，在生产中应用广泛。刨削也是平面加工的主要方法之一，由于刨削的特点，刨削主要用在单件小批量生产中，在维修车间和模具车间应用较多。

磨削加工可以获得高的精度和表面质量，常用于外圆面、平面和孔的精加工。刨削加工虽然生产效率相对较低，但是在加工狭长平面以及多工件并行加工时可以充分发挥其优越性。拉削加工具有较高的生产率，但是成本也较高。

思考与练习

（1）简述金属切削机床的分类。

（2）THM6350/JCS 机床型号的含义是什么？

（3）简述卧式车床的组成结构。

（4）常用的外圆车刀有哪些？

（5）常用的车床夹具有哪些，它们各有何特点？

（6）简述铣削的工艺特点。

（7）简述钻床的分类及其特点。

（8）如何提高刨削加工的生产效率？

（9）平面磨削和内孔磨削时，哪一个更能获得较高的加工质量？

（10）镗床和钻床都可以进行孔加工，二者有何区别。

（11）简要说明拉削加工的特点和用途。

第8章

典型零件表面的加工

生活中使用的机械零件在形状、尺寸、结构和性能要求上具有较大的差异，这使得机械加工方法具有多样性。机械加工的主要目标是获得具有理想的尺寸精度、形状位置精度和表面质量，这些表面包括外圆柱面、内圆柱面（孔）、平面以及各种成形面。

※【学习目标】※

- 理解车削和磨削的工艺特点。
- 理解刨削、铣削和拉削的工艺特点。
- 理解钻削、扩孔、铰孔和镗削的工艺特点。
- 掌握外圆面的技术特点和加工路线选择原则。
- 掌握平面的技术特点和加工路线选择原则。
- 掌握孔的技术特点和加工路线选择原则。

※【观察与思考】※

（1）图 8-1 所示为具有外圆面（也就是圆柱面）的典型零件，图 8-2 所示为具有内圆柱面（也就是孔）的典型零件。想一想，这两类表面有什么特点，应该怎样加工？

（2）图 8-3 所示为机床导轨面，图 8-4 所示的箱体上表面为装配面，这些都是平面的典型代表，想一想，在加工平面时应该注意什么问题？

图 8-1　轴

图 8-2　轴承座

图 8-3　导轨

（3）图 8-5 所示的螺旋面和图 8-6 所示的齿轮表面都具有规则的形状，称为成型面。想一想，成型面的加工难度在哪里？

图 8-4　箱体底座

图 8-5　螺旋面

图 8-6　齿轮表面

8.1　外圆面的加工

问题思考

（1）各种轴类零件、套类和盘类零件上都具有外圆面，如图 8-7～图 8-9 所示。想一想在加工这类表面时应该注意什么问题？

（2）外圆面的主要加工方法是车削和磨削，如图 8-10 和图 8-11 所示。想一想，这两种方法分别适用于外圆加工的哪个阶段？

图 8-7　轴类零件

图 8-8　套类零件

图 8-9　盘类零件

图 8-10　车削外圆

图 8-11　磨削外圆

8.1.1　车削外圆

车削是加工回转体零件的重要方法。

1. 车削的工艺特点

车削加工的主要工艺特点如下。

（1）易于保证工件各个加工表面间的位置精度。车削加工时，工件绕同一固定轴线旋转，各个表面加工时具有同一回转轴线，因此易于保证外圆面之间的同轴度以及外圆面与端面之间的垂直度。

（2）切削过程平稳。车削加工一般为连续切削，没有刀齿切入和切出的冲击，加工时，切削力基本恒定，切削过程平稳，可以采用较大的切削用量和较高的切削速度进行高速切削，以提高生产率。

（3）刀具简单。车刀的制造、刃磨和安装都很方便，可以根据具体要求灵活选择刀具角度，这有助于加工质量和生产效率的保证。

（4）适合有色金属的精加工。有色金属硬度低、塑性大，采用砂轮磨削时容易堵塞砂轮，难以获得光洁的表面。

> 在生产中，常使用切削性能较好的刀具，以较小的背吃刀量和进给量、较高的切削速度对有色金属进行精车。

2. 车削用量选择

车削加工时，选择切削用量的原则如下。

（1）背吃刀量 a_p 的选择。粗加工应尽可能选择较大的背吃刀量。当余量很大，一次进刀会引起振动时，可考虑多次走刀。

> 第一次车削时，为了避开工件表面的冷硬层，背吃刀量应尽可能选择较大数值。

（2）进给量 f 的选择。粗车时，在工艺系统刚度许可的条件下进给量选大值，一般取 0.3～0.8mm/r；精车时，为保证工件粗糙度要求，进给量取小值，一般取 0.08～0.3mm/r。

（3）切削速度 v_c 的选择。在背吃刀量、进给量确定之后，切削速度 v_c 应根据车刀的材料及几何角度、工件材料、加工要求与冷却润滑等情况确定，而不能认为切削速度越快越好。

8.1.2　磨削外圆

外圆的磨削加工是淬硬材料最常用的一种精加工手段。

1. 磨削的工艺特点

磨削的工艺特点如下。

（1）精度高、表面粗糙度小。磨削加工实际上是多刃微量切削，由于磨床精度、刚性和稳定性都较好，磨削时切削速度高，因此可以达到高的精度和小的表面粗糙度。

（2）砂轮具有自锐作用。磨削时，磨粒在高速、高温和高压作用下逐渐磨损变得圆钝，作用在磨粒上的外力增大，磨粒破碎，露出一层新鲜锋利的磨粒继续磨削，这就是砂轮的自锐作用。

由于砂轮的自锐作用，可以不必在加工中更换刀具，节约辅助加工时间。同时，砂轮可以始终维持锋利的刀刃进行切削，以提高加工质量和效率。

（3）背向磨削力大。砂轮磨削时，背向磨削力 F_p 大于磨削力 F_c，材料塑性越小，其值越大。由于背向磨削力作用在由机床、夹具、工件和刀具组成的工艺系统刚度最差的方向上，容易使工艺系统产生变形，影响零件加工精度，如图 8-12 所示。

　　由于工艺系统的变形，在磨削细长零件时，工件弯曲将导致零件产生鼓形误差，如图 8-13 所示。同时，由于变形后实际背吃刀量比名义值小，所以磨削加工时，最后需要少进刀或不进刀光磨走刀几次，以消除由于变形产生的误差。

　　（4）磨削温度高。磨削的切削速度是普通切削的 10～20 倍，且磨削过程中挤压和摩擦严重，产生的切削热较多，加之砂轮传热性能差，因此磨削温度高。

　　高的磨削温度容易烧伤工件表面，使淬火钢表面退火，降低其硬度。同时，高温下工件变软易堵塞砂轮，影响工件表面质量。

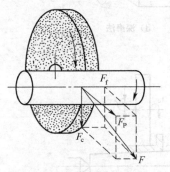

图 8-12　砂轮磨削力分析

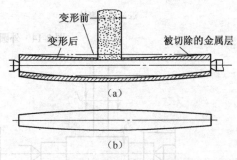

图 8-13　磨削加工误差分析

　　在磨削加工时，应大量使用磨削液，除了冷却和润滑作用外，还可以冲洗砂轮，防止堵塞。磨削钢件时，广泛使用苏打水或乳化液作为磨削液。

2. 外圆磨削方法

外圆磨削主要在普通外圆磨床或万能外圆磨床上进行，具体有以下磨削形式。

（1）纵磨法。砂轮的高速旋转运动为主运动，工件旋转运动作为圆周进给运动并和磨床工作台一起做往复直线运动作为纵向进给运动。工件一次行程终了后，砂轮周期性横向进给，如图 8-14（a）所示。

纵磨法磨削力小，产生的热量少，散热条件好，但是效率较低。具体应用如图 8-15 所示，其中图 8-15（a）所示为普通外圆磨削，图 8-15（b）所示为使用心轴磨削外圆，图 8-15（c）所示为磨削锥面。

（2）横磨法。横磨时，砂轮不做纵向移动，只做连续的慢速横向进给，直到磨去全部余量为止，如图 8-14（b）所示。横磨法生产率高，适合于磨削成型表面，但是磨削力大，发热多，适合于加工表面不太宽而且刚性好的零件。

（3）综合磨法。先用横磨法对工件进行分段粗磨，然后用纵磨法进行精磨，如图 8-14（c）所示，这样综合了横磨法和纵磨法的优点，生产质量和效率都较好。

（4）深磨法。使用较小的纵向进给量和较大的背吃刀量在一次磨削中切除全部余量，具有极高的加工效率，如图 8-14（d）所示。深磨法适合于大批量生产刚度较高的零件。

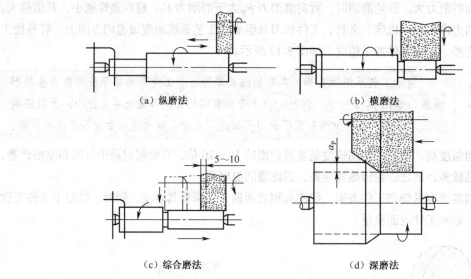

（a）纵磨法　　　　　　　　（b）横磨法

（c）综合磨法　　　　　　　　（d）深磨法

图 8-14　外圆磨削方法

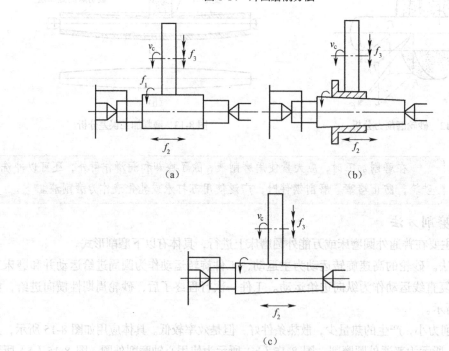

（a）　　　　　　　　　　　（b）

（c）

图 8-15　纵磨法的应用

3. 无心外圆磨削

无心外圆磨削的原理如图 8-16 所示。工件放在砂轮和导轮之间，下方用
拖板托起。导轮实际上也是一个砂轮，用橡胶结合剂做成，磨粒较粗；另一
个砂轮主要承担磨削任务，称为磨削轮。

（1）磨削原理。导轮相对于磨削轮轴线倾斜一个角度 α，以比磨削轮低
得多的速度转动，从而靠摩擦力带动工件转动。由于导轮安装时倾角的作用，
工件在导轮摩擦力作用下，一方面旋转做圆周运动，另一方面做轴向进给运动。

无心外圆磨削原理

（2）加工特点。无心磨削具有以下加工特点。

- 工件不必用顶尖支持，安装方便，简化了装夹过程，因此称为无心磨削。
- 机床调整好后，可以连续加工，易于实现自动化，生产效率高。

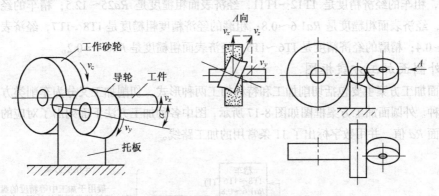

图 8-16　无心外圆磨削的原理

- 工件被夹持在两个砂轮之间，不会因背向磨削力而顶弯，可以很好地保证其直线度，这对于加工细长零件非常有利。
- 要求外圆面在圆周上连续，不适合加工具有较长键槽或平面的零件。
- 依靠自身的外圆面定位，磨削带孔零件时不易保证同轴度。

8.1.3　外圆面的加工路线

不同零件上的外圆面或者同一零件上的不同外圆面往往具有不同的技术要求，需要结合具体的生产条件，拟定出合理的加工方案。

1. 外圆面的技术要求

外圆面的主要技术要求如下。

- 本身精度：直径和长度的尺寸精度、外圆面的圆度、圆柱度等形状精度等。
- 位置精度：与其他外圆面或孔的同轴度、与端面的垂直度等。
- 表面质量：这里主要指表面粗糙度，对于某些重要零件，还对表层硬度、残余应力和显微组织等有要求。

2. 影响外圆面加工方案的主要因素

在确定外圆面的加工方案时，主要考虑以下因素。

- 工件材料：对于钢铁类零件，主要用车削和磨削加工；对于有色金属，主要使用车削加工。
- 加工精度和粗糙度：零件精度要求低，粗糙度大时，可以粗车，随着精度要求的提高、粗糙度要求的降低，可以使用半精车、精车或者粗磨、半精磨、精磨等方法。精度要求特别高，粗糙度要求特别低的零件，需要使用研磨和超级光磨等超精加工方法。
- 热处理状态：如果材料经过淬火处理，就只能选用磨削作为精加工方法，而不能使用车削。

3. 经济精度和粗糙度的概念

使用各种加工方法生产零件时，都有一个经济精度，该精度是使用该种方法加工时所能达到的理想精度。

> **要点提示**　如果加工精度低于该精度值，就没有充分发挥机床的潜能；如果加工精度高于该精度值，成本就会显著提高，投入大产出小。经济粗糙度的概念与之类似。

例如，粗车的经济精度是 IT12～IT11，经济表面粗糙度是 $Ra25～12.5$；精车的经济精度是 IT8～IT6，经济表面粗糙度是 $Ra1.6～0.8$；粗磨的经济精度粗糙度是 IT8～IT7，经济表面粗糙度是 $Ra0.8～0.4$；精磨的经济精度是 IT6～IT5，经济表面粗糙度是 $Ra0.4～0.2$。

4. 外圆面加工方案框图

外圆面加工方案主要包括切削加工和特种加工两种形式。切削加工又分为车削类方案和车磨类方案两种。外圆面加工方案框图如图 8-17 所示，图中各种加工方法下面列出了对应的经济精度和经济表面 Ra 值，并用数字标出了 11 条常用的加工路线。

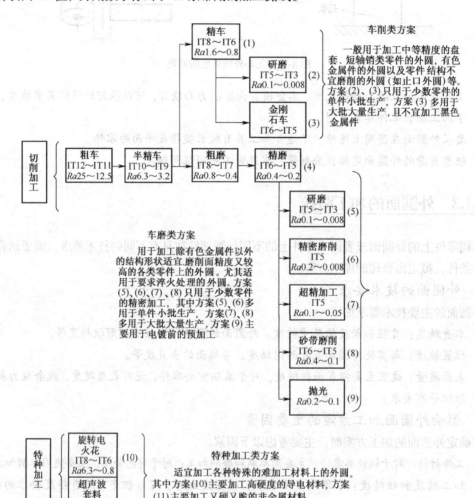

图 8-17　外圆面加工方案框图

5. 典型外圆面加工路线

对于低精度的外圆面，经过粗车即可。对于中等精度的外圆面，粗车后还要经过半精车才能达到要求。精度要求较高的外圆面，经半精车后还需要精车或磨削加工。

生产中常用的外圆面加工路线如下。

（1）粗车。除淬硬钢外，各种零件的加工都适用。当零件的外圆面要求精度低、表面粗糙度较大时，只粗车即可。

（2）粗车—半精车。对于中等精度和粗糙度要求的未淬硬工件的外圆面，均可采用此方案。

（3）粗车—半精车—磨（粗磨或半精磨）。此方案最适于加工精度稍高、粗糙度较小且淬硬的钢件外圆面，也广泛地用于加工未淬硬的钢件或铸铁件。

（4）粗车—半精车—粗磨—精磨。此方案的适用范围基本与上述第（3）个方案相同，只是外圆面要求的精度更高、表面粗糙度更小，需将磨削分为粗磨和精磨才能达到要求。

（5）粗车—半精车—粗磨—精磨—研磨（或超级光磨或镜面磨削）。此方案可达到很高的精度和很小的表面粗糙度，但不宜加工塑性大的有色金属。

（6）粗车—精车—精细车。此方案主要适用于精度要求高的有色金属零件的加工。

6．外圆面的超精加工

对于精度和表面质量要求更高的外圆面（精度 IT5～IT6 级、表面粗糙度值 $Ra0.4～0.2\mu m$），除了用车削、磨削外，还需用研磨或精密磨削等加工才能满足要求。

常用的外圆面的超精加工方法有研磨外圆（见图 8-18）、油石磨削外圆（见图 8-19）、砂带磨削外圆（见图 8-20）。对于精度要求不高，仅要求光亮的外圆面，可以对其抛光，如图 8-21 所示。

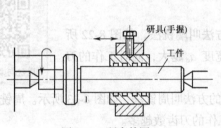

图 8-18　研磨外圆

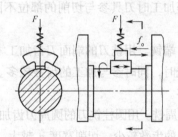

图 8-19　使用油石磨削外圆

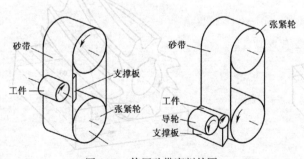

图 8-20　使用砂带磨削外圆

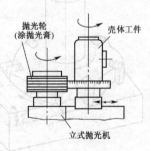

图 8-21　抛光外圆

8.2　平面的加工

平面是盘形零件、板形零件以及箱体零件上的重要表面，高精度的平面可以作为配合面和导轨面，甚至需要达到镜面要求。

8.2.1 平面铣削

平面铣削是最常用的平面加工手段，不但生产效率高，而且加工手段多样。

1. 铣削加工的工艺特点

铣削是以铣刀旋转为主运动，工件随工作台直线运动（或曲线运动）为进给运动的加工方法。通常工件有纵向、横向与垂直3个方向的进给运动，其主要工艺特点如下。

（1）生产率较高。铣刀是典型的多齿刀具，铣削时有多个刀齿同时参加工作，参与刀削的切削刃较长，切削速度也较高，无空回行程，故生产率较高。

 要点提示 加工狭长平面或长直槽时，刨削比铣削生产率要高。

（2）刀齿散热条件较好。铣刀刀齿在切离零件的一段时间内，可以得到一定的冷却，散热条件较好。但是，切入和切出时热和力的冲击将加速刀具的磨损，甚至可能引起硬质合金刀片的碎裂。

（3）容易产生振动。铣刀的刀齿切入和切出时产生冲击，在铣削过程中铣削力是变化的，切削过程不平稳，容易产生振动，这就限制了铣削加工质量和生产率的进一步提高。

2. 端铣和周铣

根据加工时刀具参与切削的部位不同，可将铣削分为端铣和周铣两种方式。

周铣与端铣介绍

（1）端铣。用铣刀的端面刀齿加工零件的方法叫端铣法，如图8-22所示。端铣时，同时参与加工的齿数较多。切削宽度 a_e 越大，同时工作的刀齿数越多。

（2）周铣。用圆柱铣刀的圆周刀齿加工零件的方法叫周铣法，如图8-23所示。周铣时，同时参与加工的齿数较少。切削宽度 a_e 越大，同时工作的刀齿数越多。

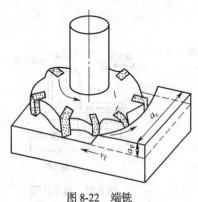
图 8-22 端铣

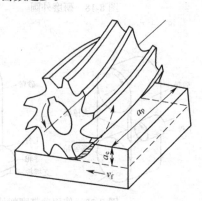
图 8-23 周铣

端铣与周铣的特点对比如表8-1所示。

3. 顺铣和逆铣

周铣有顺铣法和逆铣法之分。顺铣时，铣刀的旋转方向与工件的进给方向相同；逆铣时，铣刀的旋转方向与工件的进给方向相反，如图8-24所示。

表 8-1　　　　　　　　　　　　　　　端铣与周铣的特点对比

项　目	周　铣	端　铣
有无修光刃	无	有
工件表面质量	差	好
刀杆刚度	小	大
切削振动	大	小
同时参加切削的刀齿	少	多
是否容易镶嵌硬质合金刀片	难	易
刀具耐用度	低	高
生产效率	低	高
加工范围	广	较窄

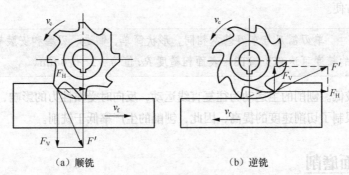

（a）顺铣　　　　　　　　　　　　（b）逆铣

图 8-24　顺铣和逆铣的对比

顺铣与逆铣的特点对比如表 8-2 所示。

表 8-2　　　　　　　　　　　　　　　顺铣和逆铣的特点对比

项　目	顺　铣	逆　铣
铣削平稳性	好	差
刀具磨损	小	大
工作台丝杠和螺母有无间隙	有	无
由工作台传动引起的质量事故	多	少
加工工序	精加工	粗加工
表面粗糙度值	小	大
生产效率	低	高
加工范围	无硬皮的工件	有硬皮的工件

课堂练习　　（1）顺铣和逆铣有何区别，它们分别会给加工带来哪些影响？
（2）当铣削带有黑皮的表面（如铸件或锻件表面的粗加工）时，应该采用何种铣法？

4．铣削用量的确定

铣削加工时，确定铣削用量的原则如下。

机械制造基础（第 3 版）

（1）粗铣时，若加工余量不太大，则可一次切除；精铣时，铣削层的深度以 0.5～1mm 为宜。铣削层宽度一般为工件加工表面的宽度。

（2）每齿进给量 $S_{齿}$ 的范围一般为 0.02～0.3mm，粗铣时可取得大些，精铣时应取小些。精铣时，还要考虑每转进给量。

（3）在用高速钢铣刀铣削时，一般铣削速度 v 为 16～35m/min，粗铣时应取较小值，精铣时应取较大值。

8.2.2　平面刨削

刨削加工工艺的主要特点如下。

（1）通用性好。根据切削运动和具体的加工要求，刨床的结构比车床、铣床简单，价格低，调整和操作也较方便。

 单刃刨刀与车刀基本相同，形状简单，制造、刃磨和安装皆较方便。刨削的精度可达 IT9～IT8，表面粗糙度 Ra 值为 3.2～1.6 μm。

（2）生产率较低。刨削的主运动为往复直线运动，反向时受惯性力的影响，加之刀具切入和切出时有冲击，限制了切削速度的提高，因此，刨削的生产率低于铣削。

8.2.3　平面磨削

平面磨削可作为车、铣、刨削平面之后的精加工，也可代替铣削和刨削。

1．磨削方法

平面磨削与铣削相似，可分为周磨和端磨两种形式，前者利用砂轮的外圆面进行磨削，后者利用砂轮端面进行磨削，如图 8-25 所示。

周磨时，砂轮和工件之间的接触面积小，散热、冷却和排屑效果好，加工质量高；端磨时，磨头伸出长度小，系统刚性好，可以选用较大的磨削用量，从而提高生产效率。

 端磨时，砂轮和工件之间的接触面积大，发热较大，加工质量相对较低，因此常用作精磨前的预加工。

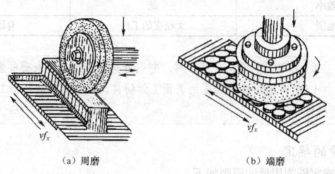

（a）周磨　　　　　　　　　　（b）端磨

图 8-25　平面磨削

2. 平面磨削的工艺特点

平面磨削的工艺特点如下。

（1）平面磨床的结构简单，机床、砂轮和工件系统的刚性较好，加工质量和生产率比内、外圆磨削高。

（2）平面磨削利用电磁吸盘装夹工件，有利于保证工件的平行度。此外，电磁吸盘装卸工件方便迅速，可同时装夹多个工件，生产效率高。

（3）大批大量生产中，可用磨削来代替铣、刨削，加工精确毛坯表面上的硬皮，既可提高生产率，又可有效地保证加工质量。

8.2.4　平面车削

使用车削方法可以加工轴、套、盘以及环类零件的端面，常用的刀具类型主要有右偏刀、左偏刀以及 45° 弯头车刀等，如图 8-26 所示。

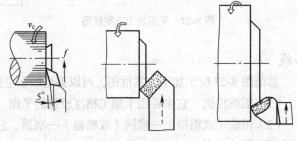

（a）右偏刀车端面　　（b）45°弯头刀车端面　　（c）左偏刀车端面

图 8-26　使用车刀车端面

8.2.5　平面的加工路线

平面的加工方法较多，在生产实践中，应综合考虑各种因素合理确定加工方案。

1. 平面的类型

根据平面在零件中所起的作用不同，可将平面分为以下类型。

- 非结合面：这类平面没有较高的形状和位置精度要求，表面也并不要求特别光洁，通常只要求外观基本平整并具有一定的防腐蚀能力即可。
- 结合面和重要结合面：零件表面的重要连接平面和装配面，要求具有一定的形状和位置精度要求，同时要求表面质量较高。
- 导向平面：如机床的导轨面，它对表面的形状和位置精度以及表面质量要求都很高。
- 精密测量工具的工作面：这种表面位于工具和量具上，对形状和位置精度以及表面质量要求都极高。

2. 平面的技术要求

平面一般对尺寸精度要求并不高，主要技术要求包括以下 3 个方面。

- 形状精度：如平面度、直线度等。
- 位置精度：如平面的尺寸精度以及平行度、垂直度等。
- 表面质量：如表面粗糙度、表层硬度、表面残余应力及表面的显微组织等。

3. 平面加工方案及选择

根据零件的形状、尺寸、材料和毛坯种类的不同，可以分别采用车削、铣削、刨削、磨削和拉削进行加工。对于要求较高的精密平面，还可以使用刮削和研磨进行精整加工。平面加工方案框图如图 8-27 所示。图中数字为表面粗糙度数值（单位 μm，下同）。

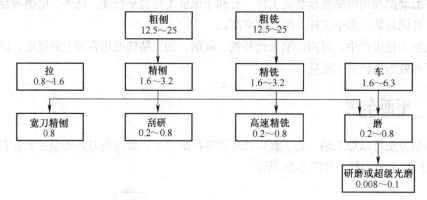

图 8-27　平面加工方案框图

4. 常用加工路线

平面加工工艺路线的确定

总结图 8-27 所示加工方案框图，可以得到以下主要加工路线。

（1）刨或粗铣。它主要用于加工精度较低的平面。

（2）粗铣（或粗刨）—精铣（或精刨）—刮研。它用于加工精度要求较高且不淬硬的表面。

（3）粗铣（或粗刨）—精铣（或精刨）—磨削。它用于加工精度要求较高且淬硬的平面。

（4）粗铣—半精铣—高速精铣。它用于加工高精度有色金属零件。

（5）粗车—精车。它用于加工轴、套以及盘类零件的端面。

8.3　孔的加工

问题思考

（1）观察图 8-28 所示的零件，找出其上的孔结构，并比较这些孔在技术要求上有什么主要区别？应该使用怎样的方法进行加工？

（2）加工图 8-29 所示工件上的孔组时，应该注意什么问题？

图 8-28　复杂箱体零件

图 8-29　孔组的加工

由于孔加工刀具的尺寸要受到孔径的限制，而且切削过程中工件的冷却、排屑和测量等都不方便，特别是加工直径小的深孔时，刀杆细，刚性差，困难更大。因此，加工同样精度等级的孔比加工外圆需要更多的工序，花费更多的时间。

钻头引偏的
原因及防止

8.3.1　钻孔

钻孔与车削外圆相比，工作条件要困难得多，其主要工艺特点如下。

1. 容易产生"引偏"

"引偏"是指加工时由于钻头弯曲而引起的孔径扩大、孔不圆以及孔的轴线歪斜，如图 8-30 所示。

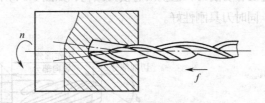

图 8-30　钻孔引偏

在实际加工中常采用以下措施来减少引偏，预钻锥形的定心坑，如图 8-31（a）所示；用钻套为钻头导向，如图 8-31（b）所示。刃磨时，尽量把钻头的两个主切削刃磨得对称一致，使两主切削刃的径向切削力相互抵消。

2. 排屑困难

钻削时，切屑较宽，容屑槽的尺寸较小，切屑可能阻塞在容屑槽中，卡死钻头。为了改善排屑条件，可在钻头上磨出分屑槽，如图 8-32 所示，将宽的切屑分成窄条，以利于排屑。

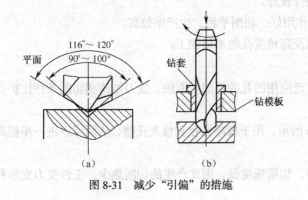

图 8-31　减少"引偏"的措施

图 8-32　分屑槽

3. 切削热不易传散

钻削是一种半封闭式的切削形式，钻削时所产生的热量大部分被工件吸收。例如，用标准麻花钻不加切削液钻钢料时，工件吸收的热量约占 52.5%，钻头约占 14.5%，切屑约占 28%，而介质仅占 5%左右。

要点提示
　　切削时，大量高温切屑不能及时排出，切削液难以注入切削区，切屑、刀具与工件之间的摩擦力很大，切削温度较高，致使刀具磨损加剧，这就限制了钻削用量和生产率的提高。

8.3.2　扩孔和铰孔

扩孔和铰孔通常和钻孔配合适用，作为钻孔后的后续加工。

1. 扩孔

扩孔是指用扩孔钻对已有的孔进行扩大加工，其原理如图 8-33 所示，扩孔时使用的背吃刀量比钻削时小很多，切削条件比钻孔好很多。其主要特点如下。

（1）扩孔钻中心位置没有切削刃，也就没有横刃结构，如图 8-34 所示。在加工时，可以避免因横刃带来的不利影响，同时刀具刚性好。

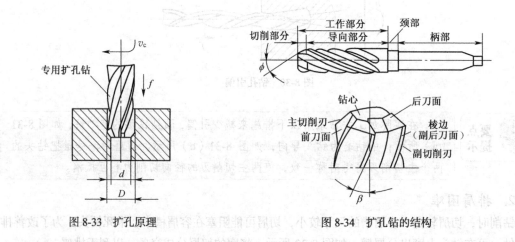

图 8-33　扩孔原理　　　　　　图 8-34　扩孔钻的结构

（2）切屑细小，容易排出，切削条件较好。

（3）刀具刀齿多（3～4 个），导向作用好，切削平稳，生产率较高。

扩孔用于一般精度孔的最终加工以及高精度孔的半精加工。

2. 铰孔

铰孔所使用的刀具是铰刀，它是广泛应用的孔的精加工方法，铰刀结构和切削条件比扩孔更优越，其加工原理如图 8-35 所示。

（1）铰刀具有修光部分，如图 8-36 所示，用于校准孔径和修光孔壁，从而可以进一步提高孔的加工质量。

（2）铰孔时加工余量小，切削力小，切削速度低，因此产生的切削热少，工件受力变形和受热变形小，加工精度高。

 要点提示
　　麻花钻、扩孔钻和铰刀都是标准刀具，购买方便，对于中等尺寸以下较精密的孔，通常采用钻—扩—铰的生产工艺。钻、扩、铰都只能保证孔自身的精度，而不能保证孔组之间的尺寸精度和位置精度。

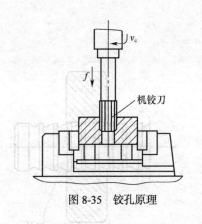

图 8-35 铰孔原理

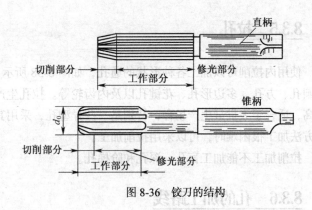

图 8-36 铰刀的结构

8.3.3 镗孔

镗削以镗刀的旋转运动为主运动，以工件随工作台的移动（或镗刀的移动）为进给运动，主运动和进给运动相配合来切去工件上的多余金属，可以有效避免加工时工件做旋转运动的弊端。镗孔的主要工艺特点如下。

（1）适应性广。镗刀结构简单，使用方便，既可以粗加工，也可以实现半精加工和精加工，一把镗刀可以加工不同直径的孔。

（2）位置精度高。镗孔时，不仅可以保证单个孔的尺寸精度和形状，而且可以保证孔与孔之间的相互位置精度，这是钻孔、扩孔和铰孔所不具备的优点。

（3）可以纠正原有孔的偏斜。使用钻孔粗加工孔时所产生的轴线偏斜和不大的位置偏差可以通过镗孔来校正，从而确保加工质量。

（4）生产率低。镗削加工时，镗刀杆的刚性较差，为了减少镗刀的变形和防止振动，通常采用较小的切削用量，所以生产效率较低。

8.3.4 磨孔

磨孔是孔的常用精加工方法之一，如图 8-37 所示。磨孔精度可达 IT7，表面粗糙度为 $Ra1.6 \sim$ 0.4μm。与磨外圆相比较，磨孔工作条件较差，主要表现在以下几方面。

（1）砂轮直径受到孔径的限制，磨削速度低。

（2）砂轮轴受到工件孔径和长度的限制，刚度低而容易变形。

（3）砂轮与工件接触面积大，单位面积压力小，使磨钝的磨料不易脱落。

（4）切削液不易进入磨削区，磨屑排除和散热困难，工件易烧伤。

（5）砂轮磨损快、易堵塞，需要经常修整和更换。

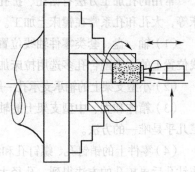

图 8-37 磨孔

8.3.5　拉孔

使用内拉削可以加工各种形状的通孔，如图 8-38 所示，如圆孔、方孔、多边形孔、花键孔以及内齿轮等。拉孔生产率高，适合于大批量生产场合，特别是一些异型孔，采用其他方法加工很困难时，可以采用拉削加工。

拉削加工不能加工盲孔、深孔和阶梯孔。

8.3.6　孔的加工路线

机器中带孔的零件很多，由于孔加工刀具的尺寸要受到

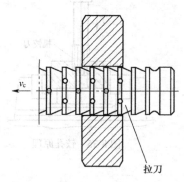

图 8-38　拉孔

孔径的限制，而且切削过程中工件的冷却、排屑和测量等都不方便，特别是加工直径小的深孔时，刀杆细，刚性差，困难更大。因此，加工同样精度等级的孔比加工外圆需要更多的工序，花费更多的时间。

1. 孔的类型

根据孔在零件中的用途不同可以分为以下几种类型。

- 紧固孔（如螺钉孔）以及非配合的油孔等。
- 回转零件上的孔，如套筒、法兰盘以及齿轮上的孔。
- 箱体零件上的孔，这类孔往往构成"孔系"。
- 深孔，即孔长度和直径之比大于 5～10 的孔。
- 圆锥孔，如主轴前端的锥孔。

2. 孔的技术要求

与外圆类似，孔的技术要求主要包括以下几方面。

- 本身精度：孔径和孔长的尺寸精度，孔的圆度、圆柱度和轴线的直线度等。
- 位置精度：孔与孔、孔与外圆的同轴度、孔轴线与端面的垂直度等。
- 表面质量：孔表面粗糙度以及表层硬度、残余应力和显微组织等。

3. 加工设备的选择

常用的孔加工方法有钻孔、扩孔、铰孔、镗孔及磨孔等，所用机床有车床、钻床、镗床及磨床等，大孔和孔系常在镗床上加工。在选择孔的加工设备时，注意以下原则。

（1）轴、盘、套类零件轴线位置的孔一般选用车床、磨床加工；在大批量生产中，盘、套轴线位置上的通直配合孔多选用拉床加工。

（2）小型支架上的轴承支承孔一般选用车床利用花盘—弯板装夹加工，或者用卧床、铣床加工。

（3）箱体和大、中型支架上的轴承支承孔，多选用铣镗床加工。孔径大于 80mm 时，镗孔加工几乎是唯一的方法。

（4）零件上的销钉孔、螺钉孔和润滑油孔一般在钻床上加工。中等精度的孔可采用钻模钻孔，或钻孔后再扩孔的方法得到。孔径大于 30mm 时可分两次钻削，钻孔后扩孔。

（5）精度较高的小孔（直径小于 12mm）采用先钻孔后铰孔。对于精度较高的大孔，钻孔后可再进行精镗或磨削。

（6）淬硬的工件只能采用磨削方法。高精度的孔经精磨后还要进行珩磨、研磨等加工。

4. 孔加工方案分析

孔加工方案框图如图 8-39 所示，主要加工路线有车（镗）类、车（镗）磨类、钻扩铰类和拉削类等。

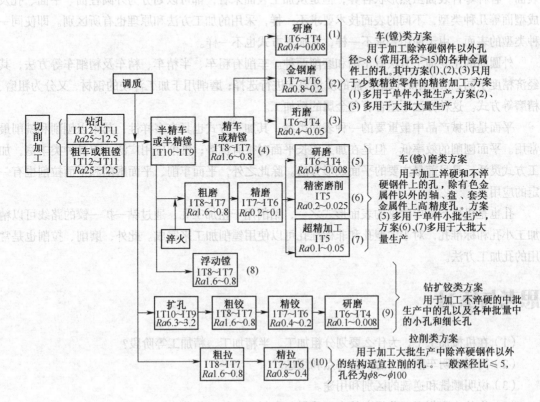

图 8-39　孔的加工方案框图

5. 典型加工路线

在实体材料上加工孔的主要路线如下。

- 钻：用于加工 IT10 以下低精度的孔。

- 钻—扩（或镗）：加工 IT9 精度的孔，孔径小于 30mm 时，先钻孔后扩孔；孔径大于 30mm，则先钻孔后镗孔。

- 钻—铰：加工直径小于 20mm、IT8 精度的孔。

- 钻—扩（或镗）—铰（或钻—粗镗—精镗，或钻）—拉：用于加工直径大于 20mm、IT8 精度的孔。

- 钻—粗铰-精铰：用于加工直径小于 12mm、IT7 精度的孔。

- 钻—扩（或镗）—粗铰—精铰（或钻—拉—精拉）：用于加工直径大于 12、IT7 精度的孔。

- 钻—扩（或镗）—粗磨—精磨：加工 IT7 精度并已经淬硬的孔。

孔加工工艺路线的确定

 要点提示　　铸件或锻件上的孔可以直接进行扩孔或镗孔，直径大于 100mm 的孔更适合用镗孔加工。具体加工路线同上。

本章小结

金属切削加工的主要任务是获得具有一定尺寸精度、形状精度、位置精度和表面质量的零件表面。各种零件表面虽然形状各异，但是从加工表面来看，都可以划分为外圆柱面、平面、孔及成型面等几种类型，不同的表面技术要求不一样，采用的加工方法和原理也有所区别。即使同一种类型的表面，由于使用要求不一样，其加工方式也不一样。

外圆面的主要加工方法有车削和磨削两种。车削有粗车、半精车、精车及精细车等方法，其经济精度不同，在使用时根据产品的质量要求进行选择；磨削用于加工淬硬的钢材，又分为粗磨、精磨等方式。这种方法不适合有色金属的精加工。

平面是机械产品中最重要的一种表面类型，其加工方式也具有多样性，其中以刨削和铣削最常用。平面刨削的效率低，但是在加工狭长平面时很有优势；铣削应用广泛，刀具种类丰富，加工方式灵活，是目前最主要的平面成形方法。除此之外，平面车削、平面磨削和平面拉削也有一定的应用。

孔也是机械产品中常见的表面形式之一，钻削用于粗加工孔，通过钻—扩—铰的路线可以精加工小孔和标准孔，对于大型孔和非标准孔可以使用镗削加工来完成。此外，磨削、拉削也是常用的孔加工方法。

思考与练习

（1）在机械加工中，为什么要划分粗加工、半精加工、精加工等阶段？

（2）简要说明车削加工的工艺特点和用途。

（3）说明顺铣和逆铣的区别和用途。

（4）为什么磨削可以获得高的表面质量？磨削可以加工哪些表面？

（5）钻孔时，为什么容易引偏？

（6）加工相同精度的外圆面和孔，哪一个更困难？

（7）有色金属的精加工应该选用什么方法？

（8）简要总结各种外圆面加工方法的特点和用途。

（9）简要总结各种平面加工方法的特点和用途。

（10）简要总结各种孔加工方法的特点和用途。

第9章
螺纹与圆柱齿轮加工

在各种机械产品中，带有螺纹的零件应用十分广泛。螺纹的加工方法也很多，主要有车削、铣削、磨削及滚压等。此外，齿轮也是机械传动中的重要零件，它具有平均传动比精准、传动力大、效率高、结构紧凑及可靠性好等优点，应用极为广泛。因此，齿轮加工在机械制造业占有重要的地位。本章将主要介绍螺纹和圆柱齿轮的加工方法。

※【学习目标】※
- 了解螺纹的种类、特点及要素。
- 掌握螺纹的车削加工方法。
- 掌握使用丝锥和板牙加工螺纹的方法。
- 掌握圆柱齿轮的切削加工方法。
- 了解插齿和滚齿的加工原理。

※【观察与思考】※
（1）图9-1所示为螺纹车削加工，结合车刀结构，思考其加工原理。
（2）图9-2所示为插齿加工齿轮，结合插齿刀结构，想一想其工作原理。

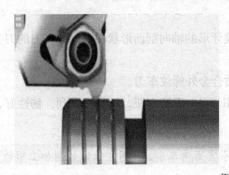

图 9-1　螺纹车削

图 9-2　齿轮加工

9.1　螺纹的车削加工

 　　图 9-3 所示为梯形螺纹的车削加工和内螺纹的车削加工，想一想它们有何区别，各有哪些特点？

图 9-3　螺纹车削加工

9.1.1　三角形螺纹的车削

车削是三角形螺纹的常用加工方法之一。车削三角形螺纹时，中径尺寸应符合相应的精度要求；牙型角必须准确，两牙型半角应相等；螺纹轴线与工件轴线应保持同轴。

1. 三角形螺纹车刀

螺纹车刀属于成形车刀，其几何角度、形状和螺纹牙形的轴向剖面形状相同，即车刀的刀尖角与螺纹的牙型角相同。

三角形外螺纹车刀常采用高速钢外螺纹车刀和硬质合金外螺纹车刀。

（1）高速钢外螺纹车刀。高速钢外螺纹车刀（见图 9-4）刃磨方便，切削刃锋利，韧性好，车削时刀尖不易崩裂，车出螺纹的表面粗糙度值小。

 　　高速钢外螺纹车刀热稳定性差，不宜高速车削，常用在低速切削加工塑性材料的螺纹或作为螺纹的精车刀。

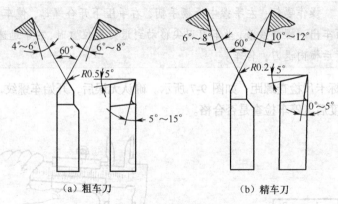

<table>
(a) 粗车刀　　　　　　　　　　(b) 精车刀

图 9-4　高速钢外螺纹车刀
</table>

（2）硬质合金外螺纹车刀。硬质合金外螺纹车刀（见图 9-5）硬度高，耐磨性好，耐高温，热稳定性好，常用在高速切削，加工脆性材料螺纹。其缺点是抗冲击能力差。

2. 螺纹车刀的装夹

在进行螺纹的车削加工前，必须将车刀正确安装在车床上才能顺利地进行加工，车刀的装夹要点如下。

（1）装夹车刀时，刀尖位置一般应对准工件轴线中心。

（2）螺纹车刀的两刀尖角半角的对称中心线应与工件轴线垂直，装刀时可用样板对刀，如图 9-6（a）所示。如果装刀时产生歪斜，会使车出的螺纹两牙型半角不相等，产生如图 9-6（b）所示的歪斜牙型（俗称倒牙）。

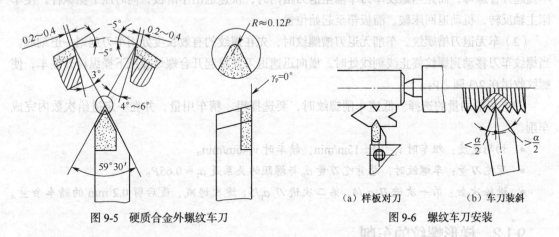

图 9-5　硬质合金外螺纹车刀　　　　　　　　（a）样板对刀　　（b）车刀装斜

图 9-6　螺纹车刀安装

（3）螺纹车刀不宜伸出刀架过长，一般伸出长度为刀柄厚度的 1.5 倍。

3. 三角形螺纹的车削方法

根据三角形螺纹的尺寸规格、精度与表面粗糙度以及刀具材料等要求，选择一种或几种进刀方式组合，并结合刀具轮廓形状的改变，组成不同的车削方法。

（1）车有退刀槽的螺纹。车有退刀槽的螺纹常采用提开合螺母法和开倒顺车法。

① 提开合螺母法车螺纹。选择较低的主轴转速（100～160 r/min），开车并移动螺纹车刀，使刀尖与工件外圆轻微接触。

操作要领：左手握中滑板手柄，右手压下开合螺母，使车刀刀尖在工件表面车出一螺旋线痕，当车刀刀尖移动到退刀槽位置时，右手迅速提起开合螺母，然后横向退刀，停车。

用钢直尺或游标卡尺检查螺距，如图9-7所示。确认无误后，开始车螺纹，经多次车削使切削深度等于牙型深度后，停车检查是否合格。

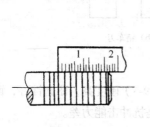
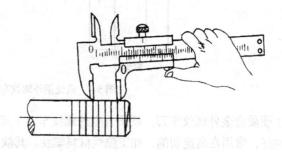

（a）用钢直尺测螺距　　　　　　　（b）用游标卡尺测螺距

图 9-7　螺距检查

车螺纹时，第一次进刀的背吃刀量可适当大些，以后每次车削时，背吃刀量逐渐减少。

② 开倒顺车法车螺纹。开倒顺车法基本上与提开合螺母法相同，只是在螺纹的车削过程中，不提起开合螺母，而是当螺纹车刀车削至退刀槽内时，快速退出中滑板，同时压下操纵杆，使车床主轴反转，机动退回床鞍、溜板箱至起始位置。

（2）车无退刀槽螺纹。车削无退刀槽螺纹时，先在螺纹的有效长度处用车刀刻划一道刻线。当螺纹车刀移动到螺纹终止线刻线处时，横向迅速退刀并提起开合螺母或压下操纵杆开倒车，使螺纹收尾在2/3圈之内。

（3）切削用量的选择。低速车削螺纹时，要选择粗、精车用量，并在一定进给次数内完成车削。

- 切削速度：粗车时 v_c=10～15m/min，精车时 v_c<6m/min。
- 背吃刀量：车螺纹时，总背吃刀量 a_p 与螺距的关系是 $a_p \approx 0.65P$。
- 进给次数：第一次进刀 $a_p/4$，第二次进刀 $a_p/5$，逐次递减，最后留 0.2 mm 的精车余量。

9.1.2　梯形螺纹的车削

梯形螺纹是一种应用广泛的传动螺纹，车床上的长丝杠和中、小滑板丝杠都是梯形螺纹。梯形螺纹有米制和英制两种，我国常用的是米制梯形螺纹。

1. 梯形螺纹车刀

车梯形螺纹时，径向切削较大，为减小切削力，螺纹车刀分粗车刀和精车刀两种。

（1）高速钢梯形螺纹粗车刀。梯形螺纹粗车刀的刀尖角应略小于梯形螺纹牙型角，一般取29°。刀尖宽度应小于牙型槽底宽 W，一般取 2/3W。

径向前角取 $10°\sim15°$，径向后角取 $6°\sim8°$，两侧面后角进刀方向为（$3°\sim5°$）$+\psi$，背进刀方向为（$3°\sim5°$）$-\psi$，刀尖处应适当倒圆，如图 9-8 所示。

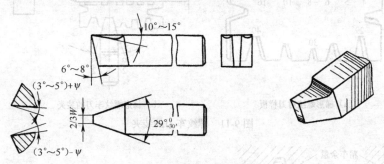

图 9-8　高速钢梯形螺纹粗车刀

（2）高速钢梯形螺纹精车刀。梯形螺纹精车刀的刀尖角应等于梯形螺纹牙型角，即 $30°$。径向前角为 $0°$，径向后角取 $6°\sim8°$，两侧后角进刀方向为（$5°\sim8°$）$+\psi$，背进刀方向为（$5°\sim8°$）$-\psi$。刀尖宽度等于牙型槽底宽 $W-0.05\text{mm}$，如图 9-9 所示。

（3）硬质合金梯形螺纹车刀。车削一般精度的梯形螺纹时，可使用硬质合金梯形螺纹车刀进行高速车削，以提高生产效率。车刀的刀尖角等于梯形螺纹牙型角，即 $30°$。

径向前角为 $0°$，径向后角为 $5°\sim6°$，两侧面后角进刀方向为（$3°\sim5°$）$+\psi$，背进刀方向为（$3°\sim5°$）$-\psi$，如图 9-10 所示。

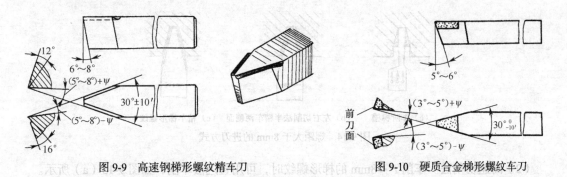

图 9-9　高速钢梯形螺纹精车刀　　　　图 9-10　硬质合金梯形螺纹车刀

2. 螺纹车刀的装夹

螺纹车刀的刀尖应与工件轴线等高。切削刃夹角的平分线应垂直于工件轴线，装刀时用对刀样板校正（见图 9-11），以免产生螺纹半角误差。

3. 梯形螺纹的车削方法

梯形螺纹的轴向剖面形状是一等腰梯形，用作传动，精度要求高，表面粗糙度值小，车削梯形螺纹比车削三角形螺纹困难。

（1）低速切削法。

① 螺距 $P<4\text{mm}$ 和精度要求不高的梯形螺纹，可用一把梯形螺纹车刀粗、精车至尺寸要求。粗车时可采用少量的左右切削法或斜进法，精车时采用直进法，如图 9-12 所示。

② 粗车螺距 $P=4\sim8\text{mm}$ 或精度要求较高的梯形螺纹，常用左右车削法或车直槽法车削，如图 9-13 所示。

197

机械制造基础（第3版）

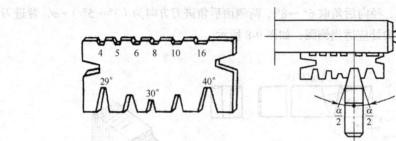

（a）梯形螺纹对刀样板　　　　　　　（b）梯形螺纹车刀的装夹

图 9-11　螺纹车刀的装夹

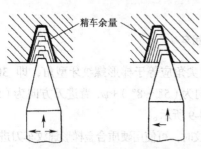 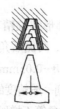

（a）左右切削法　　（b）斜进法　　　　　（a）左右切削法（b）车直槽法粗车　（c）精车梯形螺纹

图 9-12　螺纹距小于 4mm 的进刀方式　　　　图 9-13　螺纹距在 4～8mm 的进刀方式

③ 粗车螺距 $P>8mm$ 的梯形螺纹，一般采用切阶梯槽的方法车削，如图 9-14 所示。

（a）车阶梯槽　　（b）左右切削法半精车两侧面　（c）精车梯形螺纹

图 9-14　螺距大于 8mm 的进刀方式

（2）高速切削法。车削 $P<8mm$ 的梯形螺纹时，可用直进法车削，如图 9-15（a）所示。

车削 $P>8mm$ 的梯形螺纹时，为减少切削力和牙型变形，可用 3 把车刀依次车削，先用车刀粗车螺纹成形，再用切槽法将螺纹小径车至要求尺寸，最后用精车刀把螺纹车至规定要求，如图 9-15（b）所示。

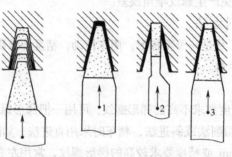

（a）用一把车刀　　　　（b）用三把车刀

图 9-15　高速车梯形螺纹的方法

9.1.3　内螺纹的加工

内螺纹有通孔内螺纹、不通孔内螺纹和台阶孔内螺纹 3 种形式，如图 9-16 所示。车三角形内螺纹的方法与车三角形外螺纹的方法基本相同，但进刀与退刀的方向正好相反。梯形内螺纹的车削方法与三角形内螺纹的车削方法基本相同。

(a) 通孔内螺纹　　　(b) 不通孔内螺纹　　　(c) 台阶孔内螺纹

图 9-16　内螺纹的形式

1. 内螺纹车刀的选择及装夹

车内螺纹时，应根据不同的螺纹形式选择用不同的内螺纹车刀。装夹螺纹车刀时，刀尖正对工件中心，再用对刀样板对刀装夹。

（1）内螺纹车刀的选择。内螺纹车刀刀柄受螺纹孔径尺寸的限制，刀柄应在保证顺利车削的前提下尽量选择截面积大些。

要点提示

> 一般选用车刀切削部分的径向尺寸比孔径小 3～5 mm 的螺纹车刀。刀柄太细，车削时容易振动；刀柄太粗，退刀时会碰伤内螺纹牙顶，甚至不能车削。

常见的内螺纹车刀如图 9-17 所示。其中图 9-17（a）和图 9-17（b）所示为通孔内螺纹车刀，图 9-17（c）和图 9-17（d）所示为不通孔和台阶孔内螺纹车刀。

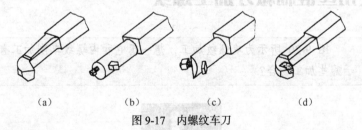

(a)　　　　　　(b)　　　　　　(c)　　　　　　(d)

图 9-17　内螺纹车刀

（2）内螺纹车刀的装夹。

① 刀柄伸出的长度应大于内螺纹的长度 10～20 mm。

② 调整车刀的高低位置，使刀尖对准工件回转中心，并轻轻压住。

③ 将螺纹的对刀样板侧面靠平工件端平面，刀尖部分进入样板的槽内进行对刀，调整并夹紧车刀，如图 9-18 所示。

④ 装夹好的螺纹车刀在底孔内试走一次（手动），防止刀柄与内孔相碰影响车削，如图 9-19 所示。

2. 三角形内螺纹的车削方法

三角形内螺纹的车削方法类似于三角形外螺纹的，其主要区别在于进刀和退刀方向正好相反。下面简要介绍如何车削三角形内螺纹。

（1）车内螺纹前，先把工件的端平面、螺纹底孔及倒角等车好。

（2）选择合理的切削速度，并根据螺纹的螺距调整进给箱各手柄的位置。

（3）内螺纹车刀装夹好后，开车对刀，记住中滑板刻度或将中滑板刻度盘调零。

（4）在车刀刀柄上做标记或用溜板手轮刻度控制螺纹车刀在孔内车削的长度。

（5）用中滑板进刀，控制每次车削的切削深度（即背吃刀量），进刀方向与车削外螺纹时的进刀方向相反。

（6）压下开合螺母手柄，车削内螺纹。当车刀移动到标记位置或溜板箱手轮刻度显示到达螺纹的长度位置时，快速退刀，同时提起开合螺母或压下操纵杆使主轴反转，将车刀退到起始位置。

（7）经数次进刀、车削后，使总切削深度等于螺纹牙型深度。

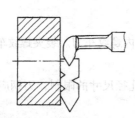 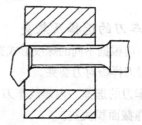

图 9-18　内螺纹车刀的对刀法　　　　图 9-19　检查刀柄是否与底孔相碰

 要点提示　　　车不通孔螺纹或台阶孔螺纹时，在车削前还需车好退刀槽，退刀槽直径应大于内螺纹大径，槽宽为（2～3）P，并与台阶平面切平。

9.2　使用丝锥和板牙加工螺纹

 问题思考　　　图 9-20 所示为攻螺纹加工，想一想它和内螺纹车削加工有何区别，适用于哪些加工场合？

图 9-20　攻螺纹

9.2.1　攻螺纹

攻螺纹是用丝锥在圆柱孔内或圆锥孔内切削内螺纹。

1. 丝锥的结构和形状

丝锥是用高速钢制成的一种多刃刀具，可以加工车刀无法车削的小直径内螺纹，操作方便，生产效率高。丝锥的结构形状如图 9-21 所示。

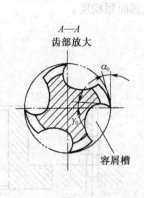

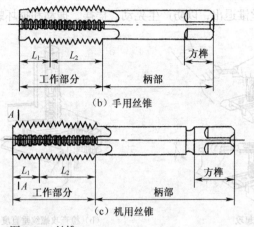

（a）切削部分齿部放大图　　　（b）手用丝锥
（c）机用丝锥

图 9-21　丝锥

2. 攻螺纹的工艺要求

攻螺纹前，螺纹孔径应稍大于螺纹小径，孔深要大于规定的螺纹深度并且车孔口倒角。

（1）攻螺纹前，孔径应比螺纹小径稍大，以减小攻螺纹时的切削抗力和防止丝锥折断。

（2）攻制不通孔螺纹时，由于丝锥前端的切削刃不能攻制出完整的牙型，钻孔深度要大于规定的螺纹深度，通常应大于或等于螺纹有效长度加上螺纹公称直径的 0.7 倍。

（3）孔口倒角 30°（见图 9-22），可用 60° 的锪钻加工，也可用车刀倒角，倒角后的直径应大于螺纹大径。

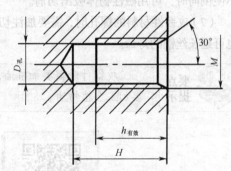

图 9-22　攻螺纹前的工艺要求

3. 注意事项

攻螺纹时应注意以下几点。

（1）攻螺纹的孔口需倒角，且倒角处的直径应该略大于螺纹的大径，这样可以使丝锥开始切削时容易切入材料，并可防止孔口被挤压出凸边。

（2）起攻时，要把丝锥放正，然后用手压住丝锥转动铰杠，如图 9-23（a）所示。当丝锥切入 1～2 圈后，应及时检查并校正丝锥的位置，如图 9-23（b）所示。检查应在丝锥前后和左右方向进行。

（3）为了使丝锥起攻时保持正确位置，可在丝锥上旋上同样直径的螺母，如图 9-24（a）所示，或将丝锥插入导向套中，如图 9-24（b）所示，这样就使得丝锥按正确的位置切入工件孔中了。

（4）当丝锥切入 3～4 圈螺纹时，只需要转动铰杠便可完成，此时不能对丝锥施加压力，不然，螺纹牙型会被损坏。

攻螺纹的时候，每旋转铰杠 1/2～1 圈，就要倒转铰杠 1/4～1/2 圈，这样就使得切屑容易排除，以免因切屑堵塞而使得丝锥卡死。

（5）丝锥退出时，先用铰杠平稳反方向旋转，当能用手旋动丝锥时，便停止使用铰杠，避免铰杠带动丝锥退出，以防产生晃动、摇摆、振动和损坏螺纹表面粗糙度。

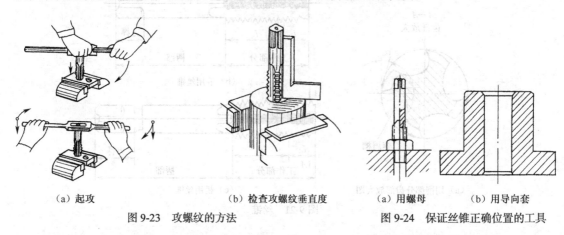

| （a）起攻　　　　　　　　（b）检查攻螺纹垂直度 | （a）用螺母　　（b）用导向套 |
| 图 9-23　攻螺纹的方法 | 图 9-24　保证丝锥正确位置的工具 |

（6）攻不通孔螺纹时，要经常退出丝锥，以清除孔内的切屑，避免丝锥折断或卡住。当工件不便倒向时，可用磁性物体吸出切屑。

（7）攻韧性材料的螺孔时，需要加注切削液，以减小切削时的阻力，减小螺孔表面的粗糙度，也可延长丝锥的寿命。

　　攻钢件时需要加机油；攻铸件时需要加煤油；螺纹质量要求比较高时就需要加工业植物油。

攻螺纹的操作方法（上）　　　　攻螺纹的操作方法（下）

9.2.2　套螺纹

套螺纹是用板牙或螺纹切头在外圆柱面或外圆锥面上切削外螺纹。

1. 板牙的结构和形状

板牙是一种标准的多刃螺纹加工工具，像一个圆螺母，结构形状如图 9-25 所示。两端的锥角是切削部分，因此正、反都可以使用，中间有完整齿深的一段是校正部分。使用板牙切制螺纹，操作方便，生产效率高。

2. 套螺纹的工艺要求

要使用板牙套螺纹，待加工工件必须满足以下条件。

（1）用板牙套螺纹，通常适用于公称直径小于 16mm 或螺距小于 2mm 的外螺纹。

（2）由于套螺纹时工件材料受板牙的挤压而产生变形，牙顶将被挤高，所以套螺纹前工件外圆应车削至略小于螺纹大径。

（3）外圆车好后，端面必须倒角，倒角后端面直径应小于螺纹小径，以便于板牙切入工件。

（4）板牙端面应与主轴轴线垂直。

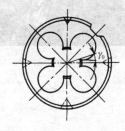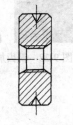

图 9-25　板牙

3. 注意事项

套螺纹时需注意以下几点。

（1）为了使得板牙容易切入材料，套螺纹前圆杆端部要倒成锥角，如图 9-26 所示。

（2）套螺纹时切削力矩比较大，圆杆类工件要用 V 形钳口或用厚铜板作衬垫，才能牢固地夹持，如图 9-27 所示。

套螺纹的操作方法

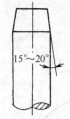

图 9-26　套螺纹时圆杆的倒锥角

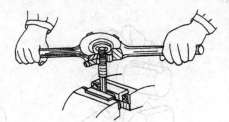

图 9-27　圆杆的夹持方法

（3）起套的时候，须使板牙的端面与圆杆垂直。要在转动板牙时施加轴向压力，转动时要慢，压力要大。

要点提示　当板牙切入材料 2～3 圈时，要及时检查和校正螺牙端面和圆杆是否垂直，否则切出的螺纹牙型一面深一面浅，不均匀，甚至出现乱牙。

（4）在钢件上套螺纹与攻螺纹类似，要加切削液，以提高螺纹表面的质量和延长板牙的寿命。切削液一般选用较浓的乳化液或机械油。

9.3　铣齿工艺

问题思考　图 9-28 所示为齿轮的铣齿加工，想一想它有何特点，适用于哪些加工场合？

图 9-28　铣齿加工

9.3.1　铣齿加工综述

铣齿是重要的成形法加工工艺，在小模数齿轮加工中应用较为广泛。在大批量生产中常用常作为粗加工，并在单件小批量生产和修理工作中作为最后工序。

1. 铣齿原理

铣齿属于成形法加工，齿轮的齿形主要由铣刀轮廓形状保证，齿轮的齿距精度由齿坯安装精度和分度头精度来保证。根据刀具形状的不同，铣刀又可分为盘状铣刀和指状铣刀两种。

如图 9-29 所示，无论是盘状铣刀还是指状铣刀，铣齿加工运动都由铣刀回转主运动 n 和铣刀垂直运动 f 组成。

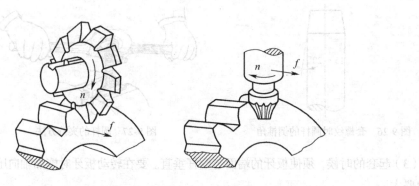

（a）盘状成形铣刀铣齿　　　　（b）指状成形铣刀铣齿

图 9-29　铣齿加工

2. 铣齿加工特点

加工直齿圆柱齿轮是按成形法加工，加工斜齿圆柱齿轮是按无瞬心包络法加工。铣齿加工时铣刀铣完一个齿槽后，分度机构将工件转过一个齿再铣另一个齿槽。

- 铣齿加工的加工精度：9 级。
- 铣齿加工的表面粗糙度 Ra（μm）：2.5～10。

 要点提示　　铣齿加工能完成一些展成法加工所不能完成的齿轮加工工作，如圆盘齿轮和锥齿轮的加工，如图 9-30 所示。

（a）圆盘齿轮

（b）锥齿轮

图 9-30　展成法不能完成加工的齿轮

9.3.2　成形齿轮铣刀铣齿原理

根据渐开线性质可知，渐开线的形状与基圆直径有关，同一模数、不同齿数的齿轮，其基圆直径不同，渐开线形状也不同。从理论上讲，相同模数、不同齿数的齿轮都应当设计独立的成形齿轮铣刀，但这样既不经济，也没必要。

在实际生产中，将齿轮的常用齿数进行分组，当模数 m =1～8mm 时，每种模数分成 8 组（即 8 把刀）；模数 m =9～16mm 时，每种模数分成 15 组（即 15 把刀）。

要点提示　　每把铣刀的齿形是根据该铣刀所加工最小齿数的齿轮齿槽形状设计的，所以，加工该范围内的其他齿数的齿轮时，会有一定的齿形误差。

在实际使用时，需要根据被加工齿轮的齿数按表 9-1 所示选择铣刀的刀号。

表 9-1　　　　　　　　　　　每号铣刀适于铣削的齿轮齿数范围

铣 刀 号 数	铣削齿轮齿数	
	8 件一套	15 件一套
1	12～13	12
$1\frac{1}{2}$		13
2	14～16	14
$2\frac{1}{2}$		14～16
3	17～20	17～18
$3\frac{1}{2}$		19～20
4	21～25	21～22
$4\frac{1}{2}$		23～25
5	26～34	26～29
$5\frac{1}{2}$		30～34
6	35～54	35～41
$6\frac{1}{2}$		42～54
7	55～134	55～79
$7\frac{1}{2}$		80～134
8	≥135	≥135

9.4 插齿工艺

 问题思考 　图 9-31 所示为齿轮的插齿加工，想一想它与铣齿相比有何特点，适用于哪些加工场合？

（a）　　　　　　　　　　　　　（b）

图 9-31　插齿加工

9.4.1 插齿加工综述

插齿加工如同两个齿轮做无间隙的啮合运动，一个是插齿刀，另一个是被加工齿轮。

插齿时，插齿刀做上下往复的切削运动，同时要求插齿刀和齿坯之间严格保持一对渐开线齿轮啮合关系，如图 9-32 所示。

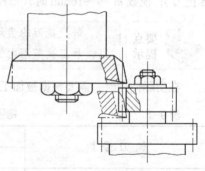

图 9-32　插齿原理

 要点提示 　插齿刀是由高速钢等刀具材料制成的，在齿轮上刃磨出前角和后角，形成切削刃。由于一个渐开线齿轮可以和模数相同而齿数不同的齿轮啮合，所以一把插齿刀可以加工模数相同而齿数不同的齿轮。

9.4.2 插削直齿圆柱齿轮

在插削直齿轮时，机床和刀具应具有以下运动。

1. 切削主运动

刀具主轴做快速往复运动 v_1，如图 9-33 所示，以完成切削任务。它以每分钟往复次数 n 来表示。由电动机 M 带动变速交换齿轮或变速箱 1 来实现变速。这一运动与其他运动无关，可以单独进行调整。插削刀每分钟双行程数 n 可按下式确定。

$$n = \frac{1\,000v_1}{2l}$$

式中：v_1——平均切削速度，m/min；

　　　l——插齿刀行程长度，mm。

要点提示　　插齿刀行程长度等于齿坯宽度与切出、切入长度之和，行程位置可由偏心机构 7 来调整。

2. 圆周进给运动

插齿刀主轴 2 绕自己的轴线做慢速回转运动 n_0，同时与被加工齿轮做无间隙啮合，其转速为 n_ω，插齿刀转速的快慢影响加工齿轮的快慢，以每一往复行程在插齿刀与齿轮啮合时的节圆上转过的弧长来计算的，通常称为圆周进给量 f_c，由圆周进给箱或交换齿轮 5 来调整。

3. 滚切分度运动

工作台 3 的主轴带动齿坯绕自身轴线转动，同时与刀具主轴保持着一对齿轮的啮合关系，以实现展成运动，它们之间必须遵守以下关系

$$\frac{n_\omega}{n_0} = \frac{z_0}{z}$$

式中：n_ω、n_0——齿坯与插齿刀转速；

　　　z、z_0——齿坯与插齿刀齿数。

这一关系是依靠分度交换齿轮 4 来保证的。

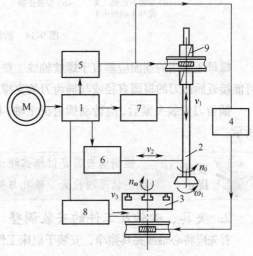

图 9-33　插齿机原理

1—变速箱；2—主轴；3—工作台；4—分度交换齿轮；

5—交换齿轮；6—让刀机构；7—偏心机构；

8—交换齿轮

4. 径向进给运动

为了切至全齿深，插齿刀在圆周进给的同时，必须向齿坯做径向进给，或齿坯向插齿刀做径向进给 v_3，当进刀到一定深度时停止，而圆周进给继续进行，直至齿坯转一周时，齿轮加工完毕。

径向进给量 f_r 是指插齿刀每往复一次进程，径向移动多少毫米，主要靠凸轮、液压或径向进给交换齿轮 8 来实现的。

5. 让刀运动

插齿刀在工作行程时插削齿坯，在返回行程时，应和齿坯脱离接触，以免擦伤已加工齿和刀齿磨损，这种运动叫作让刀运动。有些机床是由工作台让刀，小型和大型机床是由插齿刀让刀 v_2。这一运动是靠让刀机构 6 来完成的。

9.4.3　插齿工艺设计

要充分掌握插齿加工的精髓，还需要通过大量的加工实例分析才能达到。下面对插齿加工中的实际运算进行讲解。

1. 插齿刀的安装调整

插齿刀在安装调整前，要把插齿刀和插齿机主轴轴颈清洗擦拭干净，然后将插齿刀安装在主轴上，如图 9-34 所示，安装时需保证插齿刀的轴线与机床主轴轴线重合，插齿刀切削刃平面应与机床主轴轴线垂直。

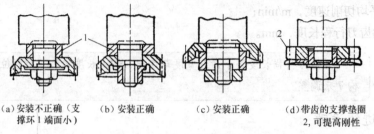

（a）安装不正确（支　　（b）安装正确　　　（c）安装正确　　　（d）带齿的支撑垫圈
撑环1端面小）　　　　　　　　　　　　　　　　　　　　　2,可提高刚性

图9-34　插齿刀的安装与夹紧

螺母压紧用的端面应垂直于螺纹轴线。垫圈的两端面平行度应小于0.005mm，垫圈直径应尽可能接近插齿刀的根圆直径或与插齿刀的支撑端面的最大直径相等。

插齿刀安装夹紧后，应转动插齿机主轴，检验插齿刀外圆跳动量和前刀面跳动量，如图9-35所示。

 要点提示　　锥柄插齿刀是以柄部椎体为基准，安装在插齿机主轴的锥孔中，然后用拉杆在主轴顶端拉紧。锥孔与插齿刀锥柄配合接触区不小于80%。

2. 夹具、心轴及工件的安装调整

首先应将心轴或夹具擦净，安装于机床工作台上，如图9-36所示，然后用千分表检验。

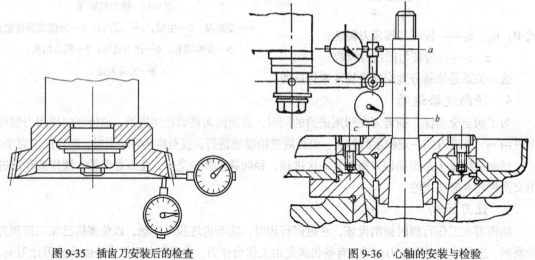

图9-35　插齿刀安装后的检查　　　　　图9-36　心轴的安装与检验

9.5　滚齿工艺

滚齿加工也是展成法齿轮加工方法，由于它具有适应性好、生产率比较高、被加工齿轮的精度比插齿要低等工艺特点，因此滚齿加工在现代齿轮加工中应用广泛。

9.5.1　滚齿原理

滚齿加工原理相当于交错轴斜齿轮副的啮合过程。在滚齿加工过程中，滚刀相当于一个螺旋角很大的斜齿圆柱齿轮和被切齿轮做空间啮合。滚刀头数即相当于斜齿轮的齿数。

要点提示　滚刀是一个齿数极少、螺旋角很大、轮齿能绕轴线很多圈的特殊斜齿圆柱齿轮，其实质就是一个蜗杆，滚刀切削刃位于该蜗杆的螺纹表面上。滚刀与工件在一定速比的关系下进行展成运动，完成渐开线、摆线等各种齿形加工。

在滚切渐开线齿轮时，可改变两轴间的中心距及轴交角。其相对共轭运动仍将获得同样性质的渐开线齿形曲面，只是齿厚和齿根圆相应地改变了，所以可加工变位齿轮、斜齿轮和短齿轮等。

滚齿加工的加工精度为 6~9 级，滚齿加工的表面粗糙度 Ra（μm）为 1.25~5。

9.5.2　滚齿加工过程分析

滚齿加工过程如图 9-37 所示。从机床运动的角度出发，工件渐开线齿面由一个复合成形运动（由两个单元运动——B_{11} 切削运动和 B_{12} 分度运动所组成）和一个简单成形运动 A_1 的组合形成。B_{11} 和 B_{12} 之间应有严格的速比关系，即当滚刀转过一转时，工件相应地转过 k/z 转（k 为滚刀的线数，z 为工件齿数）。

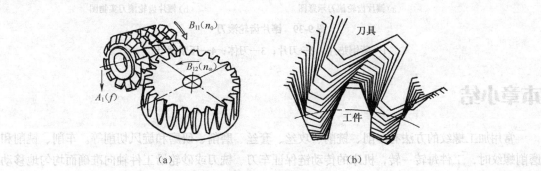

图 9-37　滚齿加工

从切削加工的角度考虑，滚刀的回转（B_{11}）为主运动，用 n_0 表示；工件的回转（B_{12}）为圆周进给运动，即展成运动，用 n_ω 表示；滚刀的直线移动（A_1）是为了沿齿轮宽度方向切出完整的齿槽，称为垂直进给运动，用进给量 f 表示。当滚刀与工件按图 9-37（b）所示完成所规定的连续的相对运动时，即可依次切出齿坯上的全部齿槽。

9.5.3　滚刀结构

这里采用滚刀结构作为划分滚刀的标准来对滚刀结构进行介绍。

1. 整体齿轮滚刀

整体齿轮滚刀可以分为刀体与刀齿两大部分，如图 9-38 所示。

2. 镶片齿轮滚刀

大模数和中模数滚刀可做成镶片结构，这样一方面节省高速钢，另一方面还可保证刀片的热处理性能，使滚刀耐用度提高，如图 9-39 所示。这种结构的滚刀可更换刀片，但对刀体矩形槽的精度要求较高。此外还有镶片圆磨齿轮滚刀、错齿组装滚刀、硬质合金滚刀等。

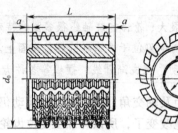

（a）整体齿轮滚刀示意图　　　　　　　（b）整体齿轮滚刀实物图

图 9-38　整体齿轮滚刀

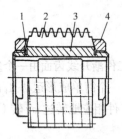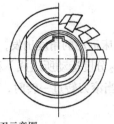

（a）镶片齿轮滚刀示意图　　　　　　　（b）镶片齿轮滚刀实物图

图 9-39　镶片齿轮滚刀

1—紫铜垫片；2—刀片；3—刀体；4—压紧螺母

本章小结

　　常用加工螺纹的方法有车削、铣削、攻丝、套丝、磨削、研磨和旋风切削等。车削、铣削和磨削螺纹时，工件每转一转，机床的传动链保证车刀、铣刀或砂轮沿工件轴向准确而均匀地移动一个导程。在攻丝或套丝时，刀具（丝锥或板牙）与工件做相对旋转运动，并由先形成的螺纹沟槽引导着刀具（或工件）做轴向移动。

　　齿形切削加工是齿轮常用的加工方法，其精度高，应用广，按照加工原理的不同，具体可分为成形法和展成法两种。成形法采用与被加工齿轮的齿槽形状相同的成形刀具来进行加工，常用的有指状铣刀铣齿、盘形铣刀铣齿、齿轮拉刀拉齿和成形砂轮磨齿。展成法的原理是使齿轮刀具和齿坯严格保持一对齿轮啮合的运动关系来进行加工，如滚齿、插齿、剃齿和珩齿等。

思考与练习

　　（1）简要说明低速车螺纹的主要步骤。

　　（2）车内螺纹与车外螺纹的方法有何异同？分别以车三角形、梯形螺纹为例进行说明。

　　（3）丝锥加工螺纹与板牙加工螺纹在用刀方面的最大区别是什么？

　　（4）成形法与展成法加工齿轮，其根本区别在哪里？

　　（5）简述插齿加工的工作原理。插齿加工需要有几种基本运动，各自有何特点？

　　（6）简要说明滚齿加工的特点及滚齿原理。

　　（7）铣齿加工有何优越性？有何不足？

第10章

数控机床与数控加工

数控机床是一种智能化的加工设备，它可以将机械加工过程中的各种控制信息用代码化的数字表示，通过信息载体输入数控装置。经运算处理后由数控装置发出各种控制信号来控制机床的动作，并按图纸要求的形状和尺寸，自动地将零件加工出来。如今数控机床已经被广泛应用于加工各种复杂的产品，并且极大提高了生产效率，有效地降低了成本。

※【学习目标】※

- 掌握数控机床的组成和工作原理。
- 了解数控机床的常用类型。
- 掌握数控机床的刀具以及夹具装置。
- 了解数控技术的发展趋势。

※【观察与思考】※

（1）图 10-1 所示为普通车床与数控车床，仔细观察它们有何不同，分别适用于何种场合？

图 10-1　普通车床与数控车床

（2）观察图 10-2 所示的数控加工刀具，想一想它与普通刀具有何不同？

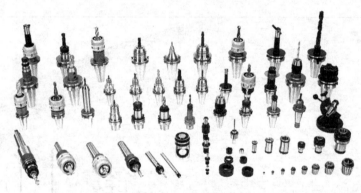

图 10-2　数控加工刀具

 数控机床概述

问题思考　　观察图 10-3 所示的数控机床，想一想它主要由哪几部分组成？与普通机床相比，在结构上有何区别？

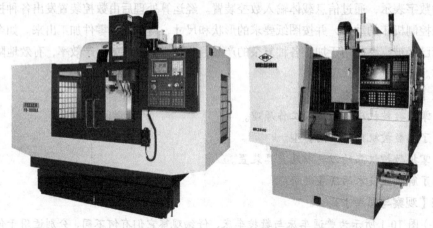

图 10-3　数控铣床与数控磨床

10.1.1　数控机床的组成

数控机床是用数字化信息对机床的运动及其加工过程进行控制的机床，是高效率、高精度、高柔性和高自动化的现代机电一体化设备。它主要由机械本体、动力源、机床数控系统、检测传感部分和执行机器（伺服系统）等主要部分组成。

数控机床的组成

1. 机床数控系统

机床数控系统是数控机床的核心，由信息的输入、处理和输出 3 个部分组成。

机床数控系统接受数字化信息，经过数控装置的控制软件和逻辑电路进行译码、插补、逻辑处理后，将各种指令信息输出给伺服系统，伺服系统驱动执行部件做进给运动。

2. 位置反馈系统

位置反馈系统（检测传感部分）用于检测伺服电动机的转角位移和数控机床执行机构（工作台）的位移，由光栅、旋转编码器、激光测距仪及磁栅等元件组成。

> 反馈装置把检测结果转化为电信号反馈给数控装置，通过比较，计算实际位置与指令位置之间的偏差，并发出偏差指令控制执行部件的进给运动。

3. 伺服系统

伺服系统由驱动器、驱动电机组成，并与机床上的执行部件和机械传动部件组成数控机床的进给系统。

伺服系统把来自数控装置的指令信息，经功率放大、整形处理后，转换成机床执行部件的直线位移或角位移运动。

> 伺服系统是数控机床的最后环节，其性能将直接影响数控机床的精度和速度。对数控机床的伺服驱动装置，要求其具有良好的快速反应性能，能准确而灵敏地跟踪数控装置发出的数字指令信号。

4. 机床部件

机床部件包括床身、底座、立柱、横梁、滑座、工作台、主轴箱、进给机构、刀架及自动换刀装置等机械部件。这些部件具有高刚度、高抗振性及较小热变形，并且采用高传动效率、高精度、无间隙的传动装置和运动部件。

10.1.2 数控机床工作原理

数控机床的工作原理如图 10-4 所示。

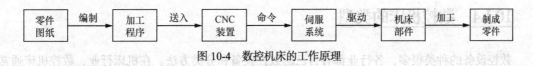

图 10-4 数控机床的工作原理

1. 零件图纸

零件图是数控编程的原始资料。在编写数控程序前，首先要认真阅读零件图，明确零件的结构特点，分析零件的加工重点，并确定加工方法和加工顺序。

2. 编制加工程序

在数控机床上加工工件前，首先要根据加工零件的图样用规定的格式编写程序单，其中主要包括机床上刀具和工件的相对运动轨迹、工艺参数（进给量、主轴转速等）和辅助运动等。将零件加工程序通过数控机床的输入装置输入到 CNC 单元。

3. 加工零件

当执行程序时，机床数控系统（CNC）将加工程序语句译码、运算，转换成驱动各运动部件的动作指令，在系统的统一协调下驱动各运动部件的适时运动，自动完成对工件的加工。

10.1.3 数控机床的特点

在普通机床上加工零件时，主要由操作者根据零件图纸的要求，不断改变刀具与工件之间的相对运动轨迹，由刀具对工件进行切削而加工出符合要求的零件。

在数控机床上加工零件时，是将被加工零件的加工顺序、工艺参数和机床运动要求用数控语言编制出加工程序，输入机床后自动完成零件的加工。

普通机床上的生产与数控机床上的生产对比如图 10-5 所示。

数控机床具有以下典型特点。

（1）具有高度柔性、适应性强。

（2）生产准备周期短。

（3）工序高度集中。

（4）生产效率和加工精高、质量稳定。

（5）能完成复杂型面的加工。

（6）技术含量高。

（7）减轻劳动强度、改善劳动条件。

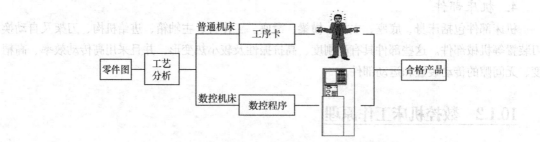

图 10-5　普通机床上的生产与数控机床上的生产对比

10.1.4 数控机床的类型

数控设备的种类很多，各行业都有自己的数控设备和分类方法。在机床行业，数控机床通常从以下不同角度进行分类。

1. 按工艺用途分类

数控机床按其工艺用途可以划分为以下 4 大类。

数控机床的分类
1-按工艺用途分类

（1）金属切削类。金属切削类数控机床指采用车、铣、镗、钻、铰、磨及刨等各种切削工艺的数控机床。又可分为普通数控机床和数控加工中心两类。

① 普通数控机床。普通数控机床有数控车床、数控铣床、数控钻床、数控镗床以及数控磨床等，每一类又有很多品种。图 10-6 所示为数控车床，图 10-7 所示为数控铣床。

② 数控加工中心。数控加工中心是带有刀库和自动换刀装置的数控机床，它可以实现多种不同的加工操作。图 10-8 所示为立式加工中心，图 10-9 所示为卧式加工中心。

图 10-6　数控车床　　　　　　　　　　图 10-7　数控铣床

相对于普通数控机床，在数控加工中心上加工零件有以下特点。

- 被加工零件经过一次装夹后，数控系统能控制机床按不同的工序自动选择和更换刀具。
- 自动改变机床主轴转速、进给量和刀具相对工件的运动轨迹及其他辅助功能，连续地对工件各加工面自动地进行钻孔、锪孔、铰孔、镗孔、攻螺纹及铣削等多工序加工。

图 10-8　立式加工中心　　　　　　　　图 10-9　卧式加工中心

- 加工中心能集中地、自动地完成多种工序，避免了人为的操作误差、减少了工件装夹、测量和机床的调整时间，提高了加工效率和加工精度，具有良好的经济效益。
- 能完成许多普通设备不能完成的加工，对形状较复杂，精度要求高的单件加工或中小批量多品种生产更为适用。

（2）金属成形类。金属成形类数控机床指采用挤、压、冲、拉等成形工艺的数控机床，常用的有数控弯管机、数控压力机、数控冲剪机、数控折弯机及数控旋压机等。图 10-10 所示为数控弯管机，图 10-11 所示为数控压力机。

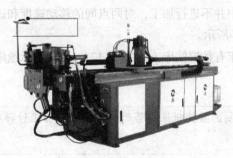

图 10-10　数控弯管机　　　　　　　　图 10-11　数控压力机

（3）特种加工类。特种加工类数控机床主要有数控电火花线切割机、数控激光与火焰切割机等。图 10-12 所示为电火花成型机床，图 10-13 所示为电火花加工中心。

图 10-12　数控电火花成型机床　　　　　　　图 10-13　电火花加工中心

（4）测量、绘图类。主要有数控绘图机、数控坐标测量机以及数控对刀仪等。图 10-14 所示为三坐标测量机，图 10-15 所示为数控对刀仪。

图 10-14　三坐标测量机　　　　　　　　　图 10-15　数控对刀仪

2. 按控制运动的方式分类

数控机床的分类
2-按控制运动
的轨迹分类

按控制运动的方式不同通常将数控机床分为以下 3 种类型。

（1）点位控制数控机床。这类机床只控制运动部件从一点准确地移动到另一点，在移动过程中并不进行加工，对两点间的移动速度和运动轨迹没有严格要求，如图 10-16 所示。

点位控制数控机床有数控钻床（见图 10-17）、数控坐标镗床以及数控冲床等。

课堂练习

　　想一想，采用点位控制的数控机床是否严格控制整个加工过程中刀具的运行速度和轨迹？

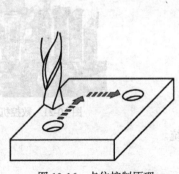

图 10-16　点位控制原理

图 10-17　数控钻床

（2）直线控制数控机床。这类机床不仅要控制点的准确定位，而且要控制刀具（或工作台）以一定的速度沿与坐标轴平行的方向进行切削加工，如图 10-18 所示。

直线控制数控机床有简易数控车、数控镗铣床（见图 10-19）以及数控加工中心。

（3）轮廓控制数控机床。这类机床能够对两个或两个以上运动坐标的位移及速度进行连续相关的控制，使合成的平面或空间运动轨迹能满足零件轮廓的要求，如图 10-20 所示。

轮廓控制数控机床有数控铣床、数控车床、数控磨床和加工中心等。

图 10-18　直线控制原理　　　　　图 10-19　数控镗铣床　　　　　图 10-20　轮廓控制原理

10.2　数控加工装备

数控加工时，数控刀具和数控夹具是不可缺少的基本装备。

10.2.1　数控刀具

数控刀具主要是指数控车床、数控铣床和加工中心等机床上所使用的刀具，如图 10-21 所示。随着数控机床的发展，现在的数控机床刀具已不是普通机床所采用的一机一刀的模式，而是各种不同类型的刀具同时在数控机床上轮换使用，实现自动换刀。

1. 数控刀具的要求

为了保证数控机床的加工精度、提高生产率及降低刀具的消耗，数控机床所用刀具须具备以下几点要求。

（1）高可靠性和较高的刀具耐用度。

（2）高精度和高重复定位精度。

（3）刀具尺寸可以预调和快速换刀。

（4）可靠的断屑及排屑措施。

（5）刀具标准化、模块化、通用化及复合化。

图 10-21　数控机床刀具

（6）具有一个比较完善的工具系统和刀具管理系统。

（7）应有刀具在线监控及尺寸补偿系统。

2. 数控刀具的分类

数控刀具按切削工艺可分为车削刀具、镗削刀具、钻削刀具及铣削刀具。

按材料可分为高速钢刀具、硬质合金刀具、陶瓷刀具、立方氮化硼刀具及聚晶金刚石刀具等。

按结构可分为以下几类。

- 整体式刀具：由整块材料根据不同用途磨削而成的刀具。
- 镶嵌式刀具：将刀片以焊接或机夹的方式镶嵌在刀体上的刀具。
- 减振式刀具：当刀具的工作臂较长时，为了减小刀具在切削时的振动所采用的一种特殊结构的刀具。
- 内冷式刀具：切削液通过主轴传递到刀体内部，由喷嘴喷射到刀具切削部位的刀具。
- 特殊式刀具：如具有强力夹紧，可逆攻丝功能的刀具。

10.2.2　数控夹具

数控夹具按所使用机床的不同可分为车床夹具、铣床夹具、钻床夹具及磨床夹具等。本节将介绍数控机床中常用的夹具类型。

1. 常用数控夹具

数控车床夹具主要有三爪自定心卡盘、四爪单动卡盘、花盘等。数控铣床、加工中心常用的夹具有平口虎钳、T形螺钉和压板、弯板及V形块等

 要点提示　　在小批量生产中，会优先选择组合夹具进行装夹。组合夹具是由可以循环使用的标准夹具零部件组装而成的，其容易连接、拆卸，柔性大，适用于单件小批生产，是一种标准化、系列化、通用化程度高的工艺装备。

组合夹具元件主要有以下类型。

（1）基础件。如图 10-22 所示，基础件主要用作夹具体，它包括各种规格尺寸和形状的基础板、基础角铁等。

（2）支撑件。如图 10-23 所示，支撑件主要用作不同高度的支承和各种定位支承平面，是夹具体的骨架。它包括各种垫片、垫板、方形和矩形支承、角度支承、角铁、菱形板、V形块、螺孔板及伸长板等。

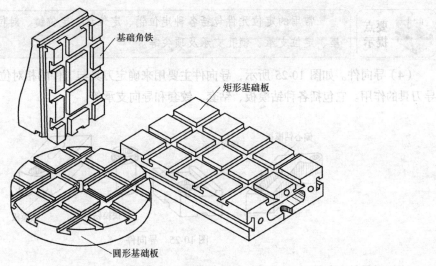

基础角铁

矩形基础板

圆形基础板

图 10-22　基础件

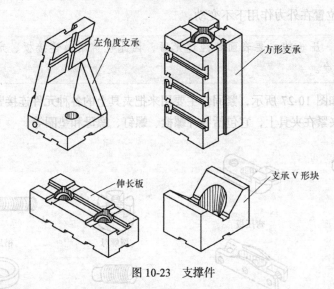

左角度支承

方形支承

伸长板

支承 V 形块

图 10-23　支撑件

（3）定位件。如图 10-24 所示，定位件主要用于确定元件与元件、元件与工件之间的相对位置尺寸，以保证夹具的装配精度和工件的加工精度。

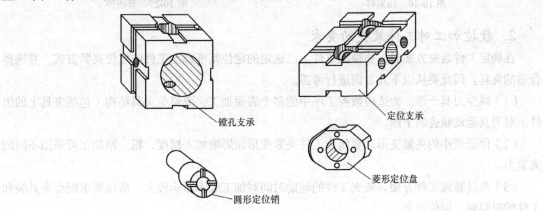

镗孔支承

定位支承

圆形定位销

菱形定位盘

图 10-24　定位件

（4）导向件。如图 10-25 所示，导向件主要用来确定刀具与工件的相对位置，加工时起到引导刀具的作用。它包括各种钻模板、钻套、铰套和导向支承等。

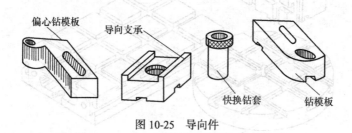

偏心钻模板　导向支承　快换钻套　钻模板

图 10-25　导向件

（5）压紧件。如图 10-26 所示，压紧件主要为各种压板。它用来将工件夹紧在夹具上，保证工件定位后的正确位置在外力作用下不变动。

（6）紧固件。如图 10-27 所示，紧固件主要用来把夹具上的各种元件连接紧固成一整体，并可通过压板把工件夹紧在夹具上，它包括各种螺栓、螺钉、螺母和垫圈等。

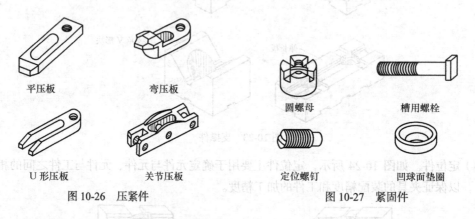

平压板　弯压板　圆螺母　槽用螺栓
U形压板　关节压板　定位螺钉　凹球面垫圈

图 10-26　压紧件　　　　　图 10-27　紧固件

2. 数控加工对工件装夹的要求

在确定工件装夹方案时，要根据工件上已选定的定位基准确定工件的定位夹紧方式，并选择合适的夹具。因此要从以下几方面进行考虑。

（1）减少刀具干涉。为适应数控工序中的多个表面加工，要避免夹具结构（包括夹具上的组件）对刀具运动轨迹的干涉。

（2）保证最小的夹紧变形。要防止工件夹紧变形而影响加工精度，粗、精加工可采用不同的夹紧力。

（3）夹具装卸工件方便。装夹工件的辅助时间对加工效率影响较大，所以要求配套夹具装卸工件的时间短、定位可靠。

数控加工夹具可使用气动、液压、电动等自动夹紧装置实现快速夹紧，缩短辅助时间。

（4）便于多件同时装夹。对小型工件或加工时间较短的工件，可以考虑在工作台上多件夹紧或多工位加工，以提高加工效率。

（5）夹具结构应力求简单。夹具的标准化、通用化和自动化对加工效率的提高及加工费用的降低有很大影响。

10.3　数控加工原理

数控加工使用数字信息控制零件和刀具位移，从而获得较高的加工效率和质量，是解决零件品种多变、批量小、形状复杂、精度高等问题和实现高效化、自动化加工的有效途径。

10.3.1　数控加工的一般过程

通常来讲，数控加工一般包含以下基本环节。

（1）分析零件图样。首先要根据零件的材料、形状、尺寸、精度和热处理要求等确定加工方案，选择合适的机床。

（2）确定加工方案。按照充分发挥数控机床功能的原则，使用合适的数控机床，确定合理的加工方法。

（3）刀具、夹具的选择。数控加工用刀具由加工方法、切削用量及其他与加工有关的因素来确定。

数控加工通常不需要专用的、复杂的夹具，所选夹具要能迅速完成工件的定位和夹紧过程，减少辅助时间，还应便于安装，便于协调工件和机床坐标系的尺寸关系。

（4）确定加工路线。确定加工路线时要尽量缩短加工路线，减少进刀和换刀次数，保证加工安全可靠。

（5）确定切削用量。确定切削用量即确定切削深度、主轴转速、进给速度等，具体数值应根据数控机床使用说明书的规定、被加工工件的材料、加工工序以及其他要求并结合实际经验来确定。同时，对毛坯的基准面和加工余量要有一定的要求，以便毛坯的装夹，使加工能顺利进行。

（6）刀具运动轨迹计算。数控系统大都具有直线插补和圆弧插补等功能，可加工由直线和圆弧组成的零件。对于较复杂的零件或零件的几何形状与数控系统的插补功能不一致时，则需要进行较为复杂的数值计算。

（7）编写加工程序单。完成工艺处理与运动轨迹运算后，根据计算出的运动轨迹坐标值和已确定的加工顺序、加工路线、切削参数、辅助动作以及所使用的数控系统的指令、程序段格式，按数控机床规定使用的功能代码及程序格式，编写加工程序单。

（8）程序输入。编好的程序可以用手动方式通过操作面板的按键将程序输入数控装置。如果是专用计算机编程或用通用微机进行的计算机辅助编程，可以通过通信接口，直接传入数控装置。

（9）程序校验。编好的程序在正式加工之前，需要经过检测。一般采用空走刀检测，在不装夹工件的情况下启动数控机床，进行空运行，观察运动轨迹是否正确。

要点提示　　也可采用空运转画图检测，在具有 CRT 屏幕图形显示功能的数控机床上进行工件图形的模拟加工，检查工件图形的正确性。

（10）首件试切。使用首件试切的方法进行实际切削，进一步考察程序的正确性，并检查加工精度是否满足要求。若实际切削不符合要求，则可修改程序或采取补偿措施。试切一般采用铝件、塑料、石蜡等易切材料进行。

10.3.2　数控加工安全规范

任何一种类型的数控机床都有一套操作规程，这既是保证操作人员人身安全的重要措施之一，也是保证设备安全、产品质量等的重要措施，操作人员必须严格按照操作规程进行正确操作。

1．加工前的注意事项

在数控加工前，应注意以下要点。

（1）查看工作现场是否存在可能造成不安全的因素，若存在应及时排除。

（2）按数控机床启动顺序开机，查看机床是否显示报警信息。

（3）数控机床通电后，检查各开关、按钮和按键是否正常、灵活，机床有无异常现象。

（4）检查液压系统、润滑系统油标是否正常，检查冷却液容量是否正常，按规定加好润滑油和冷却液，手动润滑的部位先要进行手动润滑。

（5）各坐标轴手动回参考点。回参考点时要注意，不要和机床上的工件、夹具等发生碰撞。若某轴在回参考点前已处于参考点位置附近，必须先将该轴手动移动到距离参考点 100mm 以外的位置，再回参考点。

（6）在进行工作台回转交换时，台面、护罩、导轨上不得有其他异物；检查工作台上的工件是否正确、夹紧可靠。

（7）为了使数控机床达到热平衡状态，必须使数控机床空运转 15min 以上。

（8）按照刀具卡正确安装好刀具，并检查刀具运动是否正常，通过对刀，正确输入刀具补偿值，并认真核对。

（9）数控加工程序输入完毕后，应认真校对，确保无误，并进行模拟加工。

（10）按照工序卡安装和找正夹具。

（11）正确测量和计算工作坐标系，并对所得结果进行验证和验算。

（12）手轮进给和手动连续进给操作时，必须检查各种开关所选择的位置是否正确，弄清正负方向，认准按键，然后再进行操作。

2．加工中的注意事项

在数控加工中，应注意以下要点。

（1）无论是首次试加工，还是周期性重复加工，首先检查工序卡、刀具卡、坐标调整卡及程序卡4者是否一致，然后进行逐把刀逐段程序的试切。

（2）试加工时，快速倍率、进给倍率开关置于最低挡，切入工件后再加大倍率。

（3）在运行数控加工程序中，要重点观察数控系统上的坐标显示。

（4）对一些有试刀要求的刀具，要采用"渐进"的方法试刀。

3．加工后的注意事项

在数控加工后，应注意以下要点。

（1）清洁工作台、零件及台面铁屑等杂物，整理工作现场。

（2）在手动方式下，将各坐标轴置于数控机床行程的中间位置。

（3）按关机顺序关闭数控机床，断电。

（4）清理并归还刃具、量具、夹具，将工艺资料归档。

10.3.3 数控加工程序格式

一个完整的数控加工程序可分为程序号、程序段、程序结束指令等几个部分。

1．数控程序的结构

程序号又名程序名，置于程序开头，用作一个具体加工程序存储、调用的标记。目前的计算机数控（CNC）机床，能将程序存储在内存中，为了区别不同程序，在程序的最前端加上程序号码以区分，以便进行程序检索。

程序号码由地址 O、P、% 以及 1～9 999 范围内的任意数字组成，通常 FANUC 系统用"O"、SINUMERIC 系统用"%"作为程序号的地址码。编程时要根据说明书的规定作指令，否则系统是不会执行的。

 要点提示　　工件加工程序由若干个程序段组成，程序段是控制机床的一种语句，表示一个完整的运动或操作。程序结束指令用 M02 或 M30 代码，放在最后一个程序段，作为整个程序的结束。

图 10-28 所示零件的加工路线已在图中标出，与之对应的程序如下，每个程序段执行一个相应的操作，完成相应加工余量的切除。

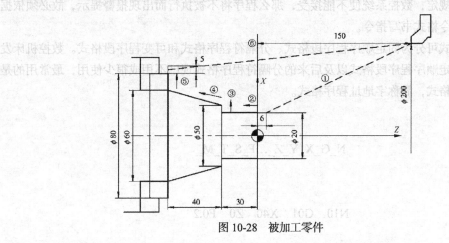

图 10-28　被加工零件

```
O2001;                              （程序号）
N10  G50 X200 Z150 T0100;           （建立工件坐标系，选择 T01 号刀）
N20  G96 S150 M03;                  （恒线速设定，主轴正转）
N25  G50 S2000;                     （设定主轴最高转速）
N30  G00 X20 Z6 T0101;              （① 建立刀具补偿）
N40  G01 Z-30 F0.25;                （② φ20 圆柱加工）
N50  X50;                           （③ φ50 轴肩加工）
N60  X60 Z-70;                      （④ φ50 圆锥加工）
N70  X90;                           （⑤ φ60 轴肩加工）
N80  G00 X200 Z150 T00 M05;         （⑥ 刀具回位）
N90  M02;                           （程序结束）
```

上例为一个完整的零件加工程序，程序号为 O2001。以上程序中每一行即称为一个程序段，共由 10 个程序段组成，每个程序段以序号"N"开头，M02 作为整个程序的结束。

2. 程序段的组成

一个程序段表示一个完整的加工工步或动作。程序段由程序段号、若干程序字和程序段结束符号组成。

程序段号 N 又称程序段名，由地址 N 和数字组成。数字大小的顺序不表示加工或控制顺序，只是程序段的识别标记。在编程时，数字大小可以不连续，也可以颠倒，也可以部分或全部省略。但一般习惯按顺序并以 5 或 10 的倍数编程，以备插入新的程序段。

要点提示

程序字由一组排列有序的字符组成，如 G00、G01、X120、M02 等，表示一种功能指令。每个"字"是控制系统的具体指令，由一个地址文字（地址符）和数字组成，字母、数字、符号统称为字符。

例如，X250 为一个字，表示 X 向尺寸为 250mm。

F200 为一个字，表示进给速度为 200mm/min（具体值由规定的代码方法决定）。

每个程序段由按照一定顺序和规定排列的"字"组成。

程序段末尾的";"为程序段结束符号，有时也用"LF"表示程序段结束。

3. 程序段的格式

程序段格式指程序中的字、字符、数据的安排规则。不同的数控系统往往有不同的程序段格式，格式不符合规定，数控系统便不能接受，那么程序将不被执行而出现报警提示，故必须依据该数控装置的指令格式书写指令。

程序段的格式可分为固定顺序程序段格式、分隔符程序段格式和可变程序段格式。数控机床发展初期采用的固定顺序程序段格式以及后来的分隔符程序格式现已不用或很少使用，最常用的是地址可变程序段格式，简称字地址程序格式。

其形式如下

N_ G_ X_ Y_ Z_ …F_ S_ T_ M_

例如，

N10 G01 X40 Z0 F0.2

其中：N 为程序段地址码，用于指令程序段号。

　　　G 为指令动作方式的准备功能地址，G01 为直线插补指令。

　　　X、Z 为坐标轴地址，后面的数字表示刀具移动的目标点坐标。

　　　F 为进给量指令地址，后面的数字表示进给量。

> 在程序段中除程序段号与程序段结束字符外，其余各字的顺序并不严格，可先可后，但为便于编写，习惯上可按 N、G、X、Y、Z、…、F、S、T、M 的顺序编程。

10.3.4　程序指令分类

数控加工中，程序指令种类丰富，用途各不相同，为了便于使用，通常将常用的程序指令分为以下几种类型。

1．G 指令

G 指令使数控机床建立起某种加工指令方式，如规定刀具和工件的相对运动轨迹（即规定插补功能）、刀具补偿、固定循环、机床坐标系及坐标平面等多种加工功能。

G 指令由地址符 G 和后面的两位数字组成，从 G00 到 G99 共 100 种。G 代码是程序的主要内容，常用 G 指令的含义如表 10-1 所示。

2．M 指令

辅助功能指令用于指定主轴的启停、正反转、冷却液的开关、工件或刀具的夹紧与松开、刀具的更换等。

辅助功能由指令地址符 M 和后面的两位数字组成，也有 M00～M99 共 100 种。M 指令也有续效指令与非续效指令。常用 M 指令的含义如表 10-2 所示。

表 10-1　　　　　　　　　　　　　G 指令的用法及功能

代　码	功　能	代　码	功　能
G00	点定位	G35	螺纹切削，减螺距
G01	直线插补	G41	刀具补偿（左）
G02	顺时针圆弧插补	G42	刀具补偿（右）
G03	逆时针圆弧插补	G43	刀具偏置（正）
G04	暂停	G44	刀具偏置（负）
G06	抛物线插补	G80	固定循环注销
G08	加速	G81-G89	固定循环
G09	减速	G90	绝对尺寸
G17	*XY* 平面选择	G91	增量尺寸
G18	*ZX* 平面选择	G94	每分钟进给
G19	*YZ* 平面选择	G95	主轴每转进给
G33	螺纹切削，等螺距	G96	恒线速度
G34	螺纹切削，增螺距	G97	主轴每分钟转速

表 10-2 辅助功能 M 代码（JB/T 3208—1999）

代码	功能	代码	功能
M00	程序停止	M14	主轴逆时针方向，冷却液开
M01	计划停止	M19	主轴定向停止
M02	程序结束	M36	进给范围 1
M03	主轴顺时针方向	M37	进给范围 2
M04	主轴逆时针方向	M38	主轴速度范围 1
M05	主轴停止	M39	主轴速度范围 2
M06	换刀	M50	3 号冷却液开
M07	2 号冷却液开	M51	4 号冷却液开
M08	1 号冷却液开	M55	刀具直线位移，位置 1
M09	冷却液关	M56	刀具直线位移，位置 2
M10	夹紧	M60	更换工件
M11	松开	M61	工件直线位移，位置 1
M13	主轴顺时针方向，冷却液开	M62	工件直线位移，位置 2

3．F 指令

F 指令为进给速度指令，用来指定坐标轴移动进给的速度。F 代码为续效代码，一经设定后如未被重新指定，则先前所设定的进给速度继续有效。该指令一般有以下两种表示方法。

（1）代码法。代码法后面的数字不直接表示进给速度的大小，而是机床进给速度数列的序号。

（2）直接指定法。F 后跟的数字就是进给速度的大小，如 F150，表示进给速度为 150mm/min。这种方法比较直观，目前大多数数控机床都采用直接指定法。

4．S 指令

S 指令用来指定主轴转速，用字母及后面的 1~4 位数字表示，有恒转速（单位为 r/min）和恒线速（单位为 m/min）两种指令方式。

 要点提示 S 指令只是设定主轴转速的大小，并不会使主轴回转，必须有 M03（主轴正转）或 M04（主轴反转）指令时，主轴才开始旋转。S 指令是续效代码。

5．T 指令

T 指令用于选择所需的刀具，同时还可用来指定刀具补偿号。一般加工中心程序中的 T 代码后的数字直接表示所选择的刀具号码，如 T12，表示 12 号刀；数控车床程序中的 T 代码后的数字既包含所选择的刀具号，也包含刀具补偿号，如 T0102，表示选择 01 号刀，调用 02 号刀补参数。

 要点提示 尽管数控代码是国际通用的，但是各个数控系统制造厂家往往自定了一些编程规则，不同的系统有不同的指令方法和含义，具体应用时要参阅该数控机床的编程说明书，遵守编程手册的规定，这样编制的程序才能为具体的数控系统所接受。

第 10 章　数控机床与数控加工

10.3.5　程序编制步骤

程序编制就是根据加工零件的图样，将零件加工的工艺过程及加工过程中需要的辅助动作，如换刀、冷却、夹紧、主轴正/反转等，按照加工顺序和规定的指令代码及程序格式编成加工程序单，再将程序单中的全部内容输入到数控机床的数控装置的过程。

1. 分析零件图样

首先要根据零件的材料、形状、尺寸、精度、毛坯形状和热处理要求等确定加工方案，选择合适的机床。

2. 工艺处理

工艺处理涉及的问题较多，主要考虑以下几点。

（1）确定加工方案。此时应按照充分发挥数控机床功能的原则，使用合适的数控机床，确定合理的加工方法。

（2）刀具、夹具的选择。数控加工用刀具由加工方法、切削用量及其他与加工有关的因素来确定。

> 数控加工一般不需要专用的、复杂的夹具，在选择夹具时应特别注意要迅速完成工件的定位和夹紧过程，以减少辅助时间，所选夹具还应便于安装，便于协调工件和机床坐标系的尺寸关系。

（3）选择对刀点。对刀点是程序执行的起点，也称为"程序原点"，程序编制时正确地选择对刀点是很重要的。对刀点的选择原则：所选的对刀点应使程序编制简单；对刀点应选在容易找正、加工过程中便于检查的位置；为提高零件的加工精度，对刀点应尽量设置在零件的设计基准或工艺基准上。

10.3.6　简单数控加工程序编制实例

编程加工图 10-29 所示的零件，试编写其加工程序。

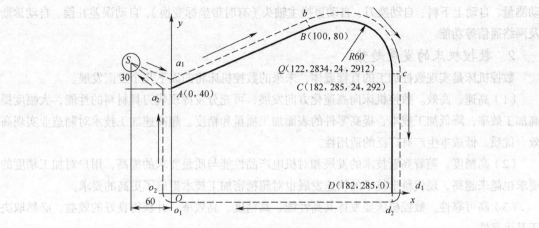

图 10-29　零件加工路径

编写程序如下。

```
N1  G17G91G01 G41 X60000 Y-30000 I100000 J40000 F2 S500 H01 M03 CR
N2  G01  X100000  Y40000 CR              //走 AB 段
N3  G02 X82285 Y-55710  I22285 J-55710 CR  //BC 段圆弧
N4  G01 Y -24290 CR                      //走 CD 段
N5  G39 I -100000  CR                    //尖角过渡
N6  G01 X-182285 CR                      //走 DO 段
N7  G39 J40000  CR                       //尖角过渡
N8  G01 Y40000  CR                       //走 OA 段
N9  G40 G01 X-60000 Y30000 M30 CR        //取消刀补，退回 S，主轴停转，关冷却液
```

10.4 数控技术的发展趋势

随着现代科学技术的不断发展和完善，数控加工在精度和效率两方面都在不断提高。可以预计，未来数控技术的发展前景将更加广阔。

1.　数控系统的发展趋势

数控系统是数控技术的核心，其发展趋势主要有以下几个方面。

（1）开放式数控系统。开放式体系结构可以大量采用通用微机的先进技术，实现声控自动编程、图形扫描自动编程等。

开放式数控系统的硬件、软件和总线规范都是对外开放的，有充足的软、硬件资源可供利用，为用户的二次开发带来了极大方便，用户既可通过升级或组合构成各种档次的数控系统，又可通过扩展构成不同类型数控机床的数控系统。

（2）数控系统的智能化。数控系统在控制性能上向智能化方向发展。

随着人工智能在计算机领域的应用，数控系统引入了自适应控制、模糊系统和神经网络的控制机理，使新一代数控系统具有自动编程、前馈控制、模糊控制、学习控制、自适应控制、工艺参数自动生成、三维刀具补偿及运动参数动态补偿等功能，而且人机界面极为友好，并具有故障诊断专家系统，使自诊断和故障监控功能更趋完善。

伺服系统智能化的主轴交流驱动和智能化进给伺服装置能自动识别负载并自动优化、调整参数。为适应制造自动化的发展，要求数字控制制造系统不仅能完成通常的加工功能，而且还要具备自动测量、自动上下料、自动换刀、自动更换主轴头（有时带坐标变换）、自动误差补偿、自动诊断及网络通信等功能。

2.　数控机床的发展趋势

数控机床是实现数控加工的直接载体，未来的数控机床将向以下几个发面发展。

（1）高速、高效。数控机床向高速化方向发展，可充分发挥现代刀具材料的性能，大幅度提高加工效率，降低加工成本，提高零件的表面加工质量和精度。超高速加工技术对制造业实现高效、优质、低成本生产有广泛的适用性。

（2）高精度。随着高新技术的发展和对机电产品性能与质量要求的提高，用户对加工精度的要求也越来越高，现代科学技术的快速发展也对超精密加工技术提出了更高的要求。

（3）高可靠性。数控机床要发挥其高性能、高精度、高效率，并获得良好的效益，必然取决于其可靠性。

要点提示

> 　　新材料及新零件的出现、更高精度要求的提出等都需要超精密加工工艺。发展新型超精密加工机床、完善现代超精密加工技术，是适应现代科技发展的必由之路。

　　（4）模块化、专门化与个性化。为了适应数控机床多品种、小批量加工零件的特点，数控机床结构模块化，数控功能专门化，可使机床性价比显著提高。个性化也是近几年来数控机床特别明显的发展趋势。

　　（5）高柔性。数控机床在提高单机柔性化的同时，正朝着单元柔性化和系统柔性化方向发展。

　　（6）复合化。复合化包含工序复合化和功能复合化。数控机床的发展已模糊了粗精加工工序的概念。加工中心的出现，又把车、铣、镗等工序集中到一台机床来完成，打破了传统的工序界限和分开加工的工艺规程。近年来，又相继出现了许多跨度更大的功能集中的超复合化数控机床。

本章小结

　　数控机床是数字控制机床的简称，是一种装有程序控制系统的自动化机床。该控制系统能够按照逻辑顺序处理具有控制编码或其他符号指令规定的程序，并将其译码，从而控制机床动作使之完成零件的加工过程。

　　数控加工具有以下特点。

　　（1）加工精度高，具有稳定的加工质量。

　　（2）可进行多坐标的联动，能加工形状复杂的零件。

　　（3）加工零件改变时，一般只需要更改数控程序，可节省生产准备时间。

　　（4）机床本身的精度高、刚性大，可选择有利的加工用量，生产率高（一般为普通机床的3～5倍）。

　　（5）机床自动化程度高，可以减轻劳动强度。

　　（6）对操作人员的素质要求较高，对维修人员的技术要求更高。

思考与练习

　　（1）数控机床的工作原理是什么？

　　（2）简要说明数控机床的组成。

　　（3）数控机床与普通机床加工过程有何区别？

　　（4）数控机床的性能特点决定了数控机床的应用范围，请说说最适合、比较适合和不适合数控加工的零件。

　　（5）简要说明数控机床的分类依据及其分类结果。

　　（6）数控刀具与普通刀具相比有什么特点？

　　（7）数控编程的步骤是什么？

　　（8）数控机床的发展趋势是什么？

第11章 机械零件的生产过程

在机械加工中，完成一个零件的生产过程要综合考虑质量、效率和成本这 3 个重要因素。机械加工工艺是指制造产品时使用的技巧、方法和程序，用于直接改变零件形状、尺寸、相对位置及性能等，使其成为半成品或成品，通常包括零件的制造与机器的装配两部分内容。

※【学习目标】※

- 熟悉生产过程的基本知识。
- 熟悉零件工艺分析的主要内容。
- 熟悉定位和装夹的概念。
- 熟悉粗基准和精基准的选择原则。
- 熟悉机械零件的主要类型。
- 了解轴类零件和箱体类零件的加工工艺要领。

※【观察与思考】※

（1）观察图 11-1 所示制造车间的生产流水线，理解零件是按照一定流程对各个表面顺序加工完成的，了解机械生产的有序性。

（2）观察图 11-2 所示的连杆零件在加工时的装夹方式，了解夹具在制造过程中的作用。

图 11-1　生产流水线

图 11-2　连杆的装夹

（3）观察图 11-3 所示机器的结构，想一想一个复杂机器是怎样由单个零件组成的？

（4）对于图 11-4 所示的轴类零件，想一想应该怎么确定各个表面的加工顺序和加工方法，才能在确保产品质量的条件下获得较高的加工效率？

（5）同一个零件，生产两件、生产 1 000 件和生产 10 万件时，采用的生产方法和流程是否相同，为什么？应该主要考虑哪些因素？

图 11-3　机器的结构

图 11-4　轴类零件

11.1　生产过程的基础知识

一个零件上有很多重要加工表面，而这些表面需要使用不同的加工设备进行加工，应该合理组织整个生产过程才能确保加工过程顺利完成。机械加工工艺是指用机械加工的方法改变毛坯的形状、尺寸、相对位置和性质，使其成为合格零件的技术和措施。

11.1.1　机械加工工艺过程

为便于工艺规程的编制、执行和生产组织管理，常将生产过程划分为不同层次的单元。组成机械加工工艺过程的基本单元是工序，工序又由安装、工位、工步及走刀组成。

1. 工序

工序是组成工艺过程的基本单元，也是生产计划的基本单元。

一名或一组工人在一个工作地点或一台机床上对一个或同时对几个工件连续完成的工艺过程称为工序。其划分依据是工作地点是否变化和工作过程是否连续。

要点提示

在车床上既可以对每一根轴连续地进行粗加工和精加工，也可以先对整批轴进行粗加工，然后再依次进行精加工。在第 1 种情形下，加工只包括一个工序；而在第 2 种情形下，由于加工过程的连续性中断，虽然加工是在同一台机床上进行的，但却成为两个工序。

2. 安装

在机械加工工序中，使工件在机床上或在夹具中占据某一正确位置并被夹紧的过程，称为装夹。有时，工件在机床上需经过多次装夹才能完成一个工序的工作内容。安装是指工件经过一次装夹后所完成的那部分工序内容。

要点提示

在车床上加工轴，先从一端加工出部分表面，然后调头再加工另一端，这时的工序内容就包括两个安装。

3. 工位

采用转位（或移位）夹具、回转工作台或在多轴机床上加工时，工件在机床上一次装夹后，要经过若干个位置依次进行加工。工件相对于机床或刀具每占据一个加工位置所完成的工序内容称为工位。为了减少因多次装夹而带来的装夹误差和时间损失，常采用各种回转工作台、回转夹具或移动夹具，使工件在一次装夹中，先后处于几个不同的位置进行加工。

 要点提示　在图11-5中，通过立轴式回转工作台使工件变换加工位置。该例中有4个工位，可在一次安装中实现钻孔、扩孔和铰孔加工。这样既减少了装夹次数，又因各工位的加工与装卸是同时进行的，从而节约安装时间并提高生产率。

4. 工步

工步是指在加工表面不变、切削刀具不变的情况下所连续完成的那部分工序内容。对于带回转刀架的机床（如转塔车床）或带自动换刀装置的机床（如加工中心），当更换不同刀具时，即使加工表面不变，也属不同工步。

在一个工步内，若有几把刀具同时加工几个不同表面，则为复合工步，如图11-6所示，采用复合工步可以提高生产效率。

图 11-5　多工位加工

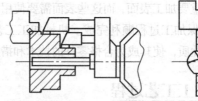

（a）立轴转塔车床的一个复合工步　　（b）钻孔、扩孔复合工步

图 11-6　复合工步

5. 走刀

每次工作进给所完成的工步称为一次走刀。

 要点提示　在一个工序中可能包含有一个或几个安装，每一个安装可能包含一个或几个工位，每一个工位可能包含一个或几个工步，每一个工步可能包括一次或几次走刀。

11.1.2　零件的生产类型

在机械加工中，不同生产类型对应的生产策略差别很大，其最终目标是达到质量和效率之间的平衡。

1. 生产纲领

生产纲领是指计划期内生产零件的数量。它对生产组织形式和零件加工过程有重要影响，决定了各个工序所需专业化和自动化的程度以及生产过程中所选用的工艺方法和工艺装备。

生产纲领可以按照下式计算。

$$N=Qn(1+a)(1+b)$$

式中：N——零件的年生产量，件/年；

　　　Q——产品的年产量，台/年；

　　　n——每台产品中该零件数量，件/台；

　　　a——备品率，%；

　　　b——废品率，%。

2. 生产类型

生产类型是指企业（或车间）生产专业化程度的分类。依据产品的生产纲领，并考虑产品的体积、重量和其他特征，可将生产类型分成单件小批量生产、成批生产和大批大量生产。不同的生产类型有着不同的工艺特点，如表 11-1 所示。

表 11-1　　　　　　　　　　　　各种生成类型工艺过程的主要特点

序　号	比　较项目	单件小批生产	成　批　生　产	大批大量生产
1	零件互换性	一般配对制造	大部分互换	全部互换
2	装配方法	广泛采用调整法或者修配法	少量钳工修配	某些精度要求较高的配合件用分组选择装配法
3	毛坯制造方法	（1）使用型材，采用锯床或热切割下料 （2）木模手工砂型铸造 （3）自由锻造 （4）电弧焊 （5）冷作成型	（1）使用型材，采用锯床或热切割下料 （2）手工砂型铸造或机器造型 （3）模型锻造 （4）电弧焊、钎焊 （5）板料冲压	（1）型材剪切 （2）金属型机器造型、压铸 （3）模锻生产线 （4）压力焊和电弧焊生产线 （5）冲压生产线
4	加工余量	加工余量大	加工余量中等	加工余量小
5	机床及其布置	通用机床 "机群式"排列布置	部分通用机床和部分专用机床 "机群式"或生产线布置	高生产率的专用机床和自动机床 按照流水线形式排列
6	夹具及工件的装夹	通用或组合夹具 找正装夹或夹具装夹	广泛采用夹具 夹具装夹，部分采用划线找正装夹	广泛采用高效、专用夹具 夹具装夹
7	刀具和量具	通用刀具和量具	部分采用通用刀具和量具 部分采用专用刀具和量具	广泛采用高效率专用刀具和量具
8	对工人的技术要求	高	一般	对操作工人的技术较低 对调整维护工人技术要求较高
9	工艺规程	简单工艺过程卡	有较详细工艺过程卡及部分关键工序的工序卡	有详细的工艺过程卡和工序卡

生产类型的划分与生产纲领有密切关系，具体如表 11-2 所示。

表 11-2　　　　　　　　　　　　生产纲领和生产类型的关系

生产类型	零件的年生产纲领/件		
	重型零件（30kg以上）	中型零件（4～30kg）	轻型零件（4kg以下）
单件生产	小于5	小于10	小于100
小批量生产	5～100	10～200	100～500
中批量生产	100～300	200～500	500～5 000
大批量生产	300～1 000	500～5 000	5 000～50 000
大量生产	大于1 000	大于5 000	大于50 000

11.1.3　机械加工工艺规程的制订

为了确保产品质量、提高生产效率和生产效益，需要根据具体生产条件拟订合理的工艺过程，然后用图表（或文字）形式写成的工艺文件称为工艺规程。它是生产准备、生产计划、生产组织、加工制造以及技术检验的重要技术文件。

1．机械加工工艺规程的设计原则

制定机械加工工艺规程时，主要考虑以下因素。

（1）编制工艺规程应以保证零件加工质量，达到设计图纸规定的各项技术要求为前提。

（2）在保证加工质量的基础上，应使工艺过程有较高的生产效率和较低的成本。

（3）应充分考虑和利用现有的生产条件，尽可能做到均衡生产。

（4）尽量减轻工人的劳动强度，保证安全生产，创造良好、文明的劳动条件。

（5）积极采用先进技术和工艺，力争减少材料和能源消耗，并应符合环境保护要求。

2．制定机械加工工艺规程所需的原始资料

制定零件的机械加工工艺规程时，需具备下列原始资料。

（1）产品的全套装配图及零件图。

（2）产品的验收质量标准。

（3）产品的生产纲领及生产类型。

（4）零件毛坯图及毛坯生产情况。

（5）本厂（车间）的生产条件。

（6）各种有关手册、标准等技术资料。

3．加工工艺规程的设计步骤

确定加工工艺规程的主要步骤如下。

（1）分析零件工作图和产品装配图。阅读零件工作图和产品装配图，以了解产品的用途、性能及工作条件，熟悉零件在产品中的位置、功用及其主要的技术要求。

（2）工艺审查。主要审查零件图上的视图、尺寸和技术要求是否完整、正确；分析各项技术要求制定的依据，找出其中的主要技术要求和关键技术问题，以便在设计工艺规程时采取措施予以保证。

（3）确定毛坯的种类及其制造方法。常用的机械零件的毛坯有铸件、锻件、焊接件、型材、冲压件、粉末冶金件以及成型轧制件等。

零件的毛坯种类有的已在图纸上熟悉，如焊接件。有的随着零件材料的选定而确定，如选用铸铁、铸钢、青铜及铸铝等，此时毛坯大多为铸件。

　　（4）拟定机械加工工艺路线。这是机械加工工艺规程设计的核心部分，其主要内容有选择定位基准，确定加工方法，安排加工顺序以及安排热处理、检验及其他工序等。

　　（5）确定各工序所需的机床和工艺装备。工艺装备包括夹具、刀具、量具及辅具等。

　　机床和工艺装备的选择应在满足零件加工工艺的需要和可靠地保证零件加工质量的前提下，与生产批量和生产节拍相适应，并应优先考虑采用标准化的工艺装备和充分利用现有条件，以降低生产准备费用。

　　（6）确定切削用量。查阅有关资料确定切削用量。

　　（7）确定各工序工时定额。根据计算获得的数据确定各个工序的时间分配。

　　（8）评价工艺路线。对所制订的工艺方案应进行技术经济分析，并应对多种工艺方案进行比较，采用优化的方法确定出最优的工艺方案。

11.2　零件的工艺性分析

　　在制定零件的机械加工工艺规程之前，需要对零件进行工艺分析。首先审查零件图，检查零件结构工艺性是否合理，然后再对其进行分析。

11.2.1　审查零件图

　　零件图是制造零件的主要技术文件和资料，对零件图的审查可以了解零件的用途和工作条件，分析零件的精度要求和技术要求，以便掌握制造中必须把握的关键工艺环节。

1．对零件图的基本要求

　　工件的零件图上应该包括以下基本要素。

　　（1）完整表达零件结构和形状的视图、剖视图以及断面图等。

　　（2）表达零件大小和位置的定形尺寸、定位尺寸。

　　（3）合理的精度标注以及技术要求。

　　（4）零件材料的牌号、热处理和表面处理规范以及检验要求等。

2．零件图的审查内容

　　审查零件图时，主要注意以下几个方面。

　　（1）了解零件的用途。

　　（2）了解零件在机器中的装配位置和装配方法。

　　（3）审查零件图上的视图、尺寸、公差、表面结构以及技术要求等标注是否齐全，标注是否合理和准确。

　　（4）分析零件图上标注的加工质量指标是否合理。

　　（5）分析零件的选材是否恰当。

　　对零件图审查完毕后，如果发现问题，应该同设计人员讨论修改方案。

3. 零件图上合理标注

零件图上的尺寸、公差和表面质量等的标注必须合理，不合理的标注会影响零件加工工艺规程的拟订。

（1）图样上的尺寸标注既要满足设计要求，又要便于加工。尽量按照加工顺序来标注尺寸，避免同时为重要加工面标注多个尺寸。

图 11-7 所示为一个齿轮轴零件，其中表面 A 和表面 B 为重要加工面，下面分析图 11-7（a）和图 11-7（b）所示两种标注方案哪种更为合理。

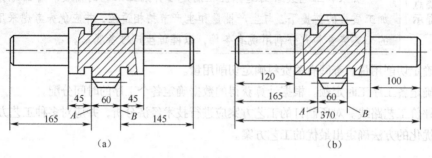

图 11-7　齿轮轴零件的尺寸标注

① 方案（a）：加工 A 面时，同时获得尺寸 45 mm 和 165 mm；加工 B 面时，同时获得尺寸 45 mm、60 mm 和 145 mm。

 要点提示　以上这些尺寸中，显然只有一个尺寸能直接获得，其余尺寸只能根据尺寸链换算得到，这会增加对零件的精度要求。

② 方案（b）：将两个尺寸 45 mm 分别标为 120 mm 和 100 mm，并标注总长尺寸 370 mm。这样，加工 A 面时，保证尺寸 165 mm 即可；加工 B 面时，保证尺寸 60 mm 即可。这个方案按照加工顺序标注尺寸，避免了尺寸链换算，不会增加加工难度。

（2）零件上的尺寸公差、几何公差以及表面质量的标注应该根据零件的功能经济合理地确定，过高的要求会增加加工难度，过低的要求会影响零件使用性能。

11.2.2　零件结构工艺性分析的内容

一个结构工艺性良好的零件在满足使用要求的前提下，应具有加工的可行性及良好的经济性。

1. 零件工艺性对加工质量的影响

保证产品的加工质量是产品具有使用性能的关键，也是生产中必须达到的目标。

（1）合理确定零件的加工精度与表面质量。加工精度过高会增加制造成本，过低会影响产品的使用性能，必须根据零件在整个机器中的作用和工作条件合理地确定。

（2）保证位置精度的可能性。为保证零件的位置精度，最好使零件能在一次安装中加工出所有相关表面。

图 11-8（a）所示的结构不能保证外圆 $\phi80$mm 与内孔 $\phi60$mm 的同轴度，如果改成图 11-8（b）所示的结构，就能在一次安装中加工出外圆与内孔，保证两者的同轴度。

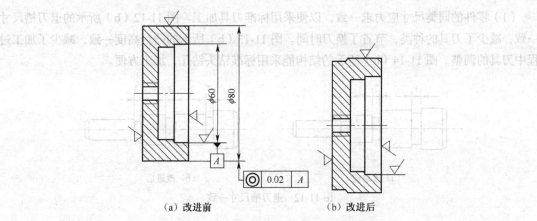

（a）改进前　　　　　　　　（b）改进后

图 11-8　有利于保证位置精度的工艺结构

2. 零件工艺性对加工劳动量的影响

在确保零件能使用的条件下，要尽量减少加工量，降低产品的生产成本。

（1）尽量减少不必要的加工面积。与图 11-9（a）所示相比，图 11-9（b）所示的轴承座减少了底面的加工面积，降低了修配的工作量，保证了配合面的接触。与图 11-10（a）所示相比，图 11-10（b）所示既减少了精加工的面积，又避免了深孔加工。

零件的结构工艺性

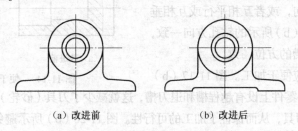

（a）改进前　　　　　　　（b）改进后

图 11-9　减少轴承座底面加工面积

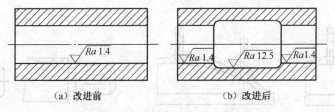

（a）改进前　　　　　　　（b）改进后

图 11-10　避免深孔加工的方法

（2）尽量避免或简化内表面的加工。加工内表面时，操作空间狭小，不便于工具的使用，加工难度要比外表面大。将图 11-11（a）所示件 2 上的内沟槽 a 加工改成图 11-11（b）所示件 1 的外沟槽加工，加工与测量都会更方便。

3. 零件工艺性对生产率的影响

在确定设计的正确性和必要性之后，还要考虑其合理性，设计合理的重要标志就是能够提高加工效率，降低生产成本。

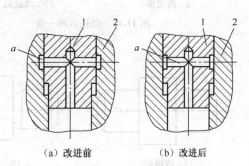

（a）改进前　　　　（b）改进后

图 11-11　将内沟槽转化为外沟槽加工

（1）零件的同类尺寸应力求一致，以便采用标准刀具加工。图 11-12（b）所示的退刀槽尺寸一致，减少了刀具的种类，节省了换刀时间。图 11-13（b）所示的凸台高度一致，减少了加工过程中刀具的调整。图 11-14（b）所示的结构能采用标准钻头钻孔，加工方便。

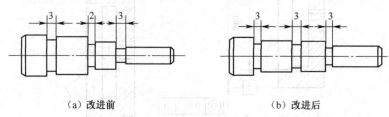

（a）改进前　　　　　　　　　　　（b）改进后

图 11-12　退刀槽尺寸一致

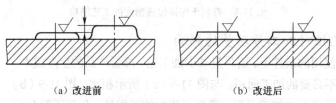

（a）改进前　　　　　　　　　　　（b）改进后

图 11-13　凸台高度相等

（2）减少零件的安装次数。零件的加工表面应尽量分布在同一方向，或者互相平行或互相垂直的表面上。图 11-15（b）所示的钻孔方向一致，图 11-16（b）所示键槽的方位一致。

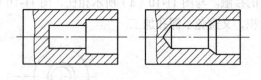

（a）改进前　　　　　（b）改进后

图 11-14　便于采用标准钻头

（3）零件的结构应便于加工。图 11-17（b）和图 11-18（b）所示的零件上设有越程槽和退刀槽，这就减少了刀具（砂轮）的磨损。图 11-19（b）所示的结构便于送入刀具，从而保证了加工的可行性。图 11-20（b）所示避免了因钻头两边切削力不等而使钻孔轴线倾斜或折断钻头。

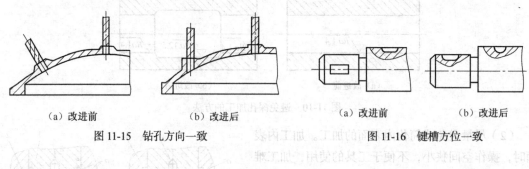

（a）改进前　　　　　（b）改进后　　　　　　　（a）改进前　　　　　（b）改进后

图 11-15　钻孔方向一致　　　　　　　　　　图 11-16　键槽方位一致

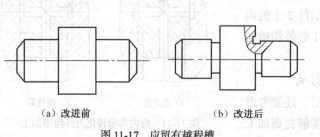

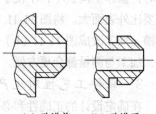

（a）改进前　　　　　　（b）改进后　　　　　　　（a）改进前　　（b）改进后

图 11-17　应留有越程槽　　　　　　　　　　图 11-18　应留有退刀槽

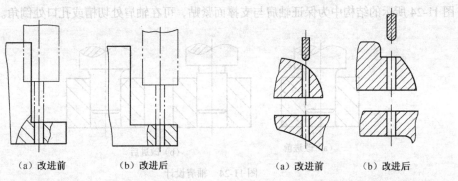

（a）改进前　　　（b）改进后　　　　　　　（a）改进前　　　（b）改进后

图 11-19　钻头应能接近加工表面　　　　　　图 11-20　避免在斜面上钻孔和钻头单刃切削

（4）便于多刀或多件加工。如图 11-21（b）所示，为适应多刀加工，阶梯轴各段长度应相似或成整数倍；直径尺寸应沿同一方向递增或递减，以便调整刀具。

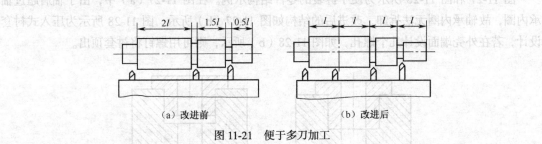

（a）改进前　　　　　　　　　　（b）改进后

图 11-21　便于多刀加工

（5）便于测量。如图 11-22 所示，要求测量孔中心线与基准面 A 的平行度。图 11-22（a）所示的结构由于底面凸台偏置于一侧而平行度难于测量。图 11-22（b）所示增加一个对称的工艺凸台，并使凸台位置居中，此时测量变得大为方便。

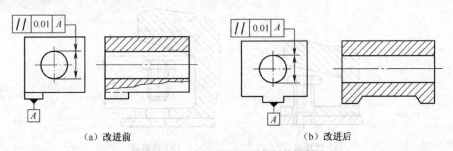

（a）改进前　　　　　　　　　　（b）改进后

图 11-22　便于测量的零件结构示例

（6）便于装配和维修。图 11-23（a）所示的结构无透气口，销钉孔内的空气难于排出，改进后的结构如图 11-23（b）所示。

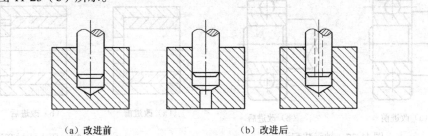

（a）改进前　　　　　　　　　　（b）改进后

图 11-23　销钉设计

图 11-24 所示的结构中为保证轴肩与支撑面紧贴，可在轴肩处切槽或孔口处倒角。

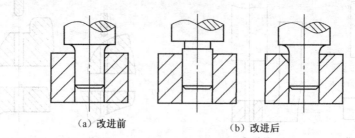

（a）改进前　　　　（b）改进后

图 11-24　轴肩设计

两个零件配合时同一方向只能有一个定位基面，故图 11-25（a）所示配合设计不合理。图 11-26（a）所示的螺钉装配空间太小，螺钉装不进，设计不合理，改进后的结构如图 11-26（b）所示。

图 11-27 和图 11-28 所示为便于拆装的零件结构示例。在图 11-27（a）中，由于轴肩超过轴承内圈，故轴承内圈无法拆卸，改进后的结构如图 11-27（b）所示。图 11-28 所示为压入式衬套设计，若在外壳端面设计几个螺孔，如图 11-28（b）所示，则可用螺钉将衬套顶出。

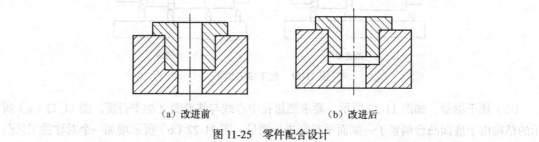

（a）改进前　　　　（b）改进后

图 11-25　零件配合设计

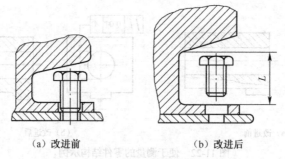

（a）改进前　　　　（b）改进后

图 11-26　装配空间设计

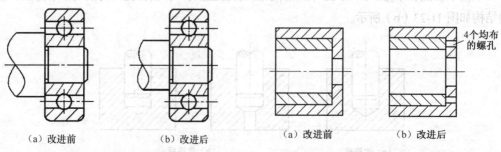

4个均布的螺孔

（a）改进前　　　　（b）改进后　　　　（a）改进前　　　　（b）改进后

图 11-27　轴承装配设计　　　　图 11-28　压入式衬套设计

11.3　工件的定位与装夹

图 11-29 所示为车削加工时零件的装夹过程示意图，图 11-30 所示为使用压板螺钉装夹工件的示意图，这些都是生产中常用的夹具。

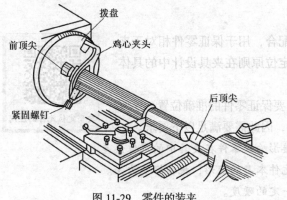

图 11-29　零件的装夹　　　　　　　　　　图 11-30　使用压板螺钉装夹工件

11.3.1　工件的定位

要使工件加工表面的尺寸、形状及位置精度符合规定要求，必须使工件在机床或夹具中占有确定的位置。定位是确定工件在机床上或夹具中占有正确位置的过程。

1．六点定位原理

物体在空间的任何运动都可以分解为相互垂直的空间直角坐标系中的 6 种运动。其中 3 个是沿 3 个坐标轴的平行移动，分别以 $\vec{X}$、$\vec{Y}$、$\vec{Z}$ 表示；另 3 个是绕 3 个坐标轴的旋转运动，分别以 $\hat{X}$、$\hat{Y}$、$\hat{Z}$ 表示，如图 11-31 所示。

物体的这 6 种运动可能性称为物体的 6 个自由度。在夹具中适当地布置 6 个支撑，使工件与这 6 个支撑接触来消除工件的 6 个自由度，就能使工件的位置完全确定，称为"六点定位"原则，如图 11-32 所示。

六点定位原理

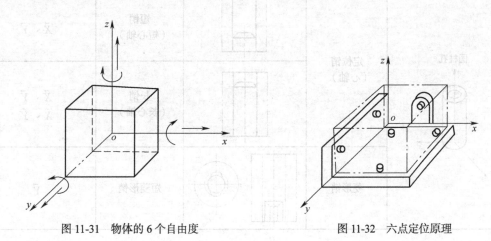

图 11-31　物体的 6 个自由度　　　　　　　图 11-32　六点定位原理

（1）xoy 坐标平面上的3个支撑点限制了工件的 $\hat{X}$、$\hat{Y}$、$\hat{Z}$ 这3个自由度。

（2）yoz 坐标平面的两个支撑点限制了 $\hat{Z}$ 和 $\vec{X}$ 两个自由度。

（3）xoz 坐标平面上的一个支撑点限制了 $\vec{Y}$ 一个自由度。

 要点提示　消除物体全部自由度需要的支撑点数目为6个，且按 3：2：1 的数目分布在3个相互垂直的坐标平面上。

2. 定位元件

定位元件是与零件的定位面直接接触或配合，用于保证零件相对于夹具占有准确几何位置的夹具元件，也是六点定位原则在夹具设计中的具体体现。

典型定位元件的应用

（1）定位元件的基本要求。定位元件不但要保证零件的准确位置，还要适应零件频繁装卸以及承受各种作用力的需要，因此需要满足以下要求。

- 具有足够的精度：定位元件的精度直接影响到零件在夹具中的定位误差。
- 具有足够的强度和刚度：以减少定位元件本身的变形，抗破坏能力强。
- 具有一定的耐磨性：定位元件需具有一定的硬度。

（2）定位元件的分类。根据用途不同可将定位元件分为平面定位元件、圆柱孔定位元件以及外圆柱面定位元件等，其详细分类、特点和用途如表11-3所示。

表11-3　　　　　常用定位元件的分类、特点和用途

定位基面	定位元件	简图	定位元件特点	限制的自由度
平面	支撑钉		平面组合	$1、2、3—\vec{Z}、\hat{X}、\hat{Y}$ $4、5—\vec{X}、\hat{Z}$ $6—\vec{Y}$
	支撑板			$1、2—\vec{Z}、\hat{X}、\hat{Y}$ $3—\vec{X}、\hat{Z}$
圆柱孔	定位销（心轴）		短销（短心轴）	$\vec{X}、\vec{Y}$
			长销（长心轴）	$\vec{X}、\vec{Y}$ $\hat{X}、\hat{Y}$
	菱形销		短菱形销	$\vec{Y}$

续表

定 位 基 面	定 位 元 件	简　图	定位元件特点	限制的自由度
圆柱孔	菱形销		长菱形销	$\vec{Y}$、$\hat{X}$
	锥销		单锥销	$\vec{X}$、$\vec{Y}$、$\vec{Z}$
			双锥销 1—固定锥销 2—活动锥销	$\vec{X}$、$\vec{Y}$、$\vec{Z}$ $\hat{X}$、$\hat{Y}$
	支撑板或支撑钉		短支撑板或支撑钉	$\vec{Z}$
			长支撑板或支撑钉	$\vec{Z}$、$\hat{X}$
	V 形块		窄 V 形块	$\vec{X}$、$\vec{Z}$
			宽 V 形块	$\vec{X}$、$\vec{Z}$ $\hat{X}$、$\hat{Z}$
外圆柱面	定位套		短套	$\vec{X}$、$\vec{Z}$
			长套	$\vec{X}$、$\vec{Z}$ $\hat{X}$、$\hat{Z}$
	半圆套		短半圆套	$\vec{X}$、$\vec{Z}$
			长半圆套	$\vec{X}$、$\vec{Z}$ $\hat{X}$、$\hat{Z}$
	锥套		单锥套	$\vec{X}$、$\vec{Y}$、$\vec{Z}$
			双锥套 1—固定锥套 2—活动锥套	$\vec{X}$、$\vec{Y}$、$\vec{Z}$

243

3．工件的定位形式

根据定位时工件被消除自由度的情况不同，可以将定位分为以下 5 种形式。

（1）完全定位。工件在夹具中定位时，如果 6 个支撑点恰好限制了工件的全部 6 个自由度，工件在夹具中占有完全确定的位置，则称为完全定位。

图 11-33 所示为在长方体上进行钻孔，工件的 6 个自由度全部被限定，属于完全定位。

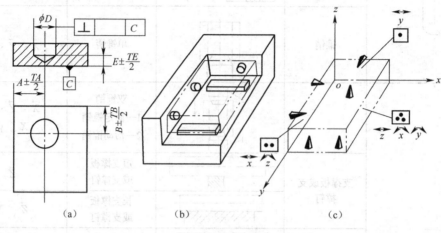

图 11-33　完全定位

（2）不完全定位。定位元件的支撑点完全限制了按加工工艺要求需要限制的自由度数目，但少于 6 个自由度，这种定位方式称为不完全定位。

图 11-34 所示为在铣床上铣阶梯面，底面和左侧面为高度和宽度方向的定位基准，由于阶梯槽是前后贯通的，故只需限制 5 个自由度（底面 3 个支撑点，侧面两个支撑点）。

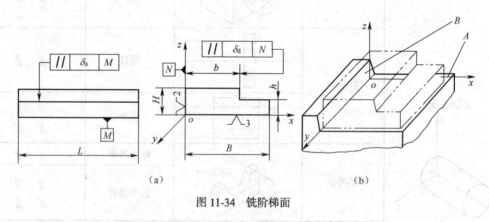

图 11-34　铣阶梯面

（3）部分定位。工件在夹具中定位时，6 个自由度没有被全部限制，称为部分定位。图 11-35 所示的零件具有对称性，因此在加工时不必限制所有自由度。

（4）欠定位。工件在夹具中定位时，若定位支撑点数目少于工序加工所要求的数目，工件定位不足，称为欠定位。图 11-36 所示的铣键槽工序也必须限定工件的 6 个自由度，否则为欠定位。

（5）重复定位。工件在夹具中定位时，若几个定位支撑点重复限制一个或几个自由度，称为重复定位。重复定位对加工有利有弊，要区分使用。

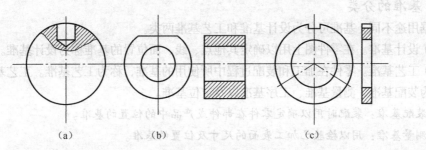

图 11-35　部分定位

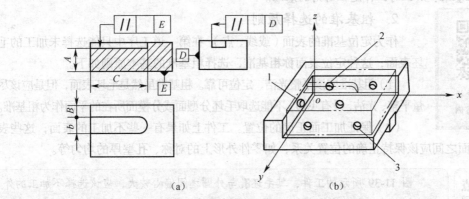

图 11-36　铣键槽工序及工件在夹具中的定位

① 当以形状和位置精度较低的毛坯面定位时，不允许重复定位，否则容易出现定位干涉，在夹紧力作用下最终导致零件变形，如图 11-37 所示。

② 为提高定位稳定性和刚度，在经过精密加工过的表面上，可以出现重复定位。在滚、插齿时，工件的重复定位有利于提高加工系统的刚度，如图 11-38 所示。

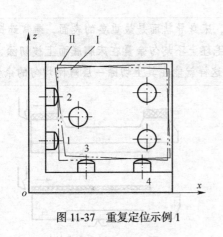

图 11-37　重复定位示例 1

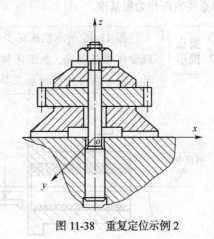

图 11-38　重复定位示例 2

11.3.2　定位基准的选择

机械零件是由若干个表面组成的，研究零件表面的相对关系，必须确定一个基准。基准是零件上用来确定其他点、线、面的位置所依据的点、线、面。

1. 基准的分类

根据用途不同，基准可分为设计基准和工艺基准两类。

（1）设计基准。在零件图上用以确定其他点、线、面位置的基准称为设计基准。

（2）工艺基准。零件在加工和装配过程中所使用的基准，称为工艺基准。工艺基准按用途不同又分为装配基准、测量基准、工序基准以及定位基准。

- 装配基准：装配时用以确定零件在部件或产品中的位置的基准。
- 测量基准：用以检验已加工表面的尺寸及位置的基准。
- 工序基准：用以确定本工序被加工表面加工后的尺寸、形状和位置的基准。
- 定位基准：加工时工件定位所用的基准。

粗基准的选择
原则典型案例

2. 粗基准的选择原则

作为定位基准的表面（或线、点），在第一道工序中只能选择未加工的毛坯表面，这种定位表面称粗基准，选择粗基准的基本原则如下。

（1）粗基准应该平整光洁、定位可靠。粗基准虽然是毛坯表面，但是应该尽量平整、光洁，没有飞边，不能选取毛坯分型面或分模面所在的平面作为粗基准。

（2）保证加工面正确的位置。工件上如果有一些不加工的表面，这些表面与加工表面之间应该保持正确的位置关系，如零件外形上的对称、孔壁厚的均匀等。

 要点提示 图 11-39 所示的工件，其毛坯孔与外圆之间偏心较大，应该选择不加工的外圆为粗基准，将工件装夹在三爪自定心卡盘上镗削内孔，以获得壁厚均匀的工件。

（3）粗基准只使用一次。由于粗基准大多是未加工过的毛坯表面，精度和表面质量都比较差，若重复使用粗基准，则不能保证两次装夹时工件与刀具之间的相对位置完全一致。

（4）选择粗基准时要保证重要加工面上的余量均匀。对于零件上的重要加工面，希望在加工时切去均匀的余量，这样切削力和工艺系统的弹性变形也比较均匀，因此通常选择要求加工余量均匀的重要表面作为粗基准。

 要点提示 图 11-40 所示机床床身的加工，床身导轨面是最重要的表面，通常选择导轨面作为粗基准，加工床脚底面，毛坯上不均匀余量在床脚底面上被切除，随后以底平面为精基准加工导轨面，这样就能在其上切除一层薄而均匀的余量。

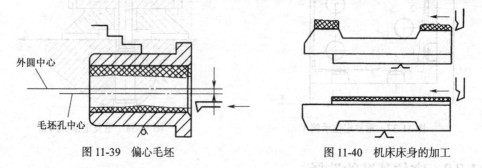

图 11-39　偏心毛坯　　　　　图 11-40　机床床身的加工

3. 精基准的选择原则

粗加工以后的各个工序中可采用已加工表面作为定位基准，这种定位表面称精基准。选择精基准的基本原则如下。

（1）基准重合原则。即尽可能选用设计基准作为定位基准，这样可以避免定位基准与设计基准不重合而引起的定位误差。

（2）基准同一原则。对位置精度要求较高的某些表面加工时，尽可能选用同一个定位基准，这样有利于保证各加工表面的位置精度。例如，轴类零件大多数工序都以中心孔为定位基准，齿轮的齿坯和齿形加工多采用齿轮内孔及端面为定位基准。

精基准的选择
原则经典案例

（3）自为基准原则。某些精加工工序要求加工余量小而均匀时，选择加工表面本身作为定位基准，称为自为基准原则。

 要点提示　如图 11-41 所示，此时床脚平面只是起一个支撑平面的作用，它并非定位基准面。此外，用浮动铰刀铰孔、用拉刀拉孔、用无心磨床磨外圆等均为自为基准的实例。

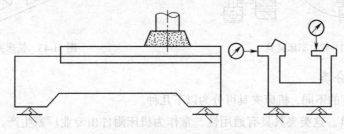

图 11-41　机床导轨面自为基准示例

（4）互为基准原则。当两个表面的相互位置精度要求很高，而表面自身的尺寸和形状精度又很高时，常采用互为基准反复加工的办法来达到位置精度要求。

11.3.3　认识夹具

夹具用来实现对工件的定位和装夹，从而提高加工质量和效率。

1. 夹具的组成

机床夹具种类丰富，随着现代生产自动化水平的提高，夹具的结构也日趋复杂。夹具中包含的基本结构如下。

认识常用夹具

（1）定位元件。定位元件用以确定工件在夹具中的正确位置。可按工件定位基准的形状而采用不同的定位元件，如平面基准可用支撑钉、支撑板等；圆孔基准可用心轴、定位销、菱形销等；外圆柱面基准可用 V 形块、套筒等。

（2）夹紧装置。夹紧装置用来紧固工件，以保证定位所得的正确位置在加工过程中不发生变化。常用的夹紧方式有螺旋夹紧、偏心夹紧、斜楔夹紧和铰链夹紧等方式。

（3）对刀—导向元件。对刀—导向元件用以确定刀具与工件的相对位置。在铣床、刨床夹具上使用的称为对刀元件，它包括对刀块、塞规等。在钻模、镗模上使用的称为导向元件，它包括钻套、钻模板、镗套及镗模架等。

（4）分度装置。分度装置使工件在一次安装中能完成数个工位的加工，有回转分度装置和直线移动分度装置两类。前者主要用于加工有一定角度要求的孔系、槽或多面体等；后者主要用于加工有一定距离要求的孔系、槽等。

（5）传动装置。为夹具机动夹紧时提供动力的装置，常用的有气压传动、液压传动、电机传动及电磁传动等。

（6）夹具体。夹具体是以把夹具的各种装置和元件连接成为一个整体的基座或骨架。

（7）其他辅助零件。为满足设计条件及使用方便，夹具上有时设有分度机构、上下料机构等装置。

图 11-42 和图 11-43 所示分别为车床与铣床上使用的夹具。

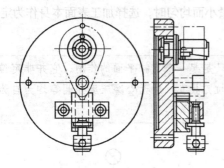

图 11-42　车床夹具

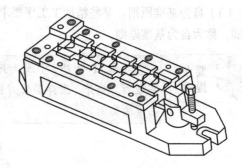

图 11-43　铣床夹具

2. 夹具的分类

根据通用程度的不同，机床夹具可分为以下几种。

（1）通用夹具。这类夹具具有通用性，常作为机床附件由专业厂家生产，已标准化，如车床上的三爪自定心卡盘、四爪单调卡盘，铣床上的平口钳以及分度头等。

　通用夹具在使用时无须调整或稍加调整就可用于装夹不同的工件，但操作费时、生产率低，主要用于单件小批生产。

（2）专用夹具。这类夹具是针对某一工件的某一固定工序而专门设计的。因为不需要考虑通用性，可以设计得结构紧凑，操作方便、迅速，它比通用夹具的生产率高。这类夹具在产品变更后就无法继续使用，因此适用于大批量生产。

（3）成组可调夹具。在多品种小批量生产中，由于通用夹具生产率低，产品质量也不高，而采用专用夹具又不经济，这时可使用成组可调夹具。将零件按形状、尺寸、工艺特征等进行分组，为每一组设计一套可调整的"专用夹具"，使用时只需稍加调整或更换部分元件，即可加工同一组内的各个零件。

（4）组合夹具。组合夹具是一种由预先制造好的通用标准部件经组装而成的夹具。当产品变更时，夹具可拆卸、清洗，并在短时间内重新组装成另一种形式的夹具。因此，组合夹具既适合于单件小批生产，又可适合于中批生产。

（5）随行夹具。这是一种在自动线或柔性制造系统中使用的夹具。工件安装在夹具上，夹具除完成对工件的定位和夹紧外，还载着工件由输送装置送往各机床，并在机床上被定位和夹紧。

11.4　典型零件的加工

机械零件种类繁多，其加工表面具有多样性。在生产实际中，通常根据零件特点对其进行适当分类，然后针对每类零件的特点不同采用不同的加工方案。

11.4.1　零件加工综述

机械零件的制造包括毛坯成形和切削加工两个阶段，大多数零件都是通过铸造、锻造、焊接或冲压等方法制成毛坯，再经过切削加工制成。因此，正确选择零件毛坯和合理选择机械加工方法是机械零件生产过程控制的关键。

1. 机械零件毛坯选择原则

机械零件毛坯可以分为铸件、锻件（包括挤压、轧制等毛坯）、冲压件、焊接件和型材（板材、管材、棒材、线材和各种截面的原材料）5 大类。

正确选择零件毛坯具有重大的技术经济意义，选择时必须考虑以下原则。

（1）适用性原则。即满足零件的使用要求，主要体现在对其形状、尺寸、精度和表面质量等外部质量，对其化学成分、金属组织、力学性能、物理性能和化学性能等内部质量的要求上。

（2）经济性原则。一个零件的制造成本包括其本身的材料费以及所消耗的燃料、动力费用，工资和工资附加费，各项折旧费及其他辅助性费用等分摊到该零件上的份额。

（3）实用性原则。制订生产方案必须与有关企业部门的具体生产条件相结合。当生产条件不能满足产品生产的要求时，可以适当改变毛坯的生产方式或对设备条件进行适当的技术改造，也可以与厂外进行协作生产。

2. 切削加工及其分类

切削加工是用切削工具从坯料或工件上切除多余的材料，以获得具有所需的几何形状、尺寸和表面质量的机器零件的加工方法，主要包括以下内容。

- 钳工：利用手动工具来完成，主要包括画线、錾削、锉削、攻螺纹、套螺纹、刮削、研磨以及机器的装配和维修等。
- 机械加工：由工人操纵机床来完成，主要有车削、钻削、刨削、铣削和磨削等。

3. 零件的分类

任何机器或机械装置都由若干零件组成。组成机械设备的零件大致可分为 6 大类。

（1）轴类零件，如图 11-44 所示。

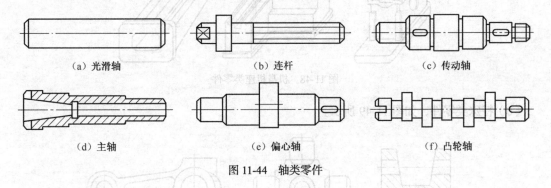

（a）光滑轴　　　　（b）连杆　　　　（c）传动轴

（d）主轴　　　　（e）偏心轴　　　　（f）凸轮轴

图 11-44　轴类零件

（2）盘套类零件，如图 11-45 所示。

（3）支架箱体类零件，如图 11-46 所示。

（4）六面体类零件，如图 11-47 所示。

（5）机身机座类零件，如图 11-48 所示。

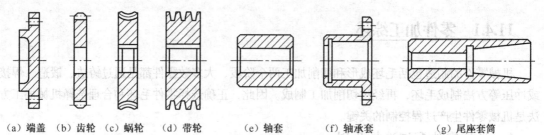

（a）端盖　（b）齿轮　（c）蜗轮　（d）带轮　　　（e）轴套　　　（f）轴承套　　　（g）尾座套筒

图 11-45　盘套类零件

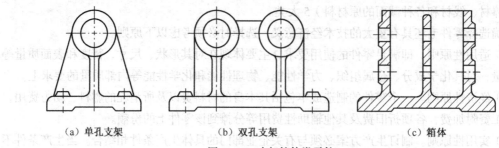

（a）单孔支架　　　　　　　　（b）双孔支架　　　　　　　　（c）箱体

图 11-46　支架箱体类零件

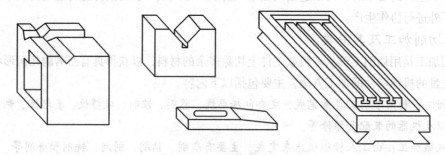

图 11-47　六面体类零件

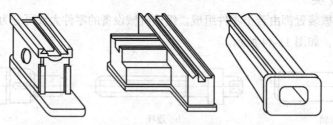

图 11-48　机身机座类零件

（6）特殊类零件，如图 11-49 所示。

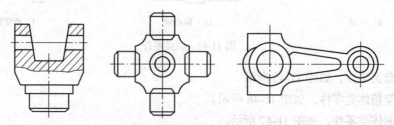

图 11-49　特殊类零件

4．组成零件的表面

组成零件的表面主要有以下 3 种类型，如图 11-50 所示。

（1）外圆、内圆、平面。

（2）锥面、螺纹、齿形。

（3）沟槽、成形面。

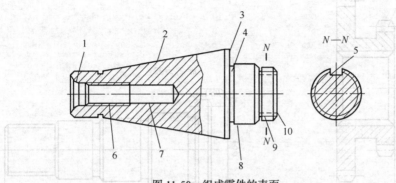

图 11-50　组成零件的表面

1—内锥面；2—外锥面；3—轴阶平面；4—回转槽；5—直角槽；6—内螺纹；

7—内圆；8—外圆；9—外螺纹；10—端平面

5．机械加工方法选择原则

机械加工方法选择时应根据零件的毛坯类型、结构形状、材料、加工精度、批量以及具体的生产条件等因素来决定，以获得最高的生产效率和最好的经济效益。

（1）根据表面的尺寸精度和表面质量 Ra 值选择加工方法。图 11-51 所示的隔套内圆，尺寸精度较低，表面 Ra 值较大，采用钻—半精车即可达到加工要求。图 11-52 所示的衬套内圆，尺寸精度较高，表面 Ra 值较小，采用钻—半精车—粗磨—精磨才能达到加工要求。

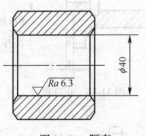

图 11-51　隔套

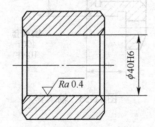

图 11-52　衬套

（2）根据表面所在零件的结构形状和尺寸大小选择加工方法。图 11-53 所示的双联齿轮适合采用插齿加工，而图 11-54 所示的齿轮轴则应该采用滚齿加工；图 11-55 所示的轴承套适合采用粗车—半精车—粗磨—精磨加工路线，而图 11-56 所示的止口套应该采用粗车—半精车—精车加工路线。

（3）根据零件热处理状况选择加工方法。对于图 11-57 所示法兰盘零件的内圆的加工，若不淬火则采用钻—半精车—精车的加工路线，若淬火则应采用钻—半精车—淬火—磨加工路线。

（4）根据零件材料的性能选择。对于图 11-58 所示不同材料的阀杆零件的加工，若材料为 45

钢，则采用粗车—半精车—粗磨—精磨—研磨加工路线，若材料为铸造锡青铜，则应采用粗车—半精车—精车—研磨加工路线。

（5）根据零件的批量选择。零件批量较大时，可以选择自动化程度较高的生产设备和生产手段。零件批量较小时，尽量选择成本较低的生产手段。

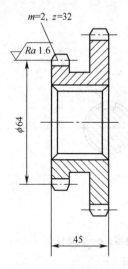

图 11-53　双联齿轮

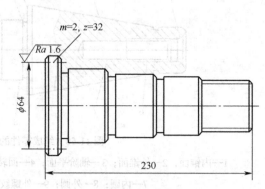

图 11-54　齿轮轴

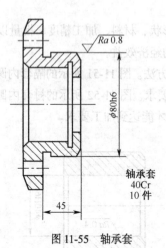

图 11-55　轴承套

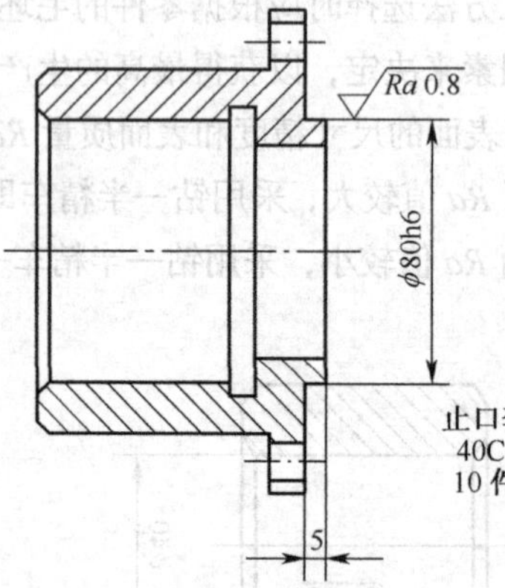

图 11-56　止口套

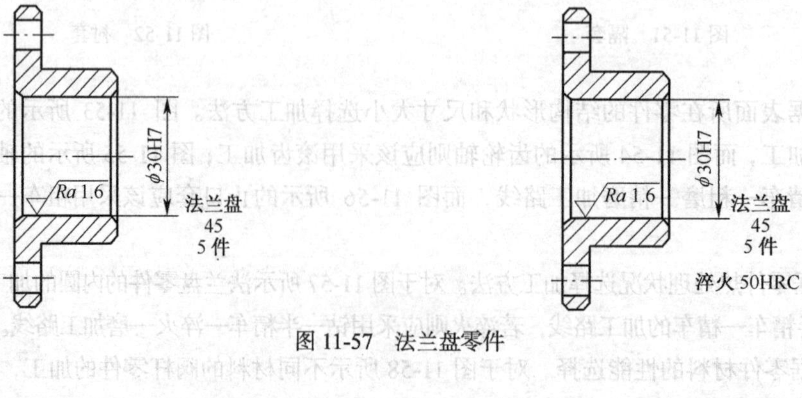

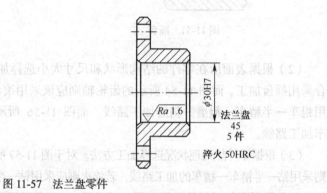

图 11-57　法兰盘零件

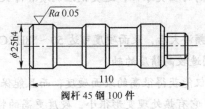

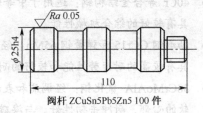

图 11-58　阀杆零件

11.4.2　轴类零件加工工艺

轴主要用于支撑齿轮、带轮、凸轮以及连杆等传动件，以传递扭矩。按结构形式不同，轴可以分为阶梯轴、锥度心轴、光轴、空心轴、曲轴、凸轮轴、偏心轴以及各种丝杠等。

1. 轴类零件的功用和结构特点

轴类零件是旋转体零件，主要用来支撑传动零部件，传递扭矩和承受载荷。轴类零件的长度大于直径，一般由一组同心的外圆柱面、圆锥面、内孔和螺纹及相应的端面所组成。

 要点提示　　　长径比小于 5 的轴称为短轴，大于 20 的轴称为细长轴，大多数轴介于两者之间。

2. 轴的技术要求

轴用轴承支撑与轴承配合的轴段称为轴颈。轴颈是轴的装配基准，它们的精度和表面质量一般要求较高。轴的主要技术要求如下。

- 尺寸精度：起支撑作用的轴颈为了确定轴的位置，通常对其尺寸精度要求较高（IT5～IT7）。装配传动件的轴颈尺寸精度一般要求较低（IT6～IT9）。
- 几何形状精度：主要包括轴颈、外锥面和莫氏锥孔等的圆度、圆柱度等，应将其公差限制在尺寸公差范围内。对精度要求较高的内外圆表面，应在图纸上标注其允许偏差。
- 相互位置精度：主要由轴在机械中的位置和功用决定。应保证装配传动件的轴颈对支承轴颈的同轴度要求，否则会影响传动件（齿轮等）的传动精度，并产生噪声。
- 表面质量：一般与传动件相配合的轴颈表面质量为 $Ra2.5～0.63\mu m$，与轴承相配合的支承轴颈的表面质量为 $Ra0.63～0.16\mu m$。

3. 轴类零件的毛坯

轴类零件可根据使用要求、生产类型、设备条件及结构，选用棒料和毛坯形式。对于外圆直径相差不大的轴，一般以棒料为主。

对于外圆直径相差大的阶梯轴或重要的轴，常选用锻件，这样既节约材料又减少机械加工的工作量，还可改善机械性能。中小批量生产多采用自由锻，大批大量生产时采用模锻。

4. 轴类零件的材料

轴类零件应根据不同的工作条件和使用要求选用不同的材料并采用不同的热处理规范（如调质、正火、淬火等），以获得一定的强度、韧性和耐磨性。

- 45 钢：价格低，经过调质（或正火）后可得到较好的切削性能，而且能获得较高的强度和韧性等综合机械性能。

- **40Cr 等合金结构钢**：适用于中等精度而转速较高的轴类零件，这类钢经调质和淬火后，具有较好的综合机械性能。

- **轴承钢 GCr15 和弹簧钢 65Mn**：经调质和表面高频淬火后，表面硬度可达 50～58HRC，并具有较高的耐疲劳性能和较好的耐磨性能，可制造较高精度的轴。

- **38CrMoAlA 氮化钢**：经调质和表面氮化后，不仅能获得很高的表面硬度，而且能保持较软的心部，耐冲击韧性好。与渗碳淬火钢比较，它有热处理变形很小，硬度更高的特性。

5. 轴类零件的工艺设计

轴类零件的结构形式比较简单，其加工工艺路线规律性较强。

（1）典型工艺路线。对于7级精度、表面质量 Ra0.8～0.4μm 的一般传动轴，其典型工艺路线是正火—车端面、钻中心孔—粗车各表面—精车各表面—铣花键、键槽—热处理—修研中心孔—粗磨外圆—精磨外圆—检验。

（2）定位基准。轴类零件一般采用中心孔作为定位基准，以实现基准统一原则。在单件小批量生产中，钻中心孔工序常在普通车床上进行。在大批量生产中常在铣端面钻中心孔专用机床上进行。

> 中心孔是轴类零件加工全过程中使用的定位基准，其质量对加工精度有着重大影响。所以必须安排修研中心孔工序，一般在车床上用金刚石或硬质合金顶尖加压进行。

（3）热处理。在轴类零件的加工过程中，应当安排必要的热处理工序，以保证其机械性能和加工精度，并改善工件的切削加工性。

一般毛坯锻造后安排正火工序，而调质则安排在粗加工后进行，以便消除粗加工后产生的应力及获得良好的综合机械性能。淬火工序则安排在磨削工序之前。

（4）花键和键槽的加工。轴上的花键和键槽等次要表面的加工，一般安排在外圆精车之后，磨削之前进行。

如果在精车之前就铣出键槽，在精车时由于断续切削而易产生振动，影响加工质量，又容易损坏刀具，也难以控制键槽的尺寸。但也不应安排在外圆精磨之后进行，以免破坏外圆表面的加工精度和表面质量。

6. 特殊轴类零件的加工

对于空心轴和细长轴等特殊零件要采用特别的工艺措施。

（1）空心轴的加工。对于空心轴（如机床主轴），为了能使用顶尖孔定位，一般均采用带顶尖孔的锥套心轴或锥堵。若外圆和锥孔需反复多次、互为基准进行加工，则在重装锥堵或心轴时，必须按外圆找正或重新修磨中心孔。

（2）细长轴的加工。细长轴刚性很差，在加工中极易变形，对加工精度和加工质量影响很大。为此，生产中常采用下列措施予以解决。

① 粗加工时，由于切削余量大，工件受的切削力也大，一般采用卡顶法，尾座顶尖采用弹性顶尖，可以使工件在轴向自由伸长。

② 精车时，采用双顶尖法进行装夹。采用跟刀架抵消加工时径向切削分力的影响，减少切削振动和工件变形，但必须使跟刀架的中心与机床顶尖中心保持一致。

③ 采用反向进给：车削细长轴时，常使车刀向尾座方向做进给运动，使刀具施加于工件上的进给力朝向尾座，有使工件产生轴向伸长的趋势，以减少工件的弯曲变形。

④ 采用细长轴车刀：细长轴车刀的前角和主偏角较大，切削轻快，径向振动和弯曲变形小。粗加工车刀的前刀面上有断屑槽，并有一定的负刃倾角，使切屑流向待加工面。

11.4.3　箱体零件加工工艺

箱体类零件通常作为箱体部件装配时的基准零件，将一组轴、套、轴承、齿轮等零件装配起来，使其保持正确的相互位置关系，以传递转矩或改变转速来完成规定的运动。

1.　箱体零件的特点

箱体零件具有以下特点。

- 结构特点：多为铸件，结构复杂，壁薄且不均匀，加工部位多，加工难度大。
- 主要技术要求：轴颈支承孔的孔径精度及相互之间的位置精度较高，定位销孔的精度与孔距精度较高，主要平面的精度较高，主要表面的表面质量较高。

2.　材料及毛坯

箱体零件常选用灰铸铁铸造，对于汽车、摩托车的曲轴箱选用铝合金作为主体材料，其毛坯一般采用铸件。为减少毛坯铸造时产生的残余应力，箱体铸造后应安排人工时效。

3.　工艺特点

箱体中要求加工的表面很多。其中，平面加工精度比孔的加工精度容易保证，因此箱体中主轴孔（主要孔）的加工精度和孔系加工精度就成为工艺关键问题。

（1）工件的时效处理。箱体的结构复杂壁厚不均，铸造内应力较大，变形倾向大，铸后应安排人工时效处理，以消除内应力，减少变形。

一般精度要求的箱体，可利用粗、精加工工序之间的自然停放和运输时间，得到自然时效的效果。但自然时效需要的时间较长，否则会影响箱体精度的稳定性。

 要点提示　对于特别精密的箱体，在粗加工和精加工工序间还应安排一次人工时效，以迅速充分地消除内应力，提高精度的稳定性。

（2）安排加工工艺的顺序时应先面后孔。平面面积较大，定位稳定可靠，能简化夹具结构并减少安装变形，而且比孔加工容易，因此一般先加工平面。把铸件表面的凹凸不平和夹砂等缺陷切除后，再加工分布在平面上的孔，这有利于保证孔的加工精度。

（3）粗、精加工阶段分开。箱体大多为铸件，加工余量较大，而在粗加工中切除的金属较多，因而夹紧力、切削力都较大，切削热也较多。

 要点提示　粗加工后，工件内应力重新分布也会引起工件变形，对加工精度影响较大。把粗精加工分开进行，有利于把已加工后由于各种原因引起的工件变形充分暴露出来，然后在精加工中将其消除。

4.　定位基准的选择

定位基准的选择关系到箱体上各个平面与平面之间、孔与平面之间、孔与孔之间的尺寸精度和位置精度要求，应尽量遵守"基准重合"和"基准统一"的原则。

（1）粗基准的选择。箱体上通常有一个（或几个）主要的大孔，如主轴箱上的主轴孔。为了保证孔的加工余量均匀，应以该毛坯孔为粗基准。箱体零件上的内腔表面一般为非加工面，与加工面之间的有一定的距离要求，否则安装的齿轮等传动件可能与箱体内壁相碰。

（2）精基准的选择。箱体零件精基准的选择是依据零件的具体情况而定，通常选用装配面作为精基准。也可以选用零件上重要的平面或孔为精基准。

5. 主要表面的加工

箱体上主要表面的加工方法如下。

（1）平面加工。箱体平面的粗加工和半精加工常选择刨削和铣削加工。

刨削箱体使用的刀具结构简单，机床调整方便。在龙门刨床上可以用几个刀架在一次安装工件中同时加工几个表面，不但效率高，还较好地保证了这些表面之间的位置精度。

箱体平面铣削加工的生产率比刨削高，常用于成批生产中。当批量较大时，常在多轴龙门铣床上用几把铣刀同时加工几个平面，这样既保证了平面间的位置精度，又提高了生产率。

（2）主轴孔的加工。由于主轴孔的精度比其他轴孔的精度高，表面质量也比其他轴孔高，故应在其他轴孔加工后再单独进行主轴孔的精加工（或光整加工）。

（3）孔系加工。孔系是有位置精度要求的各孔的总和，主要有平行孔系和同轴孔系两类。

平行孔系的主要技术要求是各平行孔中心线之间以及孔中心线与基准面之间的尺寸精度和平行度，根据生产类型的不同，可以在普通镗床上或专用镗床上加工。

11.4.4 应用实例

下面介绍一个典型的轴类零件加工工艺的制订实例。本例小批量加工的传动轴如图 11-59 所示，它属于典型的回转体零件。零件长度大于直径，典型表面主要有内外圆柱面、内外圆锥面以及孔等。

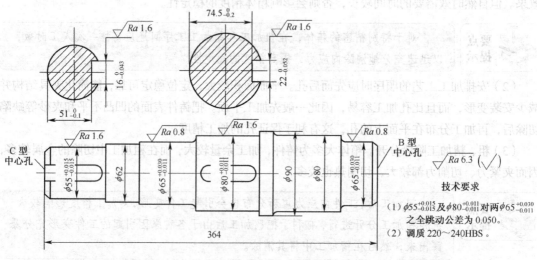

图 11-59 传动轴

1. 零件分析

从零件图上可以获得以下信息。

（1）轴上的主要表面为直径分别为 $\phi80$、$\phi65$ 和 $\phi55$ 的各段配合轴颈。

（2）轴颈不但有较高的尺寸精度，还有较高的表面质量要求。

（3）轴颈之间还有较高的位置精度要求。

（4）$\phi80$ 和 $\phi55$ 轴颈处各有键槽需要加工。

2. 毛坯的选择

本例中阶梯轴的直径差别较小，又属于小批量生产，可以采用热轧圆钢作为毛坯。可以选用直径为 95mm 的 45 钢热轧棒料为毛坯。

为达到机械性能要求，在工艺过程中需要安排调质处理。

当阶梯轴的直径差别较大或者要求较高的机械性能时，可以采用锻件作为毛坯。

3. 定位基准的选择

轴类零件的定位基准通常选取外圆面和顶尖孔。其中粗加工时，为了保证装夹的可靠性和牢固性，常采用外圆面定位，使用卡盘装夹，另一端采用顶尖支撑。半精加工和精加工时，为保证定位精度要求，通常采用两顶尖支撑。

4. 加工工艺过程

最后确定的加工工艺过程如表 11-4 所示。

表 11-4　　　　　　　　　　　　传动轴的加工工艺过程

工 序 号	工 序 内 容	定 位 基 准	设　　备
1	下料：$\phi95\times370$ 热轧圆棒		
2	车端面，然后打中心孔，最后粗车各段外圆	外圆、顶尖孔	普通车床
3	热处理：调质		
4	半精车各外圆、端面，然后倒角	顶尖孔	普通车床
5	研磨顶尖孔	外圆	钻床
6	精车 $\phi80$ 和 $\phi55$ 轴颈到要求	顶尖孔	普通车床
7	铣两端键槽	外圆	立式铣床
8	精磨外圆 $\phi65$ 到要求	顶尖孔	外圆磨床
9	按照图样要求检验产品		

本章小结

机械加工工艺过程是生产过程的重要组成部分，是采用机械加工方法，直接改变毛坯的形状、尺寸和质量，使之成为合格产品的过程。拟定工艺规程是机械加工中的主要技术环节，是指根据生产条件规定工艺过程和操作方法，并写成的工艺文件。该文件是进行生产准备、安排生产作业计划、组织生产过程以及制订劳动定额的依据，也是工人操作和技术检验的主要依据。

首先我们应该熟悉工序、工步、工位、安装以及走刀等概念的含义，熟悉生产类型的划分依据以及其对制订工艺规程的影响。工件的定位和安装是进行加工的前提，必须很好地掌握"六点定位"原理的含义，对基本定位元件有初步的认识，熟悉夹具在加工过程中的用途。

在设计零件结构时，也必须考虑其结构工艺性，在确保产品使用性能的情况下，尽量简化工艺，提高生产效率。

轴类零件和箱体类零件是两类重要的产品类型，其加工工艺有典型的特点，应该注意领会和总结。

思考与练习

（1）机械加工中，为什么要划分粗加工、半精加工、精加工等阶段？

（2）划分工序的依据是什么？

（3）简述粗基准和精基准的选择原则。

（4）在机械加工过程中，应该如何安排热处理工序？

（5）生产类型有哪些种类，其划分依据是什么？

（6）什么是工件的六点定位原理？

（7）加工轴类零件时，常采用什么作为统一的精基准？

（8）什么是夹具，有何用途？

（9）箱体零件加工时，为什么要"先面后孔"？

（10）零件工艺分析的目的是什么，主要包含哪些内容？

第12章

特种加工和先进加工技术

随着电子、信息等技术的不断发展及市场需求的个性化与多样化，世界各国都把机械制造技术的研究和开发作为国家的关键技术进行优先发展，并将其他学科的高技术成果引入机械制造业中，机械制造业的内涵与水平已今非昔比，成为基于先进制造工艺的现代制造产业。纵观现代机械制造技术的新发展，其主要表现为优质、高效、低耗、洁净和灵活等特点。

※【学习目标】※

- 熟悉常用特种加工方法的原理和用途。
- 熟悉典型先进加工技术的特点和用途。
- 初步了解现代精密加工和超精密加工的方法。
- 了解机械制造自动化基本知识。

※【观察与思考】※

（1）观察图 12-1 所示的文字雕刻以及图 12-2 所示零件表面上的精细花纹，想想这些零件表面应该怎样加工，使用传统的加工方法进行加工有什么困难？

图 12-1　饰品上的文字

图 12-2　零件上精美的花纹

（2）图 12-3 所示为激光加工设备，将其与图 12-4 所示的普通铣床相比，发现其结构更为简洁紧凑，想想这是为什么？

图 12-3　激光雕刻机　　　　　　　　　图 12-4　普通铣床

（3）观察图 12-5，想想在加工大型零件时有哪些需要克服的问题？

（4）图 12-6 所示为汽车焊接生产线，思考制造自动化对保证生产质量和生产效率的重大意义。

图 12-5　大型零件　　　　　　　　　　图 12-6　汽车焊接生产线

12.1　特种加工

特种加工并不采用常规的刀具或磨具对工件进行切削加工，而是直接利用电能、电化学能、声能或光能等能量，或者选择几种能量的复合形式对材料进行加工。

12.1.1　特种加工概述

特种加工不属于传统加工工艺范畴，并不使用刀具、磨具等直接利用机械能切除多余材料，是近几十年发展起来的新工艺，是对传统加工工艺方法的重要补充。

1. 特种加工的特点

特种加工的特点如下。

（1）工具材料的硬度可以极大低于工件材料的硬度。

（2）可直接利用电能、电化学能、声能或光能等能量对材料进行加工。

（3）加工过程中的机械力不明显。

 要点提示　　各种特种加工方法可以有选择地复合成新的工艺方法，使生产效率成倍地增长，加工精度也大幅度提高。

2．特种加工的分类

根据加工时使用能源形式的不同，可以将特种加工分为各种不同类型。

（1）使用电能与热能：电火花加工（EDM）、电火花线切割加工（WEDM）、电子束加工（EBM）及等离子束加工（PAM）。

（2）使用电能与化学能：电解加工（ECM）、电镀加工（EPM）、刷镀加工。

（3）使用电化学能与机械能：电解磨削（ECG）、电解珩磨（ECH）。

（4）使用声能与机械能：超声波加工（USM）。

（5）使用光能与热能：激光加工（LBM）。

（6）使用电能与机械能：离子束加工（IM）。

（7）使用液流能与机械能：挤压珩磨（AFH）和水射流切割（WJC）。

3．特种加工的优越性

与传统加工方法相比，特种加工具有以下优越性。

（1）解决各种难切削材料的加工问题。如耐热钢、不锈钢、钛合金、淬火钢、硬质合金、陶瓷及金刚石等各种高强度、高硬度、高韧性以及高纯度的金属和非金属的加工问题。

（2）解决各种复杂零件表面的加工问题。如各种热锻模、冲裁模的模腔和型孔、整体涡轮、喷油嘴、喷丝头的微小异形孔的加工问题。

（3）解决各种精密的、有特殊要求的零件的加工问题。如航空航天、国防工业中表面质量和精度要求很高的陀螺仪、伺服阀以及低刚度细长轴、薄壁筒、弹性元件等的加工问题。

12.1.2　电火花加工

电火花加工原理

电火花加工是在一定的液体介质中，利用脉冲放电所产生的高温对导电材料的表面进行熔蚀，从而使零件的尺寸、形状和表面质量达到预定技术要求的一种加工方法。

1．电火花加工的原理

电火花加工是利用工具电极和工件电极间的瞬时火花放电来实现的加工过程。

（1）脉冲电源的一极接工具电极，另一极接工件电极。两极均浸入具有一定绝缘度的液体介质（煤油、矿物油）中，如图 12-7 所示。

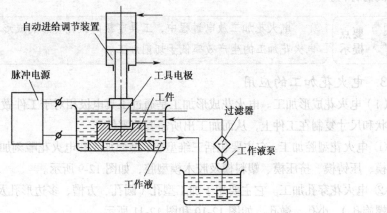

图 12-7　电火花加工原理

261

（2）工具电极由自动进给调节装置控制，以保证工具和工件在正常加工时维持一个很小的放电间隙（0.01～0.05mm）。

（3）当脉冲电压加到两极间时，便将两极间最近点的液体介质击穿，形成截面积很小的放电通道，由于放电时间极短，致使能量高度集中（106～107W/mm²），放电区域产生的高温（10 000℃以上）使材料熔化甚至蒸发，以至形成一个小凹坑，如图12-8（a）所示。

（4）第1次脉冲放电结束后，经过很短的时间间隔，第2次脉冲放电又在极间最近点开始。如此周而复始高频率循环，就使工件表面形成许多非常小的凹坑。工具电极不断地向工件进给，其形状最终就复制在工件上，形成所需要的加工表面，如图12-8（b）所示。

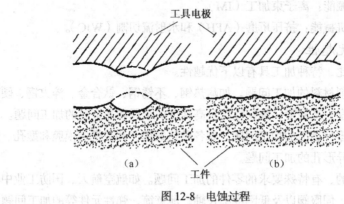

图 12-8 电蚀过程

2. 电火花加工的特点

电火花加工在现代生产中应用广泛，其主要特点如下。

（1）可加工任何高强度、高韧性、高硬度、高脆性及高纯度的导电材料，如不锈钢、淬火钢、硬质合金、导电陶瓷、立方氮化硼及人造聚晶金刚石等。

（2）电火花加工是一种非接触式加工，不产生切削力，不受工具和工件刚度限制，有利于小孔、深孔、弯孔、窄缝、薄壁弹性件等的加工以及低刚度工件和精密微细结构的加工。

（3）更换工具电极，调节脉冲参数，就可在一台机床上进行粗加工、半精加工和精加工。电脉冲参数的调节和工具电极的自动进给，可以通过一定措施自动化，实现数控加工。

（4）因为放电时间极短，所以放电温度很高也不会对加工表面产生热影响，适合加工热敏感性很高的材料。

 要点提示 电火花加工放电过程中，工具电极的损耗会影响成形精度。在一般情况下，电火花加工的生产效率低于切削加工。

3. 电火花加工的应用

（1）电火花成形加工。电火花成形加工是通过工具电极相对于工件做进给运动，将工具电极的形状和尺寸复制在工件上，从而加工出所需要的零件。

① 电火花型腔加工。它主要包括三维型腔、型面加工和电火花雕刻加工，主要用于加工各类热锻模、压铸模、挤压模、塑料模及胶木模型腔，如图12-9所示。

② 电火花穿孔加工。它主要用于加工型孔（圆孔、方槽、多边形孔及异形孔）、曲线孔（弯孔、螺旋孔）、小孔、微孔，如图12-10和图12-11所示。

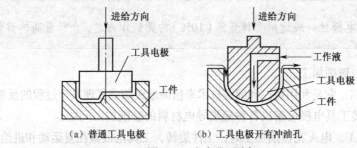

图 12-9 电火花型腔加工

（a）普通工具电极　　（b）工具电极开有冲油孔

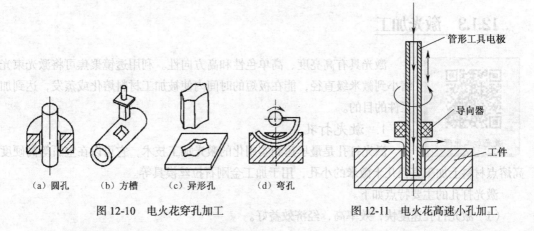

（a）圆孔　　（b）方槽　　（c）异形孔　　（d）弯孔

图 12-10 电火花穿孔加工　　　　　　图 12-11 电火花高速小孔加工

（2）电火花线切割加工。电火花线切割是利用连续移动的金属丝作为工具电极，按预定的轨迹进行脉冲放电切割零件的加工方法。它主要应用于加工各种冲裁模（冲孔、落料）、样板以及各种形状复杂的型孔、型面、窄缝等，如图 12-12 所示。

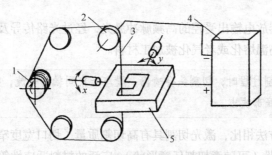

图 12-12 线切割机床加工原理图

1—储丝筒；2—导轮；3—工具钼丝；4—脉冲电源；5—工件

① 高速走丝线切割。它适合加工各种复杂形状的冲模及单件齿轮、花键、尖角窄缝类零件，具有速度快、周期短等优点，应用非常普及。

 要点提示　　电极丝主要是采用钼丝，进行双向往返循环运行，但在加工过程中容易发生断丝。

② 低速走丝线切割。低速走丝加工的工件的直线误差和尺寸误差都较高速走丝好，在加工高精度零件时应用广泛。

（3）电火花磨削与镗削加工。

① 电火花磨削加工。它是利用数控和伺服技术来精确地跟随或复现某个过程的反馈控制技术，专用脉冲电源以及旋转工具电极可解决各种超硬导电材料的磨削加工问题。

② 电火花镗削加工。电火花镗削加工时，工件旋转，工具电极做往复运动和进给运动。其设备简单，加工精度和表面质量高，生产率较低。

12.1.3 激光加工

激光加工原理

激光具有高亮度、高单色性和高方向性。利用透镜聚焦可将激光束光斑缩小到微米级直径，能在极短的时间内使被加工材料熔化或蒸发，达到加工工件的目的。

1. 激光打孔

激光打孔是最早达到实用化的激光加工技术，它可以在宝石等高硬度、高熔点材料上加工直径几十微米的小孔，用于加工金刚石拉丝模具等。

激光打孔的主要特点如下。

（1）激光打孔速度快，效率高，经济效益好。

（2）激光打孔可在硬、脆、软等各类材料上进行。

（3）激光打孔为无接触加工，不存在工具损耗，加工出的工件清洁、无残渣。

（4）激光打孔适合于数量多、高密度的群孔加工，可在难加工材料的倾斜面上加工小孔。

2. 激光切割

激光切割通过激光器放电输出受控的高频脉冲激光，经过光路传导及反射，然后聚焦到加工物体的表面上，以瞬间高温熔化或者气化被加工材料。

与传统的板材加工方法相比，激光切割具有高切割质量（切口宽度窄、热影响区小、切口光洁）、高切割速度、高柔性（可随意切割任意形状）、广泛的材料适应性等优点。

3. 激光焊接

激光焊接分为脉冲激光焊接和连续激光焊接两种。脉冲激光用于 1 mm 厚度以内的薄壁金属材料的点焊和缝焊，工件整体温升很小，工件变形小，如图 12-13 所示不锈钢的焊接。连续激光多为高功率激光，焊接速度较快。

4. 激光打标

激光打标是利用高能量密度的激光对工件进行局部照射，使表层材料气化或发生颜色变化的化学反应，从而留下永久性标记的一种打标方法。激光打标可以打出各种文字、符号和图案等，字符大小可以从毫米到微米量级。图 12-14 所示为激光在金属上的打标。

图 12-13　激光焊接的不锈钢

图 12-14　激光在金属上的打标

　要点提示

　　聚焦后的极细激光光束如同刀具，可将物体表面的材料逐点去除，其先进性在于标记过程为非接触性加工，不产生机械挤压或机械应力，因此，不会损坏被加工物品。由于激光聚焦后的尺寸很小，热影响区域小，加工精细，因此，可以完成一些常规方法无法实现的工艺。

12.1.4　电子束加工和离子束加工

　　电子束加工和离子束加工是利用高能量的汇聚电子束或离子束以极高的速度冲击工件，从而对材料进行加工的特种加工方法。

　　1．电子束加工

　　聚焦后的电子束能量密度和功率密度极高，以极高的速度冲击到工件表面极小的面积上，在极短的时间内，将大部分能量转变为热能，使被冲击部分的工件材料达到极高温度，引起材料的局部熔化或气化。电子束可对材料表面进行热处理、焊接、刻蚀、钻孔及熔炼等加工。

电子束加工和离子束加工原理

　　如图 12-15 所示，电子束加工装置主要由发射阴极、控制栅极、加速阳极和聚焦系统等组成。发射阴极、控制栅极和加速阳极组成电子枪，用来产生电子束，并对电子束的强度和位置进行控制。聚焦系统则控制电子束的大小。

　　2．离子束加工

　　离子束的离子质量比电子大数千倍乃至数万倍，比电子束具有更大的撞击动能。离子束加工是在真空条件下，把氩（Ar）、氪（Kr）、氙（Xe）等惰性气体通过离子源电离产生的离子束经过加速、聚焦后，射到工件表面的加工部位来实现加工的。

　　如图 12-16 所示，离子束加工装置与电子束加工装置类似，它包括离子源系统、真空系统、控制系统和电源等部分。两者的主要不同部分是离子源系统。

　　离子束加工具有以下特点。

　　（1）由于离子束流密度及离子的能量可以精确控制，因而加工精度高。离子束加工是所有特种加工方法中最精密、最微细的加工方法，是当代纳米级加工技术的基础。

　　（2）离子束加工在真空中进行，污染小，特别适用于对易氧化的金属、合金材料和半导体材料的加工。

　　（3）离子束加工是靠离子轰击材料表面的原子来实现的，它是一种微观作用，宏观压力很小，所以加工应力、变形等极小，加工质量高，适合于对各种材料和低刚度零件的加工。

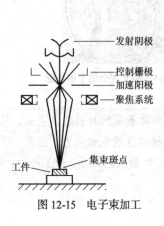

图 12-15　电子束加工

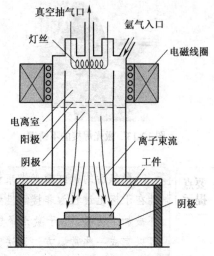

图 12-16　离子束加工原理

> **要点提示**　电子束加工与离子束加工的区别：电子束加工是利用高速电子轰击工件的热效应进行加工的，而离子束加工是利用离子撞击工件引起变形、分离、破坏等机械作用进行加工的。

12.1.5　超声波加工

超声波加工是利用工具端面做超声频振动，通过磨料悬浮液加工硬材料的一种成形方法。

1. 超声波加工的基本原理

超声波的加工原理图如图 12-17 所示。

超声波加工原理

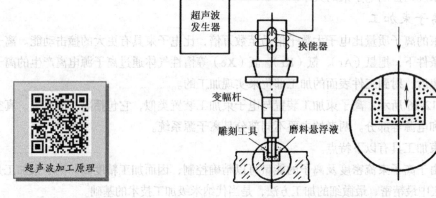

图 12-17　超声波加工原理

（1）加工时，在工具与工件之间加入液体（水或煤油）与磨料混合的磨料悬浮液，并使工具以很小的力压在工件上。

（2）超声波换能器产生 16 000Hz 以上的声频，纵向振动，并借助变幅杆把振幅放大到 0.05～0.1mm，驱动工具端面做超声振动，迫使工作液中悬浮的磨粒以很大的速度和加速度不断地撞击、抛磨被加工表面，把加工区域的材料粉碎成很细的微粒。

（3）工作液还会受工具端部的超声振动作用，同时产生高频、交变的液压正负冲击波，加强了机械的破坏作用。

（4）工具的形状和尺寸取决于工件被加工面的形状和尺寸，常采用未淬火碳素钢等韧性材料制成。磨料常采用碳化硼、氧化铝等，其粒度对加工生产率及精度有很大影响。

2．超声波加工的特点

超声波加工的特点如下。

（1）超声波加工对工件材料的宏观作用力小，热影响小，特别适于加工某些不能承受较大机械力的薄壁、窄缝、薄片零件等。

（2）由于工具不需要旋转，因此，易于加工出各种复杂形状的型孔、型腔和成形表面等。

（3）超声波加工生产率低，加工的尺寸精度达 ±0.01mm，表面 Ra 值为 0.63～0.1μm。

3．超声波加工的应用

超声波加工主要用于各种不导电的硬脆材料，如玻璃、陶瓷、石英及宝石等。对于导电的硬质合金、淬火钢等，也能加工，但生产率相对要低。

目前，超声波加工主要用于硬脆材料的孔加工、切割、雕刻及研磨金刚石拉丝模等。

12.1.6　水射流切割

水射流切割又称液体喷射加工，该方法利用高压、高速水流对工件的冲击作用来去除材料，有时简称水切割，或俗称水刀。

水射流切割原理

1．水射流切割的加工原理

如图 12-18 所示，水射流切割是采用水或带有添加剂的水，以 500～900 m/s 的高速冲击工件进行加工或切割的，其加工深度取决于液压喷射的速度、压力及压射距离。水射流切割的喷嘴越小，加工精度越高，但材料去除速度降低。

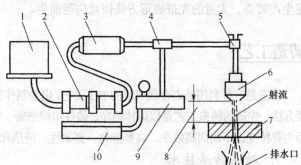

图 12-18　水射流切割原理图

1—带过滤器的水箱；2—水泵；3—储液蓄能器；4—控制器；5—阀；6—喷嘴；7—工件；
8—压射距离；9—液压机构；10—增压器

水流切割时，作为工具的射流束是不会变钝的，喷嘴的寿命也比较长。水流切割已采用了程序控制和数字控制，操作非常方便。

要点提示　水中加入添加剂可以改善切割性能并减少切割宽度，有时为了提高切割速度和厚度，会在水中混入磨料细粉。

2. 水射流切割的应用

水射流切割可以加工很薄、很软的金属和非金属材料，如铜、铝、铅、塑料、石材、木材及橡胶纸等。水刀切割石材地面的艺术拼花图案如图 12-19 所示。

图 12-19　水刀切割石材地面艺术拼花图案

　课堂练习
（1）特种加工中的各种加工都使用了哪些能源？
（2）特种加工与普通切削加工主要有什么区别？
（3）特种加工为什么更适合于精密制造和微细加工？

12.2　先进加工技术

随着现代科学技术的发展和产品精度的提高，传统的毛坯或工件成形方法无论是质量上还是生产效率上都无法满足生产需要，大量的先进成形方法因此应运而生。

12.2.1　先进铸造工艺

先进铸造技术

铸造是一种利用液态金属成形的加工工艺，仍是制作复杂形状零件毛坯的主要方法。先进的铸造工艺是以熔体洁净、铸件组织细密、表面光洁、尺寸精度高为主要特征，不断向高效率、高智能化、高柔性、清洁和集约化的方向发展。

1. 精密铸造技术

随着精密成形技术的发展，铸造毛坯的成形精度也越来越高，从近精确成形发展为精确成形。图 12-20 所示为通过精密铸造得到的工件。

（1）特种铸造技术。特种铸造技术包括压力铸造、低压铸造、金属形铸造等，以金属型取代砂型，以非重力浇注取代重力浇注。其铸件尺寸精确，表面光洁，内部致密，适用于有色金属中小件的铸造。

（2）自硬砂精确砂型铸造。自硬砂精确砂型铸造主要有改性水玻璃砂型和合成树脂砂型，它适用于生产大中型近精确铸件。采用冷芯盒树脂砂发展起来的"精确砂芯组芯造型"技术，可以生产壁厚仅有 2.5mm 的缸体和缸盖铸件。

图 12-20　精密铸造件

（3）高紧实度半刚性砂型铸造。高紧实度半刚性砂型铸造主要有高压、射压、气压和静压等造型方法。铸型虽然不烘干，但由于紧实度大大提高了，所以铸件表面质量可提高 2～3 级，适用于大批量铸件的生产。

2. 清洁铸造技术

日趋严格的环境与资源的约束，使以清洁生产为特征的绿色制造技术显得越来越重要，它将成为 21 世纪制造业的重要特征。

清洁铸造技术的主要内容有以下几条。

（1）采用洁净的能源，如以铸造焦代替冶金焦，以电熔化代替冲天炉熔化。

（2）采用无砂、少砂铸造（如压铸、金属型、金属型覆砂等）。

（3）采用高溃散性型砂工艺（如树脂砂、酯感化水玻璃砂）。

（4）开发并推广多种废弃物（旧砂、废渣等）的再生和综合利用技术。

（5）研究采用洁净无毒的工艺材料。

12.2.2　精密金属塑性成形工艺

金属塑性成形是通过材料的塑性变形来实现制品所要求的形状、尺寸和性能的机械加工方法，包括锻造、冲压、轧制及挤压等加工工艺。

精密塑性成形工艺

1. 精密模锻

精密模锻是指在模锻设备上锻造出形状复杂、高精度锻件的模锻工艺。如图 12-21 所示，锥齿轮的齿形部分可直接锻出，而不必再经过切削加工。

精密模锻的工艺特点如下。

（1）精确计算原始坯料的尺寸，严格按坯料质量下料。

（2）精细清理坯料表面，除净坯料表面的氧化皮、脱碳层及其他缺陷等。

（3）采用无氧化或少氧化加热方法，尽量减少坯料表面形成的氧化皮。

（4）模锻时要很好地进行润滑和冷却锻模。

（5）精密模锻一般都在刚度大、精度高的曲柄压力机、摩擦压力机或高速锤上进行。

2. 精密冲裁工艺

普通的冲裁工艺都是使加工材料从模具刃口处产生裂纹而剪切分离的，冲裁精度一般在 IT11 级以下，通常还需要进行多道后续机械加工工序。

精密冲裁属于无屑加工技术，它能在一次冲压行程中获得比普通冲裁零件更高的尺寸精度，其值可达 IT6～IT9 级，并以较低的成本达到产品质量的改善。

（1）小间隙圆角刃口冲裁。如图 12-22 所示，与普通冲裁相比，小间隙圆角刃口冲裁采用了小圆角刃口和很小的冲模间隙。

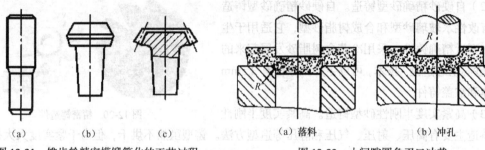

图 12-21 锥齿轮精密模锻简化的工艺过程   图 12-22 小间隙圆角刃口冲裁

> **要点提示**   落料时，凹模刃口带小圆角，凸模为通常的结构形式。冲孔时，凸模刃口带小圆角，凹模为通常的结构形式。凸、凹模之间的间隙较小，一般为 0.01～0.02mm。

（2）负间隙冲裁。负间隙的特点是凸模尺寸大于凹模型腔尺寸，产生负的冲裁间隙，如图 12-23 所示。

> **要点提示**   由于凸模尺寸大于凹模，冲裁时，冲裁件形成一个倒锥形毛坯，当凸模将倒锥形毛坯压入凹模，相当于一个整修过程，所以负间隙冲裁实质上是冲裁与整修两者的复合工序。

（3）带齿圈压板精冲。这种精冲工艺是在模具上多了一个齿圈压板与顶出器，凸、凹模之间间隙小，凹模刃口带有圆角，如图 12-24 所示。

冲裁过程中，带齿圈的压板起强烈的压边作用，使之造成三向压应力状态。凹模（或凸模）刃尖处制造出 0.02～0.2 mm 的小圆角，抑制剪裂纹的发生，限制断裂面的形成。

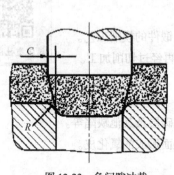

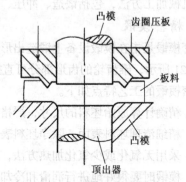

图 12-23 负间隙冲裁   图 12-24 带齿圈压板精冲

（4）往复冲裁。往复冲裁（上下冲裁）是指在向某一方向冲裁的深度达到一定值以后，再向其相反方向冲裁，从而获得精密零件的冲裁方法。其冲裁过程如图 12-25 所示。

3. 超塑性成形工艺

超塑性是指材料在一定的内部组织条件和外部环境条件下，呈现出异常低的流变抗力和异常高的伸长率的现象。

超塑性成形工艺包括超塑性等温模锻、挤压、气压成形、真空成形和模压成形等。对于薄板的超塑性成形加工，气压成形应用最多。

如图 12-26 所示，薄板加热到超塑性温度后，在压缩气体的压力作用下，坯料产生超塑性变形，逐步向模具型面靠近，直至同模具完全吻合。

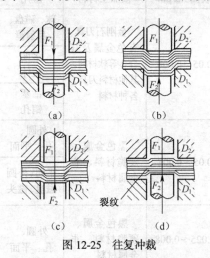

图 12-25　往复冲裁

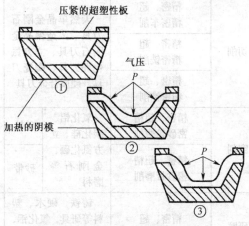

图 12-26　超塑性气压成形示意图

> **要点提示**　用超塑性成形可以生产一些其他工艺方法无法成形的零件。然而，超塑性成形需要较高恒定的温度条件，较低的成形应变速率，生产率较低，模具需耐高温，这些因素导致超塑性成形工艺不能得到广泛的推广和应用。

常用的超塑性成形材料主要有锌铝合金、铝基合金、钛合金及高温合金。例如，采用锌铝合金等超塑性材料可以一次拉深较大变形量的杯形件，而且质量高。

12.2.3　粉末锻造成形工艺

粉末锻造通常是指将粉末烧结的预成形坯经加热后，在闭式模中锻造成零件的成形工艺方法。它将传统的粉末冶金和精密锻造结合起来，兼有两者的优点，与普通锻造相比，其优越性如下。

（1）能源消耗低，材料利用率高。

（2）锻件精度高，力学性能好，内部组织无偏析，无各向异性。

（3）疲劳寿命高。

粉末锻造成形原理

它的工艺过程为粉末制取—模压成形—型坯烧结—锻前加热—锻造—后续处理。

粉末锻造正在向"压制—加热—锻造"方向发展，以缩短工艺周期，提高自动化程度，生产效率可高达 800~900 件/h。

12.2.4　精密和超精密加工

精密加工要求加工工件的尺寸误差小于 0.005mm，形位误差小于 0.005mm；而超精密加工则是指被加工零件的尺寸精度高于 0.1μm，表面 Ra 值小于 0.025μm，且正在向纳米级加工技术发展。

常用的精密和超精密加工方法如表 12-1 所示。

表 12-1　　　　　　　　　　　常用精密加工和超精密加工方法

分类	加工方法	加工刀具		精度/μm	表面 Ra/μm	被加工材料	应用
切削	精密、超精密车削	天然单晶金刚石刀具、人造聚晶金刚石刀具、立方氮化硼刀具、陶瓷刀具、硬质合金刀具		1～0.1	0.05～0.008	金刚石刀具，有色金属及其合金等软材料，其他材料刀具，各种材料	球、磁盘、反射镜
	精密、超精密铣削						多面棱体
	精密、超精密镗削						活塞销孔
磨削	精密、超精密砂轮磨削	氧化铝、碳化硅、立方氮化硼、金刚石等磨料	砂轮	5～0.5	0.05～0.008	黑色金属、硬脆材料、非金属材料	外圆、孔、平面
	精密、超精密砂带磨削		砂带				平面、外圆磁盘、磁头
研磨	精密、超精密研磨	铸铁、硬木、塑料等研具，氧化铝、碳化硅、金刚石等磨料		1～0.1	0.025～0.008	黑色金属、硬脆材料、非金属材料	外圆、孔、平面
研磨	油石研磨	氧化铝油石、玛瑙油石、电铸金刚石油石		1～0.1	0.025～0.008	黑色金属、硬脆材料、非金属材料	平面
	磁性研磨	磁性磨料				黑色金属	外圆去毛刺
	滚动研磨	固结磨料、游离磨料、化学或电解作用液体		10～1	0.01	黑色金属等	型腔
抛光	精密、超精密抛光	抛光器氧化铝、氧化铬等磨料		1～0.1	0.025～0.008	黑色金属、铝合金	外圆、孔、平面

12.2.5　机械制造自动化

现代制造工业中，精密和超精密加工技术和制造自动化两大领域之间有着密切的关系，前者追求加工上的精度和表面质量极限，后者包括了产品设计、制造和管理的自动化。

机械制造自动化是利用机械设备、仪表和电子计算机等技术手段自动完成产品的部分或全部机械加工的生产过程。

1．工业机器人

工业机器人是指广泛适用的能够自主动作且多轴联动的机械设备。它们在必要的情况下配备有传感器，其动作步骤都是可编程控制的，通常配备有机械手、刀具或其他可装配的加工工具，能够执行搬运操作与加工制造的任务。

要点提示　　　工业机器人能代替人做某些单调、频繁和重复的长时间作业，或者是危险、恶劣环境下的作业以及在原子能工业等部门中完成对人体有害物料的搬运或工艺操作。

如图 12-27 所示，工业机器人由主体、驱动系统和控制系统 3 个基本部分组成。主体即机座和执行机构，包括臂部、腕部和手部，有的机器人还有行走机构。

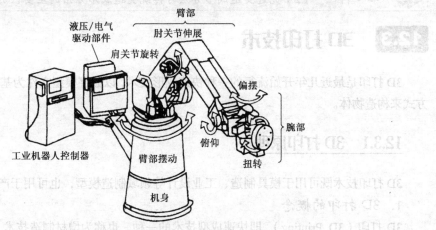

图 12-27　工业机器人的构造

大多数工业机器人有 3～6 个运动自由度（见图 12-28），其中腕部通常有 1～3 个运动自由度；驱动系统包括动力装置和传动机构，用以使执行机构产生相应的动作；控制系统按照输入的程序对驱动系统和执行机构发出指令信号并进行控制。

2．加工中心

数控机床的出现，不仅解决了采用常规方法难以解决的复杂零件的加工问题，而且为单一品种中小批量生产加工自动化开辟了新途径。以计算机数控机床为基础，配以刀具库或多轴箱库，即构成了加工中心。

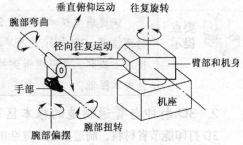

图 12-28　工业机器人的 6 个运动自由度

加工中心可根据加工程序自动更换刀具或多轴箱。工件在一次装夹之后，可以完成 4 个面甚至 5 个面以上的各种加工工序。加工中心的应用大大减少了设备台数和占地面积，减少了工件周转时间和装夹次数，有利于工艺管理，同时也提高了生产率和加工精度。

3．柔性制造系统

在数控机床、加工中心的基础上，配以柔性的工件自动装卸、自动传送和自动存取装置，并利用计算机进行管理和监督，组成可自动连续加工多种零件的柔性制造系统。应用柔性制造系统可以减少制品的库存量，并进一步提高设备利用率。

4．计算机集成制造系统

20 世纪 70 年代后期，成组技术、柔性制造系统、自动化仓库、计算机辅助设计与计算机辅助制造技术、工业机器人相结合，形成了高度自动化的计算机集成制造系统，它是把工厂的生产、经营活动中各种分散的自动化系统有机地结合成高效益、高柔性的智能生产系统，英文缩写 CIMS。

 要点提示　　CIMS 追求的目标是整个工厂的自动化。系统的输入是市场信息、订货以及人的设计管理思想，系统的输出则是装配好的、经过检验的可用产品。因此，有人称采用此种系统的工厂为自动工厂。

（1）先进去除成形方法与传统去除成形方法的主要区别有哪些？

（2）先进受迫成形方法与传统受迫成形方法的主要区别有哪些？

12.3 3D打印技术

3D打印是最近几年开始流行的一种快速成形技术，以数字模型文件为基础，通过逐层打印的方式来构造物体。

12.3.1 3D打印原理

3D打印技术既可用于模具制造、工业设计等领域制造模型，也可用于产品的直接制造。

1. 3D打印的概念

3D打印（3D Printing），即快速成型技术的一种，也称为增材制造技术，是一种以数字模型文件为基础，运用粉末状金属或塑料等可粘合材料，通过逐层打印的方式来构造物体的技术，被称为"具有工业革命意义的制造技术"。

> 要点提示

快速成型技术诞生于20世纪80年代后期，是基于材料堆积法的一种高新制造技术。3D打印技术早在20世纪90年代中期就已出现，但由于价格昂贵，技术不成熟，并没有得到推广普及。经过20多年的发展，该技术已更加娴熟，且成本降低。

2. 3D打印与普通制造的根本区别

3D打印能节省材料，制造出更加复杂的结构。由于采用数据驱动原理，具有以下优势。

（1）生产资料变得不再重要。只需要制作出模型数据包，即可通过租赁3D打印机制作出最终产品。

（2）设计创意被放在了突出位置。3D打印技术可以摆脱工业时代产品必须量产才可获得收益的限制，这样个性化需求与创意化营销就不会被扼制。生产团队只需将重点放在设计创意上，而不再需要注重生产的过程。

3. 3D打印原理

3D打印是一种直接数字化制造技术，它利用光固化和纸层叠等技术的快速成型装置。

> 要点提示

简单概括3D打印的基本原理就是分层制造、逐层叠加。

3D打印层层印刷的原理与喷墨打印机类似，打印机内装有液体或粉末等"打印材料"，与电脑连接后，通过电脑控制采用分层加工，叠加成型的方式来"造型"，将设计产品分为若干薄层，每次用原材料生成一个薄层，一层一层叠加起来，最终将计算机上的蓝图变为实物。

每一层的打印过程分为两步，首先在需要成型的区域洒一层特殊胶水，胶水液滴本身很小，且不易扩散，然后是喷洒一层均匀的粉末，在一层胶水一层粉末的交替下，实体模型将会被"打印"成型。加工过程仅需塑料、树脂、金属等物料，材料耗费仅相当于传统制造的十分之一，无需生产线，可以制造常规方法无法生产的结构和形状复杂的零件。

4．3D 打印的过程

三维打印的设计过程：先通过计算机建模软件建模，再将建成的三维模型"分区"成逐层的截面，即切片，从而指导打印机逐层打印。

（1）三维建模

通过 goSCAN 等专业 3D 扫描仪或是 Kinect 等 DIY 扫描设备获取对象的三维数据，然后以数字化方式生成三维模型。也可以使用各种三维建模软件从零开始建立三维数字化模型，或是直接使用其他人已做好的 3D 模型。

（2）分层切割

由于图形描述方式的差异，3D 打印机并不能直接操作 3D 模型。当 3D 模型输入到电脑后，需要通过打印机配备的专业软件作进一步处理，即将模型切分成一层层的薄片，每个薄片的厚度由喷涂材料的属性和打印机的规格决定。

（3）打印喷涂

由打印机将打印耗材逐层喷涂或熔结到二维空间中。根据工作原理的不同，有多种实现方式。比较流行的做法是先喷一层胶水，然后在上面撒一层粉末，如此反复；或是通过高能激光融化合金材料，一层一层地熔结成模型。整个过程根据模型大小、复杂程度、打印材质和工艺耗时几分钟到数天不等。

（4）后期处理

模型打印完成后一般都会有毛刺或是粗糙的截面。这时需要对模型进行后期加工，如固化处理、剥离、修整及上色等，才能最终完成所需要模型的制作。

5．3D 打印技术的特点

3D 打印技术综合了数字建模技术、机电控制技术、信息技术、材料科学与化学等诸多方面的前沿技术知识，具有很高的科技含量。

（1）3D 打印技术最突出的优点是无需机械加工或任何模具，就能直接从计算机图形数据中生成任何形状的零件，从而极大地缩短产品的研制周期，提高生产率和降低生产成本。

（2）3D 打印技术不同于传统的"去除型"制造，属于是"增材"制造。通过对产品的逐层扫描，无需毛坯和模具就能直接根据计算机图形数据制造出内部结构复杂的产品，能够大大地简化产品的制造过程，缩短产品的制造周期，并能有效地提高生产效率、降低生产成本。

目前，3D 打印技术已在工业造型、机械制造、航空航天、军事、建筑、影视、家电、轻工、医学、考古、文化艺术、雕刻及首饰等领域都得到了广泛应用。

图 12-29～图 12-32 所示为使用 3D 打印技术生产的典型产品。

图 12-29　人像　　　　图 12-30　高跟鞋　　　　图 12-31　艺术品　　　　图 12-32　医学器官

12.3.2　3D打印材料

3D 打印可以使用多种材料，如陶瓷、钢化玻璃、石膏、无机粉料、ABS 塑料、PLA（聚乳酸）、玻璃填充聚胺、光固化材料及聚碳酸脂等，目前主要以 ABS 热塑料和树脂为主。材质在机器内"熔化"，通过不同比例的材料混合，可以产生出将近 120 种软硬不同的新材料。

1.　工程塑料

工程塑料指被用做工业零件或外壳材料的工业用塑料，其强度、耐冲击性、耐热性、硬度及抗老化性等指标均较优异。

（1）PC 材料。真正的热塑性材料，具备工程塑料的所有的高强度、耐高温、抗冲击、抗弯曲等属性，可以作为最终零部件使用，应用于交通工具及家电行业。

（2）PC-ISO 材料。一种通过医学卫生认证的热塑性材料，它广泛应用于药品及医疗器械行业，可以用于手术模拟、颅骨修复、牙科等专业领域。

（3）PC-ABS 材料。一种应用最广泛的热塑性工程塑料，它应用于汽车、家电及通信行业。

2.　光敏树脂

由聚合物单体与预聚体组成，其中加有光（紫外光）引发剂（或称为光敏剂）。在一定波长的紫外光（250～300nm）照射下立刻引起聚合反应，完成固化。它通常为液态，一般用于制作高强度、耐高温、防水等的材料。

（1）Somos 19120 材料。它为粉红色材质，属于铸造专用材料，成型后可直接代替精密铸造的蜡膜原型，大大缩短周期，具有低留灰烬和高精度等特点。

（2）Somos 11122 材料。它为半透明材质，类似 ABS 材料，经抛光后能做到近似透明的艺术效果，广泛用于医学研究、工艺品制作和工业设计等行业。

（3）Somos Next 材料。它为白色材质，材料韧性较好，精度和表面质量更佳，制作的部件拥有最先进的刚性和韧性结合。

12.3.3　3D打印技术的类型

3D 打印技术主要包括立体光刻造型技术（SLA）、熔融沉积成型（FDM）、选择性激光烧结（SLS）及数字光处理（PLP）等工艺，下面介绍其中的 3 种主流技术。

1.　立体光刻造型技术（SLA）

SLA 是基于液态光敏树脂的光聚合原理工作的。这种液态材料在一定波长和强度的紫外光照射下能迅速发生光聚合反应，分子量急剧增大，材料也就从液态转变成固态。在液槽中盛满液态光固化树脂，激光束在偏转镜作用下，在液态树脂表面扫描，聚焦后的光斑在液面上按计算机的指令逐点扫描固化。

当一层扫描完成后，未被照射的地方仍是液态树脂，升降台带动平台下降一层高度，并在已成型的层面上再涂满一层树脂，接着进行下一层的扫描，新固化的一层牢固地粘在前一层上，如此重复，直到整个零件制造完毕，得到一个三维实体模型。

SLA 的优点是精度高，可以打印出准确而平滑的表面。其精度可以达到每层厚度 0.05～0.15mm。其缺点是可以使用的材料有限，并且不能多色成型。

2. 熔融沉积成型技术（FDM）

熔融沉积成型技术通过将丝状材料（如热塑性塑料、蜡或金属）的熔丝从加热的喷嘴挤出，按照零件每一层的预定轨迹，以固定的速率进行熔体沉积。每完成一层，工作台下降一个层厚，进行迭加沉积新的一层，如此反复，最终实现零件的沉积成型。FDM 工艺的关键是保持半流动成型材料的温度刚好在熔点之上（比熔点高 1℃左右）。其每一层片的厚度由挤出丝的直径决定，通常是 0.25～0.50mm。

FDM 的优点是材料利用率高，材料成本低，可选材料种类多且工艺简洁，成型实物强度高且可以彩色成型。其缺点是精度低，表面质量差。它适合于产品的概念建模及形状和功能测试，可制作中等复杂程度的中小原型零件，不适合制造大型零件。

3. 选择性激光烧结（SLS）

选择性激光烧结采用红外激光器作能源，使用的造型材料多为粉末材料。加工时，首先将粉末预热到稍低于其熔点的温度，然后将粉末铺平；激光束在计算机控制下根据分层截面信息进行有选择地烧结，一层完成后再进行下一层烧结，全部烧结完后去掉多余的粉末，最后得到成品零件。目前常用的工艺材料为蜡粉及塑料粉。

选择性激光烧结具有制造工艺简单、柔性度高、材料选择范围广、材料价格低，成本低、材料利用率高等特点。

12.3.4　3D 打印机

3D 打印机又称三维打印机（3DP），是一种累积制造技术，即快速成形技术的一种机器。把数据和原料放进 3D 打印机中，机器会按照程序把产品一层层打印出来。

目前国内还没有一个明确的 3D 打印机分类标准，但是我们可以根据设备的市场定位将它简单的分成 3 类：个人级、专业级、工业级。

1. 个人级

目前大部分个人级 3D 打印机（见图 12-33）都是基于国外开源技术延伸的，技术成本得到了很大的压缩，价格较低。这类设备大多采用熔丝堆积技术，设备打印材料主要以 ABS塑料或者 PLA 塑料为主。这种 3D 打印机主要用于满足个人用户生活中的使用要求，因此各项技术指标都并不突出，其优点在于体积小巧，性价比高。

2. 专业级

专业级的 3D 打印机（见图 12-34）可供选择的成型技术和耗材（塑料、尼龙、光敏树脂、高分子及金属粉末等）比个人 3D 打印机要丰富很多。其设备结构和技术原理同个人级 3D 打印机相比，更先进，自动化更高，应用软件的功能以及设备的稳定性都更优良，但是价格也更高。

图 12-33　个人级 3D 打印机

3. 工业级

工业级打印机（见图 12-35）除了要满足材料上面的特殊性，制造大尺寸的产品等要求外，更关键是制造的产品需要符合一系列特殊应用标准,因为这类设备制造出来的产品通常直接应用。

277

例如，飞机制造中用到的钛合金材料，就需要对物件的刚性、韧性、强度等参数有一系列的要求。由于很多设备是根据需求定制的，因此价格很高。

图 12-34　专业级 3D 打印机

图 12-35　工业级 3D 打印机

本章小结

　　本章主要介绍了现代机械制造中的一些新工艺、新方法，认识和了解了电火花加工、激光加工、电子离子加工等特种加工方法的工艺特点和应用，对一些典型的受迫成形工艺也分别做了介绍，最后介绍了关于精密加工和超精密加工的相关知识，了解了机械制造自动化的基本概念。

　　通过本章的学习，我们对现代机械加工工艺有了一个基本的认识和了解。当然，本章介绍的内容都是现代机械加工最基本的知识，这是一个很广阔的领域，等待同学们去研究和开发，为提高我国现代制造技术水平做出贡献。本章最后简要介绍了目前新兴的 3D 打印技术的基本原理和应用，既开拓了视野，又激发了学习热情。

思考与练习

　　（1）什么是特种加工？

　　（2）电火花加工的原理是什么？

　　（3）电火花加工的条件是什么？

　　（4）电子束加工和离子束加工的区别是什么？

　　（5）什么是电解加工？

　　（6）什么是受迫成形？

　　（7）精密和超精密加工技术与机械制造自动化之间有何联系？